中等职业学校教学用书（计算机应用专业）

计算机网络技术基础
（第5版）

于　鹏　丁喜纲　主编

U0256457

电子工业出版社
Publishing House of Electronics Industry
北京·BEIJING

内 容 简 介

本书采用任务驱动模式，按照网络建设的实际流程展开，共包括 9 个工作单元，分别是认识计算机网络、组建双机互联网络、组建小型办公网络、规划与分配 IP 地址、实现网际互联、接入 Internet、组建小型无线网络、配置常用网络服务，以及网络安全与管理。

本书主要面向计算机网络技术的初学者，读者只要具备计算机的基本知识就可以在阅读本书时同步进行实训，从而掌握计算机网络的基础知识和技能。本书可以作为大中专院校计算机网络技术基础课程的教材，也适合计算机网络技术爱好者和相关技术人员参考使用。

未经许可，不得以任何方式复制或抄袭本书之部分或全部内容。

版权所有，侵权必究。

图书在版编目（CIP）数据

计算机网络技术基础 / 于鹏，丁喜纲主编. —5 版. —北京：电子工业出版社，2018.7

ISBN 978-7-121-34570-8

Ⅰ. ①计… Ⅱ. ①于… ②丁…Ⅲ. ①计算机网络－职业教育－教材 Ⅳ. ①TP393

中国版本图书馆 CIP 数据核字（2018）第 131541 号

策划编辑：关雅莉

责任编辑：柴 灿　文字编辑：张 广

印　　刷：三河市良远印务有限公司

装　　订：三河市良远印务有限公司

出版发行：电子工业出版社
　　　　　北京市海淀区万寿路 173 信箱　邮编　100036

开　　本：787×1 092　1/16　印张：17.75　字数：454.4 千字

版　　次：1999 年 4 月第 1 版
　　　　　2018 年 7 月第 5 版

印　　次：2023 年 6 月第 15 次印刷

定　　价：36.00 元

凡所购买电子工业出版社图书有缺损问题，请向购买书店调换。若书店售缺，请与本社发行部联系，联系及邮购电话：（010）88254888，88258888。

质量投诉请发邮件至 zlts@phei.com.cn，盗版侵权举报请发邮件至 dbqq@phei.com.cn。

本书咨询联系方式：（010）88254617，luomn@phei.com.cn。

前　言

由于计算机网络技术的发展，使得用户可以超越地理位置的限制进行信息传输，人们可以方便地访问网络内所有计算机的公共资源。计算机网络的出现与迅速发展改变了人们的传统生活方式，给人们带来新的工作、学习及娱乐方式。目前，我国正在大力建设公共数据通信网、发展远程计算机网络，同时，各企事业单位也在建设局域网，以适应和满足办公自动化、企业管理自动化和分布式控制的需要。作为职业院校计算机相关专业的学生，必须掌握计算机网络的基础知识和应用技能，能够完成小型计算机网络的组建、管理和维护工作。

职业教育直接面向社会、面向市场，以就业为导向，因此在计算机网络技术基础课程的教学中，不仅要让学生理解技术原理，更重要的是使学生具备真正的技术应用能力，并为学生今后进行网络工程的设计与实践打下基础。本书在编写时从满足经济和技术发展对高素质劳动者和技能型人才的需要出发，紧紧围绕职业教育的培养目标，贯穿了"以职业活动为导向，以职业技能为核心"的理念，结合工程实际，反映岗位需求。全书共包括 9 个工作单元，分别是认识计算机网络、组建双机互联网络、组建小型办公网络、规划与分配 IP 地址、实现网际互联、接入 Internet、组建小型无线网络、配置常用网络服务，以及网络安全与管理。每个单元由需要读者亲自动手完成的工作任务组成，读者只要具备计算机的基本知识就可以在阅读本书时同步进行实训，从而掌握计算机网络规划、建设、管理与维护等方面的基础知识和技能。

本书在编写过程中力求突出以下特色：

（1）以工作过程为导向，采用任务驱动模式

本书以组建小型局域网的基本工作过程为导向，采用任务驱动模式，力求使读者在做中学、在学中做，真正能够利用所学知识解决实际问题，形成职业能力。

（2）紧密结合教学实际

在计算机网络技术课程的学习中，需要由多台计算机与交换机、路由器等网络设备构成的网络环境。考虑到读者的实际实验条件，本书选择了具有代表性并且广泛使用的主流技术与产品，读者可以利用虚拟软件在一台计算机上模拟计算机网络环境，完成各种配置和测试。本书每个工作单元后都附有习题，有利于读者思考并检查学习效果。

（3）参照职业标准

职业标准源自生产一线，源自工作过程。本书在编写时参照了计算机网络管理员国家职业标准、计算机网络设备调试员国家职业标准及其他相关职业标准和企业认证中的要求，突出了职业特色和岗位特色。

（4）紧跟行业技术发展

计算机网络技术发展很快，因此我们吸收了具有丰富实践经验的企业技术人员参与了本书的编写工作，与行业企业密切联系，使所有内容紧跟技术发展。

本书主要面向计算机网络技术的初学者，可以作为大中专院校各专业计算机网络技术基础课程的教材，也适合计算机网络技术爱好者和相关技术人员参考使用。

　　本书由于鹏、丁喜纲主编，李昀鸿、邱海燕、李昭靓、于慧、李光耀、刘毅、邱圆圆、方燕、于志国、赵金芝、杨小凡等也参与了部分内容的编写工作。本书在编写过程中得到了各级领导的大力支持，在此致以衷心的感谢。

　　编者意在奉献给读者一本实用并具有特色的教材，但由于教材中涉及的内容属于发展中的高新技术，加之我们水平有限，难免有错误和不妥之处，敬请广大读者给予批评指正。

编　者

目　　录

工作单元 1

认识计算机网络

计算机网络技术是计算机技术与通信技术的相互融合的产物，是计算机应用中一个空前活跃的领域，人们可以借助计算机网络实现信息交换和共享。如今，计算机网络技术已经深入到人们日常工作、生活的每个角落。本单元的主要目标是认识数据通信系统和计算机网络，认识常见的网络设备和传输介质；了解计算机网络的基本结构，能够利用相关软件绘制网络拓扑结构图；能够网络模拟和建模工具 Cisco Packet Tracer 建立网络运行模型；熟悉虚拟机软件 VMware Workstation 的使用方法。

任务 1.1 认识数据通信系统

任务目的

（1）了解数据通信系统的基本模型；
（2）了解基本数据传输技术。

工作环境与条件

（1）已经联网并能正常运行的计算机网络；
（2）已经联网并能正常运行的有线广播、电话、有线电视或其他数据通信系统。

相关知识

数据通信是一门独立的学科，它涉及的范围很广，它的任务就是利用通信媒体传输信息。信息就是知识，数据是信息的表现形式，信息是数据的内容。数据通信就是通过传输介质，采用网络、通信技术来使信息数据化并传输它。计算机使用 0 和 1（比特）数字信号表示数据，计算机网络中的信息通信与共享因为这一台计算机中的比特信号要通过网络传送到另一台计算机中去被处理或使用，从物理上讲，通信系统只使用传输介质传输电流、无线电波或光信号。

1.1.1 数据通信系统

通信的目的就是传递信息，通信中产生和发送信息的一端叫作信源，接收信息的一端叫作信宿，信源和信宿之间的通信线路称为信道。信息在进入信道时要变换为适合信道传输的形式，在进入信宿时又要变换为适合信宿接收的形式。另外，信息在传输过程中可能会受到外界的干扰，这种干扰称为噪声。

数据通信系统的基本模型如图 1-1 所示。

图 1-1 数据通信系统的基本模型

1. 数据与信号

信息一般用数据和信号表示。数据有模拟数据和数字数据两种形式。模拟数据是在一定时间间隔内，连续变化的数据。因为模拟数据具有连续性的特点，所以它可以取无限多个数值。例如声音、电视图像信号等都是连续变化的，都表现为模拟数据。数字数据表现为离散量的数据，只能取有限个数值。在计算机中一般采用二进制形式，只有"0"和"1"两个数值。在数据通信中，人们习惯将被传输的二进制代码的 0、1 称为码元。

在通信系统中，数据需要转换为信号的形式从一点传到另一点。信号有数字信号和模拟信号两种基本形式。用数字信号进行的传输称为数字传输，用模拟信号进行的传输称为模拟传输。数字信号传输的是不连续的、离散的二进制脉冲信号，而模拟信号是连续变化的、具有周期性的正弦波信号，如图 1-2 所示的是两种信号的典型表示。

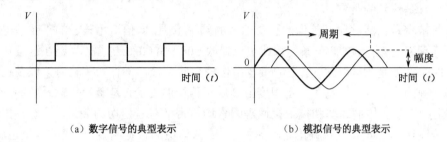

（a）数字信号的典型表示　　　　　　　（b）模拟信号的典型表示

图 1-2　信号的典型表示

数据在计算机中是以离散的二进制数字信号表示的，但在数据通信过程中，它是以数字信号方式表示，还是以模拟信号方式表示，主要取决于选用的通信信道所允许传输的信号类型。如果通信信道不允许直接传输计算机所产生的数字信号，那么就需要在发送端将数字信号变换成模拟信号，在接收端再将模拟信号还原成数字信号，这个过程被称为调制解调。

2. 信道

信道是信号传输的通道，主要包括通信设备和传输介质。传输介质可以是有形介质（如电缆、光纤）或无形介质（如传输电磁波的空间）。信道有物理信道和逻辑信道之分。物理信道指用来传送信号的一种物理通路，由传输介质及有关设备组成。逻辑信道在信号的发送端和接收端之间并不存在一条物理上的传输介质，而是在物理信道的基础上，通过节点设备内部的连接来实现的。

信道可以按多种不同的方法分类，如按照传输介质，信道可分为有线信道和无线信道；按照传输信号的种类，信道可分为模拟信道和数字信道；按照使用权限又可分为专用信道和公用信道，等等。

3. 主要技术指标

数据通信系统的技术指标主要体现在数据传输的质量和数量两个方面。质量指信息传输的可靠性，一般用误码率来衡量。而数量指标包括两个，一个是信道的传输能力，用信道容量来表示；另一个指信道上传输信息的速度，相应的指标是数据传输速率。

（1）数据传输速率

数据传输速率是描述数据传输系统的重要技术指标之一。数据传输速率在数值上等于每秒钟传输所构成数据代码的二进制比特数，单位为比特/秒（bit/second）记作 bps。对于二进制数据，数据传输速率为：$S = 1/t$（bps）

其中，t 为发送每一比特所需要的时间。例如，如果在通信信道上发送一个比特信号所需要的时间是 0.104ms，那么信道的数据传输速率为 9600bps。在实际应用中，常见的数据传输速率单位有 Kbps、Mbps、Gbps。其中，1Kbps=103bps，1Mbps=106bps，1Gbps=109bps。

在模拟信号传输中，有时会使用波特率衡量模拟信号的传输速度，波特率又称为波形速率，指每秒钟传送的波形的个数。

（2）带宽

带宽指频率范围，即最高频率与最低频率的差值，其单位是赫兹（Hz）。在计算机网络中能够遇到的带宽包括信号的带宽和信道的带宽。任何一个实际传输的信号都可以分解成一系列不同频率、不同幅度的正弦信号，其中具有较大能量比率的正弦信号最高频率与最低频率的差值，就是信号的带宽。

信道的带宽是指能够通过信道的正弦信号的频率范围，即信道可传送的正弦信号的最高频率与最低频率之差。例如，一条传输线可以接收 500~3000Hz 的频率，则在这条传输线上传送频率的带宽就是 2500Hz。信道的带宽由传输介质、接口部件、传输协议以及传输信息的特性等多种因素决定。带宽在一定程度上体现了信道的性能，是衡量传输系统的一个重要指标。信道的容量、传输速率和抗干扰性等因素均与带宽有着密切的关系。需要指出的是带宽和数据传输速率之间并没有直接对应的关系，通常信道的带宽越大，信道的容量也就越大，其传输速率相应也高。

一般说来，信号能在某信道上传输的前提条件是信号的频率范围在信道可传输的频率范围内，否则就需要对信号进行频谱搬移、压缩等相应的处理。

（3）信道容量

信道是传输信息的通道，具有一定的容量。信道容量指信道能传输信息的最大能力，用单位时间内可传送的最大比特率表示，它取决于信道的带宽、可使用的时间及能通过的信道功率与干扰功率的比值。根据奈奎斯特取样定理，可以认为当信道的带宽为 F 时，在 T 秒内信道最多可传送 $2FT$ 个信息符号。信道容量和信号传输速率之间应满足以下关系，即信道容量＞传输速率，如果高传输速率的信号在低容量信道上传输，其实际传输速率会受到信道容量的限制，难以达到原有的指标。

（4）误码率

在有噪声的信道中，数据速率的增加意味着传输中出现差错的概率增加。误码率是用来表示传输二进制位数时出现差错的概率。误码率近似等于被传错的二进制位数与所传送的二进制总位数的比值。在计算机网络通信系统中，要求误码率低于 10^{-9}。差错的出现具有随机性，在实际测量数据传输系统时，被测量的传输二进制位数越大，才会越接近于真正的误码率值。在误码率高于规定值时，可以用差错控制的方法进行检查和纠正。

1.1.2 数据的传输方式

数据在线路上的传输方式可以分为单工方式、半双工方式和全双工方式三种。

1. 单工通信方式

在单工通信方式中，数据信息只能向一个方向传输，任何时候都不能改变数据的传送方向。如图 1-3 所示，其中 A 端只能作为发射端发送资料，B 端只能作为接收端接收资料。为使双方能单工通信，还需一根线路用于控制。单工通信的信号传输链路一般由两条线路组成，一条用于传输数据，另一条用于传送控制信号，通常又称为二线制。如收音机、电视的信号传输方式就是单工通信。

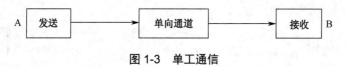

图 1-3　单工通信

2. 半双工通信方式

在半双工通信方式中，数据信息可以双向传送，但必须是交替进行，同一时刻一个信道只允许单方向传送。如图 1-4 所示，其中 A 端和 B 端都具有发送和接收装置，但传输线路只有一条，若想改变信息的传送方向，需由开关进行切换。适用于终端之间的会话式通信，但由于通信中要频繁地调换信道的方向，故效率较低。如对讲机的通信方式。

图 1-4　半双工通信

3. 全双工通信方式

全双工通信能在两个方向上同时发送和接收信息，如图 1-5 所示。它相当于把两个相反方向的单工通信方式组合起来，因此一般采用四线制。全双工通信效率高，控制简单，但组成系统造价高，适用于计算机之间通信。如计算机网络、手机通信的方式。

图 1-5　全双工通信

1.1.3　数据传输技术

1. 基带传输

在数据通信中，电信号所固有的基本频率叫基本频带，简称为基带。这种电信号就叫作基带信号。在数字通信信道上，直接传送基带信号的方法称为基带传输。

在发送端基带传输的信源数据经过编码器变换，变为直接传输的基带信号；在接收端由解码器恢复成与发送端相同的数据。基带传输是一种最基本的数据传输方式。

基带传输只能延伸有限的距离，一般不大于 2.5km，当超过上述距离时，需要加中继器，将信号放大和再生，以延长传输距离。基带传输简单、设备费用少、经济，适用于传输距离不长的场合，特别适用于在短距离网络中使用。

2. 频带传输

由于电话交换网是用于传输语音信号的模拟通信信道，并且是目前覆盖面最广的一种通信方式，因此利用模拟通信信道进行数据通信也是最普遍使用的通信方式之一。而频带传输技术就是利用调制器把二进制信号调制成能在公共电话线上传输的音频信号（模拟信号），将音频信号在传输介质中传送到接收端后，再经过解调器的解调，把音频信号还原成二进制的电信号。频带传输的基本模型如图 1-6 所示。

图 1-6　频带传输的基本模型

频带传输的优点是克服了电话线上不能传送基带信号的缺点，用于语音通信的电话交换网技术成熟，造价较低，而且能够实现多任务的目的，从而提高了通信线路的利用率。但其缺点是数据传输速率和系统效率较低。

3. 宽带传输

宽带系统指具有比原有话音信道带宽更宽的信道。使用这种宽带技术进行传输的系统，称为宽带传输系统。宽带传输系统可以进行高速的数据传输，并且允许在同一信道上进行数字信息和模拟信息服务。

1.1.4　数据编码技术

在数据通信中，编码的作用是用信号来表示数据。计算机中的数据是以离散的二进制比特方式表示的数字数据。计算机数据在计算机网络中传输，通信信道无外乎数字信道和模拟信道两种类型，计算机数据在不同的信道中传输要采用不同的信号编码方式。也就是说，在模拟信道中传输时，要将数据转换为适于模拟信道传输的模拟信号；在数字信道中传输时，又要将数据转换为适于数字信道传输的数字信号。

1. 数字数据的数字信号编码

用数字信号表示数字数据，即用直流电压或电流波形的脉冲序列来表示数字数据的"0"和"1"，就是数字数据的数字信号编码。常用的编码方法有以下几种：

（1）不归零编码 NRZ

不归零编码用无电压表示二进制"0"，用恒定的正电压表示二进制"1"，如图 1-7 所示。不归零编码是效率最高的编码，但如果重复发送"1"，势必要连续发送正电压，如果重复发送"0"，势必要连续不送电压，这样会使某一位码元与其下一位码元之间没有间隙，不易区分识别，因此存在发送方和接收方的同步问题。

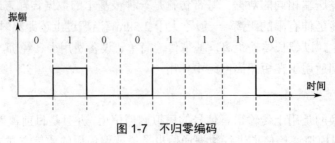

图 1-7　不归零编码

（2）曼彻斯特编码

曼彻斯特编码不用电压的高低表示二进制"0"和"1"，而是用电压的跳变来表示的。在曼彻斯特编码中，每一位的中间均有一个跳变，这个跳变既作为数据信号，也作为时钟信号。电压从高到低的跳变表示二进制"1"，从低到高的跳变表示二进制"0"。

（3）差分曼彻斯特编码

差分曼彻斯特编码是对曼彻斯特编码的改进，每位中间的跳变仅作同步之用，每位的值根据其开始边界是否发生跳变来决定。每位的开始无跳变表示二进制"1"，有跳变表示二进制"0"。如图1-8显示了对于同一个比特模式的曼彻斯特编码和差分曼彻斯特编码。

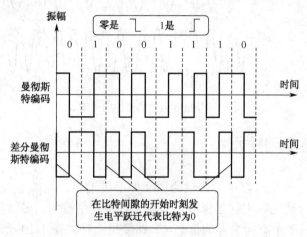

图 1-8　曼彻斯特编码和差分曼彻斯特编码

2．数字数据的模拟信号编码

要在模拟信道上传输数字数据，首先数字信号要对相应的模拟信号进行调制，即用模拟信号作为载波运载要传送的数字数据。载波信号可以表示为正弦波形式：$f(t)=A\sin(\omega t+\varphi)$，其中幅度 A、频率 ω 和相位 φ 的变化均影响信号波形。因此，通过改变这三个参数可实现对模拟信号的编码。相应的调制方式分别称为幅度调制 ASK、频率调制 FSK 和相位调制 PSK。结合 ASK、FSK 和 PSK 可以实现高速调制，常见的组合是 ASK 和 PSK 的结合。

（1）幅度调制 ASK

幅度调制即载波的振幅随着数字信号的变化而变化。例如二进制"1"用有载波输出表示，即载波振幅为原始振幅；二进制"0"用无载波输出来表示，即载波振幅为零，如图1-9（a）所示。

（2）频率调制 FSK

频率调制即载波的频率随着数字信号的变化而变化。例如，二进制"1"用载波频率 f1来表示；二进制"0"用另一载波频率 f2 来表示，如图1-9（b）所示。

（3）相位调制 PSK

相位调制即载波的初始相位随着数字信号的变化而变化。例如，用180°相位（反相）的载波来表示二进制"1"；用0°相位（正相）的载波来表示二进制"0"，如图1-9（c）所示。

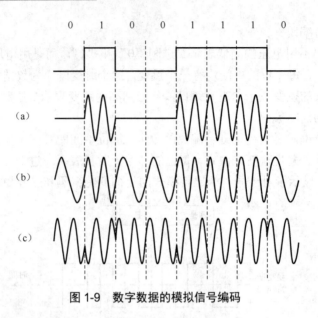

图 1-9　数字数据的模拟信号编码

1.1.5　多路复用技术

　　在长途通信中，一些高容量的传输通道（如卫星设施、光缆等），其可传输的频率带宽很宽，为了高效合理地利用这些资源，出现了多路复用技术。多路复用就是在单一的通信线路上，同时传输多个不同来源的信息。多路复用原理如图 1-10 所示。从不同发送端发出的信号 S1,S2,…,Sn，先由复合器复合为一个信号，再通过单一信道传输至接收端。接收前先由分离器分出各个信号，再被各接收端接收。可见，多路复用需要经复合、传输、分离三个过程。

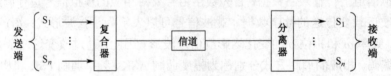

图 1-10　多路复用原理

　　如何实现各个不同信号的复合与分离，是多路复用技术研究的中心问题。为使不同的信号能够复合为一个信号，要求各信号存在一定的共性；复合的信号能否分离，又取决于各信号有无自己的特征。根据不同信道的情况，事先对被传送的信息进行处理，使之既有复合的可能性，又有分离的条件。也就是说，各信号在复合前可各自做一标记，然后复合、传输。接收时再根据各自的特殊标记并来识别分离它们。常见的多路复用技术有以下几种：

1. 频分多路复用 FDM

　　频分复用的典型例子有许多，如无线电广播、无线电视中将多个电台或电视台的多组节目对应的声音、图像信号分别载在不同频率的无线电波上，同时，在同一无线空间中传播，接收者根据需要接收特定的某种频率的信号收听或收看。同样，有线电视也是基于同一原理。总之，频分复用是把线路或空间的频带资源分成多个频段，将其分别分配给多个用户，每个用户终端通过分配给它的子频段传输，如图 1-11 所示。在 FDM 频分复用中，各个频段都有一定的带宽，称之为逻辑信道。为了防止相邻信道信号频率覆盖造成的干扰，在而相邻两个信号的频率段之间设立一定的"保护"带，保护带对应的频率未被使用，以保证各个频带互相隔离不会交叠。

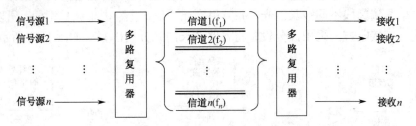

图 1-11　频分多路复用原理

2. 时分多路复用 TDM

时分多路复用是将传输信号的时间进行分割，使不同的信号在不同时间内传送，即将整个传输时间分为许多时间间隔（称为时隙、时间片），每个时间片被一路信号占用。也就是说，TDM 就是通过在时间上交叉发送每一路信号的一部分来实现一条线路传送多路信号。时分多路复用线路上的每一时刻只有一路信号存在，而频分是同时传送若干路不同频率的信号。因为数字信号是有限个离散值，所以适合采用时分多路复用技术，而模拟信号一般采用频分多路复用。

（1）同步时分复用

同步时分复用采用固定时间片分配方式，即将传输信号的时间按特定长度连续地划分成特定时间段，再将每一时间段划分成等长度的多个时间片，每个时间片以固定的方式分配给各路数字信号，各路数字信号在每一时间段都顺序分配到一个时间片。如图 1-12 所示。

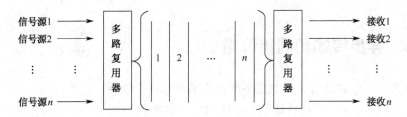

图 1-12　同步时分多路复用原理

由于在同步时分复用方式中，时间片预先分配且固定不变，无论时间片拥有者是否传输数据都占有一定时间片，形成了时间片浪费，其时间片的利用率很低，为了克服同步时分复用的缺点，引入了异步时分复用技术。

（2）异步时分多路复用

异步时分复用技术能动态地按需分配时间片，避免每个时间段中出现空闲时间片。也就是只有某一路用户有数据要发送时才把时间片分配给它。当用户暂停发送数据时不给它分配线路资源。所以每个用户的传输速率可以高于平均速率（通过多占时间片），最高可达到线路总的传输能力（占有所有的时间片）。如线路总的传输能力为 28.8Kbps，3 个用户公用此线路，在同步时分复用方式中，则每人用户的最高速率为 9600bps，而在异步时分复用方式时，每个用户的最高速率可达 28.8Kbps。

3. 波分多路复用 WDM

波分多路复用利用了光具有不同的波长的特征，实际上就是光的频分复用。随着光纤技术的使用，基于光信号传输的复用技术得到重视。光的波分多路复用是利用波分复用设备将不同信道的信号调制成不同波长的光，并复用到光纤信道上，由于波长不同，所以各路光信号互不干扰，在接收方，采用波分设备将各路波长的光分解出来，如图 1-13 所示。

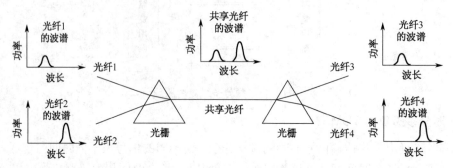

图 1-13　波分多路复用原理

4. 码分多路复用 CDM

码分多路复用也是一种共享信道的方法，每个用户可在同一时间使用同样的频带进行通信，但使用的是基于码型的分割信道的方法，即每个用户分配一个地址码，各个码型互不重又叠，通信各方之间不会相互干扰，且抗干扰能力强。

码分多路复用技术主要用于无线通信系统，特别是移动通信系统，它不仅可以提高通信的话音质量和数据传输的可靠性以及减少干扰对通信的影响，而且增大了通信系统的容量，笔记本电脑、个人数字助理（PDA）以及平板电脑等移动性计算机的联网通信就是使用了这种技术。

1.1.6　异步传输和同步传输

在计算机中，通常是用 8 位的二进制代码来表示一个字符。在数据通信中，人们可以按如图 1-14 所示的方式，将待传送的每个字符的二进制代码按由低位到高位的顺序依次进行发送，到达对方后，再由通信接收装置将二进制代码还原成字符的方式称为串行通信。串行通信方式的传输速率较低，但只需要在接收端与发送端之间建立一条通信信道，因此费用低。目前，在计算机网络中，主要采用串行通信方式。

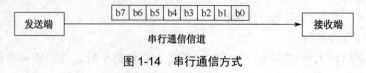

图 1-14　串行通信方式

在逐位传送的串行通信中，接收端必须能识别每个二进制位从什么时刻开始，这就是位定时。通信中一般以若干位表示一个字（或字符），除了位定时外还需要在接收端能识别每个字符从哪位开始，这就是字符定时。

1. 异步传输

异步传输方式指收发两端各自有相互独立的位定时时钟，数据的传输速率是双方约定的，收方利用数据本身来进行同步的传输方式，一般是起止式同步方式。这种方式以字（一般为 8 比特）为单位进行传送，在需传送的字符前设置 1 比特的零电平作为起始位，预告待传送字符即将开始；同时在字符之后，设置 1～2 比特高电平作为终止位，以表示该字符传送结束。该终止位的电平也表示平时不进行通信的状态（处于"闲"时状态），如图 1-15 所示。在异步方式中，不传送字符时，并不要求收发时钟"同步"，但在传送字符时，要求收发时钟在每一字符中的每一位上"同步"。

异步传输的优点是简单、可靠，常用于面向字符的、低速的异步通信场合。例如，主计算机与终端之间的交互式通信通常采用这种方式。

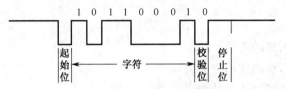

图 1-15　异步传输的数据格式

2. 同步传输

同步传输方式是相对于异步传输方式的，是针对时钟的同步，即指收发双方采用了统一时钟的传输方式。至于统一时钟信号的来源，或是双方有一条时钟信号的信道，或是利用独立同步信号来提取时钟。

同步传输是以数据块为单位的数据传输。每个数据块的头部和尾部都要附加一个特殊的字符或比特序列，标记一个数据块的开始和结束，一般还要附加一个校验序列（如 16 位或 32 位 CRC 校验码），以便对数据块进行差错控制，如图 1-16 所示。在同步传输方式中，是以固定的时钟节拍来传输信号的，即有恒定的传输速率。在串行数据流中，各个信号码元之间相对位置都是固定的，接收方为了从收到的数据流中正确地区分出一个个信号码元，首先必须建立起准确的时钟信号，即位同步，也就是要求收发两方具有一个同步（同频同相）时钟，从而满足收发双方同步工作。与异步方式来比，同步传输方式中的设备，或是双方之间的信道比较复杂，但同步方式没有起止位，所以传输效率较高。

图 1-16　同步传输的数据格式

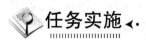

任务实施

▶ **实训 1　参观有线广播系统**

根据具体的条件，参观所在学校或其他单位的有线广播系统，按照通信系统基本模型了解该系统的基本组成，查看该系统的主要技术指标，思考该系统采用了何种传输方式和传输技术。

▶ 实训 2　参观电话系统

根据具体的条件，参观所在学校或其他单位的内部电话系统，按照通信系统基本模型了解该系统的基本组成，查看该系统的主要技术指标，思考该系统采用了何种传输方式和传输技术。

任务 1.2　初识计算机网络

任务目的

（1）理解计算机网络的定义；
（2）理解计算机网络的常用分类方法；
（3）了解计算机网络的软硬件组成；
（4）认识计算机网络中常用的网络设备和传输介质。

工作环境与条件

（1）能正常运行的计算机网络实验室或机房；
（2）能够接入 Internet 的 PC。

相关知识

1.2.1　计算机网络的产生和发展

计算机网络的发展历史虽然不长，但是发展速度很快，它经历了从简单到复杂、从单机到多机的演变过程，其产生与发展主要包括面向终端的计算机网络、计算机通信网络、计算机互联网络和高速互联网络等四个阶段。

1. 第一代计算机网络

第一代计算机网络是以中心计算机系统为核心的远程联机系统，是面向终端的计算机网络。这类系统除了一台中央计算机外，其余的终端都没有自主处理能力，还不能算作真正的计算机网络，因此也被称为联机系统。但它提供了计算机通信的许多基本技术，是现代计算机网络的雏形。第一代计算机网络的结构如图 1-17 所示。目前在金融系统等领域广泛使用的多用户终端系统就属于面向终端的计算机网络，只不过其软、硬件设备和通信设施都已更新换代，极大提高了网络的运行效率。

2. 第二代计算机网络

面向终端的计算机网络只能在终端和主机之间进行通信，计算机之间无法通信。20 世纪 60 年代中期，出现了由多台主计算机通过通信线路互联构成的"计算机-计算机"通信系统，其结构如图 1-18 所示。

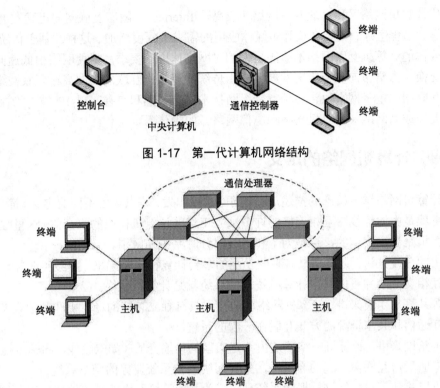

图 1-17　第一代计算机网络结构

图 1-18　第二代计算机网络结构

　　在该网络中每一台计算机都有自主处理能力，彼此之间不存在主从关系，用户通过终端不仅可以共享本主机上的软硬件资源，还可共享通信子网上其他主机的软硬件资源。我们将这种由多台主计算机互联构成的，以共享资源为目的的网络系统称为第二代计算机网络。第二代计算机网络在概念、结构和网络设计方面都为后继的计算机网络打下了良好的基础，它也是今天 Internet 的雏形。

3. 第三代计算机网络

　　20 世纪 70 年代，各种商业网络纷纷建立，并提出各自的网络体系结构。比较著名的有IBM 公司于 1974 年公布的系统网络体系结构 SNA（System Network Architecture），DEC 公司于 1975 年公布的分布式网络体系结构 DNA（Distributing Network Architecture）。这些按照不同概念设计的网络，有力地推动了计算机网络的发展和广泛使用。

　　然而由于这些网络是由研究单位、大学或计算机公司各自研制开发利用的，如果要在更大的范围内，把这些网络互连起来，实现信息交换和资源共享，有着很大困难。为此，国际标准化组织（International Standards Organization，ISO）成立了一个专门机构研究和开发新一代的计算机网络。经过多年卓有成效的努力，于 1984 年正式颁布了"开放系统互联基本参考模型"（Open System Interconnection Reference Model，OSI/RM），该模型为不同厂商之间开发可互操作的网络部件提供了基本依据，从此，计算机网络进入了标准化时代。我们将体系结构标准化的计算机网络称为第三代计算机网络，也称为计算机互联网络。

4. 第四代计算机网络

第四代计算机网络又称高速互联网络（或高速 Internet）。随着互联网的迅猛发展，人们对远程教学、远程医疗、视频会议等多媒体应用的需求大幅度增加。这样，基于传统电信网络为信息载体的计算机互联网络不能满足人们对网络速度的要求，促使网络由低速向高速、由共享到交换、由窄带向宽带迅速发展，即由传统的计算机互联网络向高速互联网络发展。目前对于互联网的主干网来说，各种宽带组网技术日益成熟和完善，以 IP 技术为核心的计算机网络已经成为网络（计算机网络和电信网络）的主体。

1.2.2　计算机网络的定义

关于计算机网络这一概念的描述，从不同的角度出发，可以给出不同的定义。简单地说，计算机网络就是由通信线路互相连接的许多独立工作的计算机构成的集合体。这里强调构成网络的计算机是独立工作的，这是为了和多终端分时系统相区别。

从应用的角度来讲，只要将具有独立功能的多台计算机连接起来，能够实现各计算机之间信息的互相交换，并可以共享计算机资源的系统就是计算机网络。

从资源共享的角度来讲，计算机网络就是一组具有独立功能的计算机和其他设备，以允许用户相互通信和共享资源的方式互联在一起的系统。

从技术角度来讲，计算机网络就是由特定类型的传输介质（如双绞线、同轴电缆和光纤等）和网络适配器互联在一起的计算机，并受网络操作系统监控的网络系统。

我们可以将计算机网络这一概念系统地定义为：计算机网络就是将地理位置不同，并具有独立功能的多个计算机系统通过通信设备和通信线路连接起来，并且以功能完善的网络软件（网络协议、信息交换方式以及网络操作系统等）实现网络资源共享的系统。

1.2.3　计算机网络的功能

计算机技术和通信技术结合而产生的计算机网络，不仅使计算机的作用范围超越了地理位置的限制，而且也增大了计算机本身的威力，拓宽了服务，使得它在各领域发挥了重要作用，成为目前计算机应用的主要形式。计算机网络主要具有以下功能。

1. 数据通信

数据通信即实现计算机与终端、计算机与计算机间的数据传输，是计算机网络的最基本的功能，也是实现其他功能的基础。如电子邮件、传真、远程数据交换等。

2. 资源共享

资源共享是计算机网络的主要功能，在计算机网络中有很多昂贵的资源，例如大型数据库、巨型计算机等，并非为每一个用户所拥有，所以必须实现资源共享。网络中可共享的资源有硬件资源、软件资源和数据资源，其中共享数据资源最为重要。资源共享的结果是避免重复投资和劳动，从而提高资源的利用率，使系统的整体性能价格比得到改善。

3. 提高系统的可靠性

在一个系统内，单个部件或计算机的暂时失效必须通过替换资源的办法来维持系统的继续运行。而在计算机网络中，每种资源（特别是程序和数据）可以存放在多个地点，用户可以通过多种途径来访问网内的某个资源，从而避免了单点失效对用户产生的影响。

4. 进行分布处理

网络技术的发展，使得分布式计算成为可能。当需要处理一个大型作业时，可以将这个作业通过计算机网络分散到多个不同的计算机系统分别处理，提高处理速度，充分发挥设备的利用率。利用这个功能，可以将分散在各地的计算机资源集中起来进行重大科研项目的联合研究和开发。

5. 集中处理

通过计算机网络，可以将某个组织的信息进行分散、分级、集中处理与管理。一些大型的计算机网络信息系统正是利用了此项功能，如银行系统、订票系统等。

1.2.4 计算机网络的分类

计算机网络的分类方法很多，从不同的角度出发，会有不同的分类方法，表 1-1 列举了计算机网络的主要分类方法。

表 1-1 计算机网络的分类

分 类 标 准	网 络 名 称
覆盖范围	局域网、城域网、广域网
管理方法	基于客户机/服务器的网络、对等网
网络操作系统	Windows 网络、Netware 网络、Unix 网络等
网络协议	NETBEUI 网络、IPX/SPX 网络、TCP/IP 网络等
拓扑结构	总线型网络、星形网络、环形网络等
交换方式	线路交换、报文交换、分组交换
传输介质	有线网络、无线网络
体系结构	以太网、令牌环网、AppleTalk 网络等
通信传播方式	广播式网络、点到点式网络

1. 按覆盖范围分类

计算机网络由于覆盖的范围不同，所采用的传输技术也不同，因此按照覆盖范围进行分类，可以较好的反映不同类型网络的技术特征。按覆盖的地理范围，计算机网络可以分为局域网、城域网和广域网。

（1）局域网

局域网（Local Area Network，简称 LAN）通常是由某个组织拥有和使用的私有网络，由该组织负责安装、管理和维护网络的各个功能组件，包括网络布线、网络设备等。局域网的主要特点有：

> ➤ 主要使用以太网组网技术。
> ➤ 互联的设备通常位于同一区域，如某栋大楼或某个园区。
> ➤ 负责连接各个用户并为本地应用程序和服务器提供支持。
> ➤ 基础架构的安装和管理由单一组织负责，容易进行设备更新和新技术引用。

（2）广域网

广域网（Wide Area Network，WAN）所涉及的范围可以为市、省、国家乃至世界范围，其中最著名的就是 Internet。由于开发和维护私有 WAN 的成本很高，大多数用户都从 ISP（Internet Service Provider，Internet 服务提供者）购买 WAN 连接，由 ISP 负责维护各 LAN 之间的后端网络连接和网络服务。广域网的主要特点有：

> 互联的站点通常位于不同的地理区域。
> ISP 负责安装和管理 WAN 基础架构。
> ISP 负责提供 WAN 服务。
> LAN 在建立 WAN 连接时，需要使用边缘设备将以太网数据封装为 ISP 网络可以接受的形式。

（3）城域网

城域网（Metropolitan Area Network，MAN）是介于局域网与广域网之间的一种高速网络。最初，城域网主要用来互联城市范围内的各个局域网，目前城域网的应用范围已大大拓宽，能用来传输不同类型的业务，包括实时数据、语音和视频等。

2. 按网络组建属性分类

根据计算机网络的组建、经营和用户，特别是数据传输和交换系统的拥有性，可以将其分为公用网和专用网。

（1）公用网

公用网是由国家电信部门组建并经营管理，面向公众提供服务。任何单位和个人的计算机和终端都可以接入公用网，利用其提供的数据通信服务设施来实现自己的业务。

（2）专用网

专用网往往由一个政府部门或一个企业组建经营，未经许可其他部门和单位不得使用。其组网方式可以由该单位自行架设通信线路，也可利用公用网提供的"虚拟网"功能。

3. 按通信传播方式分类

计算机网络必须通过通信信道完成数据传输，通信信道有广播信道和点到点信道两种类型，因此计算机网络也可以分为广播式网络和点到点式网络。

（1）广播式网络

在广播式网络中，多个站点共享一条通信信道。发送端在发送消息时，首先在数据的头部加上地址字段，以指明此数据应被哪个站点接收，数据发送到信道上后，所有的站点都将接收到。一旦收到数据，各站点将检查其地址字段，如果是自己的地址，则处理该数据，否则将它丢弃，如图 1-19 所示。广播式网络通常也允许在它的地址字段中使用一段特殊的代码，以便将数据发送到所有站点。这种操作被称为广播（broadcasting）。有些广播式网络还支持向部分站点发送的功能，这种功能被称为组播（multicasting）。

（2）点到点式网络

点到点式网络的主要特点是一条线路连接一对节点。两台计算机之间常常经过几个节点相连接，如图 1-20 所示。点到点式网络的通信，一般采用存储转发方式，并需要通过多个中间节点进行中转。在中转过程中还可能存在着多条路径，传输成本也可能不同，因此在点到点式网络中路由算法显得特别重要。

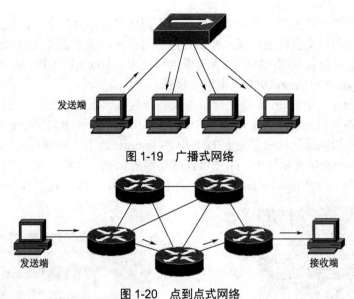

图 1-19　广播式网络

图 1-20　点到点式网络

1.2.5　计算机网络的组成

　　整个计算机网络是一个完整的体系，就像一台独立的计算机，既包括硬件系统又包括软件系统。

1. 网络硬件

　　网络硬件主要包括网络终端设备、传输介质和网络中间设备。

　　（1）网络终端设备

　　网络终端设备也称为主机，是指通过网络传输消息的源设备或目的设备，主要包括计算机、网络打印机、网络摄像头、移动手持设备等。为了区分不同的主机，网络中的每台主机都需要用网络地址进行标识，当主机发起通信时，会使用目的主机的地址来指定应该将消息发送到哪里。根据主机上安装的软件，网络中的主机可以充当客户机、服务器或同时用作两者。服务器是网络的资源所在，可以为网络上其他主机提供信息和服务（如电子邮件或网页）。客户机是可向服务器请求信息以及显示所获取信息的主机。

　　（2）传输介质

　　传输介质是网络通信过程中信号的载体，主要包括双绞线、光缆、无线电波等。不同的传输介质采用不同的信号编码传输消息。双绞线可以传送符合特定模式的电子脉冲；光缆传输依靠红外线或可见光频率范围内的光脉冲；无线传输则使用电磁波的波形来进行数据编码。不同类型的传输介质有不同的特性和优点，通常应根据传输距离、传输质量、布线环境、安装成本等来选择传输介质。

　　（3）网络中间设备

　　网络中间设备也称网络设备，负责将每台主机连接到网络，并将多个独立的网络互联成网际网络，主要包括网络接入设备（集线器、交换机和无线网络访问点）、网间设备（路由器）、通信服务器、网络安全设备（防火墙）等。

　　交换机（Switch）是一种用于信号转发的网络设备。网络中的各个节点可以直接连接到交换机的端口上，它可以为接入交换机的任意两个网络节点提供独享的信号通路。除了与计算机相连的端口之外，交换机还可以连接到其他的交换机以便形成更大的网络。随着计算机网络技术的发展，目前局域网组网主要采用以太网技术，而以太网的核心部件就是以太网交换机，如图 1-21 所示为 Cisco 2960 以太网交换机。

路由器（Router）是 Internet 的主要节点设备，具有判断网络地址和选择路径的功能。路由器能在多网络互联环境中，建立灵活的连接，可用完全不同的数据分组和介质访问方法连接各种子网。路由器系统构成了基于 TCP/IP 的 Internet 的主体脉络，因此，在局域网、广域网乃至整个 Internet 研究领域中，路由器技术始终处于核心地位。对于局域网来说，路由器主要用来实现与广域网和 Internet 的连接。如图 1-22 所示为 Cisco 2811 路由器。

图 1-21 Cisco 2960 以太网交换机

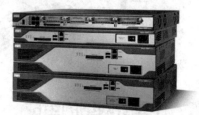

图 1-22 Cisco 2811 路由器

2. 网络软件

网络软件是一种在网络环境下使用和运行或者控制和管理网络工作的计算机软件。根据软件的功能，计算机网络软件可分为网络系统软件和网络应用软件两大类型。网络系统软件是控制和管理网络运行、提供网络通信、分配和管理共享资源的网络软件，它包括网络操作系统、网络协议软件、通信控制软件和管理软件等。网络应用软件是指为某一个应用目的而开发的网络软件。

网络协议是通信双方关于通信如何进行所达成的协议，常见的网络协议有 TCP/IP 协议、NetBEUI 协议、IPX/SPX 协议等。

网络操作系统是网络软件的核心，用于管理、调度、控制计算机网络的多种资源，常用的网络操作系统主要有 Unix 系列、Windows 系列和 Linux 系列。

➤ Unix 本是针对小型机主机环境开发的操作系统，是一种集中式分时多用户体系结构。这种网络操作系统历史悠久，其良好的网络管理功能已为广大网络用户所接受，稳定和安全性能非常好，但由于它多数是以命令方式来进行操作的，不容易掌握，主要用于大型的网站或大型局域网中。

➤ Microsoft 的 Windows 系统不仅在个人操作系统中占有绝对优势，它在网络操作系统中也是具有非常强劲的力量。这类操作系统配置在整个局域网配置中是最常见的，但由于它稳定性能不是很高，所以一般只是用在中低档服务器中。Windows 系列网络操作系统主要有 Windows NT 4.0 Server、Windows 2000 Server、Windows Server 2003、Windows Server 2008、Windows Server 2012、Windows Server 2016 等。

➤ Linux 是一个开放源代码的网络操作系统，可以免费得到许多应用程序。目前已经有很多中文版本的 Linux，如 RedHat Linux，红旗 Linux 等。Linux 与 Unix 有许多类似之处，具有较高的安全性和稳定性。

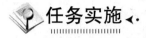

实训 1　分析计算机网络典型案例

根据不同的用户需求，计算机网络的功能、类型和组成各不相同。请对比下面给出的 2 个典型计算机网络案例，对各网络的基本功能、类型和组成结构进行简单分析，熟悉各网络使用的网络设备和传输介质。

➤　**案例一**

公司甲是一家刚成立的小微企业，只有 12 名员工，租用了一间办公室。由于规模较小，公司甲只组建了一个局域网来实现计算机之间的资源共享。Internet 连接则是利用宽带路由器共享常用宽带服务实现，宽带服务由当地电信运营商提供。公司没有专职的网络技术人员也没有自己的服务器，从当地电信运营商购买技术支持和主机托管服务。该公司的网络结构如图 1-23 所示。

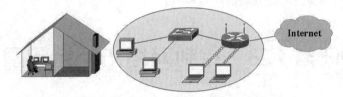

图 1-23　计算机网络典型案例（1）

➤　**案例二**

公司乙是一家拥有数千名员工的大中型企业，在很多地区设立了分支机构。为管理整个企业的信息传递与服务交付，该公司设立了数据中心，用于存放各种数据库和服务器。为确保所有人员（无论其身在何处）都可以访问相同的服务和应用程序，该公司需要利用广域网实现各分支机构与总部网络的连接。对于邻近城市的分支机构，该公司决定通过当地电信运营商建立私有专用线路；而对于分布在其他地区的分支机构及远程工作人员，Internet 则是更具吸引力的连接方案。该公司的网络结构如图 1-24 所示。

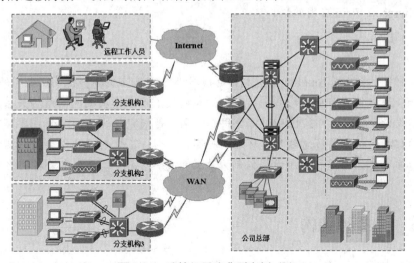

图 1-24　计算机网络典型案例（2）

【注意】不同的网络设备厂商（如 Cisco、H3C 等）使用的图标并不相同，本书主要使用 Cisco 公司的图标来标识各种设备。

▶ 实训2　参观计算机网络

1．参观计算机网络实验室或机房

参观所在学校的计算机网络实验室或机房，根据所学的知识，对该网络的基本功能和类型进行简单分析；了解不同岗位工作人员的岗位职责。

2．参观校园网

参观所在学校的网络中心和校园网，根据所学的知识，对该网络的基本功能和类型进行简单分析；了解不同岗位工作人员的岗位职责。

3．参观其他计算机网络

根据具体条件，找出一项计算机网络应用的具体实例，对该网络的基本功能和类型进行简单分析；了解不同岗位工作人员的岗位职责。

任务1.3　绘制网络拓扑结构图

任务目的

（1）熟悉常见的网络拓扑结构；
（2）能够正确阅读网络拓扑结构图；
（3）能够利用常用绘图软件绘制网络拓扑结构图。

工作环境与条件

（1）安装好 Windows 操作系统的 PC；
（2）Microsoft Visio 应用软件。

相关知识

计算机网络的拓扑（Topology）结构，是指网络中的通信线路和各节点之间的几何排列，它是解释一个网络物理布局的形式图，主要用来反映了各个模块之间的结构关系。它影响着整个网络的设计、功能、可靠性和通信费用等方面，是研究计算机网络的主要环节之一。计算机网络的拓扑结构主要有总线型、环形、星形、树形、不规则网状等类型。拓扑结构的选择往往与传输介质的选择和介质访问控制方法的确定紧密相关，并决定着对网络中间设备的选择。

1.3.1　总线型结构

总线型结构是用一条电缆作为公共总线，入网的节点通过相应接口连接到总线上，如图 1-25 所示。在这种结构中，网络中的所有节点处于平等的通信地位，都可以把自己要发送的信息送入总线，使信息在总线上传播，属于分布式传输控制关系。

➤ 优点。节点的插入或拆卸比较方便，易于网络的扩充。

➤ 缺点。可靠性不高，如果总线出了问题，整个网络都不能工作，并且查找故障点比较困难。

1.3.2 环形结构

在环形结构中，节点通过点到点通信线路连接成闭合环路，如图 1-26 所示。环中数据将沿一个方向逐站传送。

➤ 优点。拓扑结构简单，控制简便，结构对称性好。

➤ 缺点。环中每个节点与连接节点之间的通信线路都会转为网络可靠性的瓶颈，环中任何一个节点出现线路故障，都可能造成网络瘫痪，环中节点的加入和撤出过程都比较复杂。

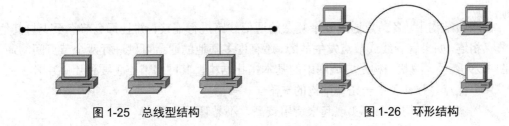

图 1-25 总线型结构   图 1-26 环形结构

1.3.3 星形结构

在星形结构中，节点通过点到点通信线路与中心节点连接，如图 1-27 所示。目前在局域网中主要使用交换机充当星形结构的中心节点，控制全网的通信，任何两节点之间的通信都要通过中心节点。

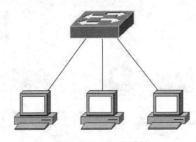

图 1-27 星形结构

➤ 优点。结构简单，易于实现，便于管理，是目前局域网中最基本的拓扑结构。

➤ 缺点。网络的中心节点是全网可靠性的瓶颈，中心节点的故障将造成全网瘫痪。

1.3.4 树形结构

在树形结构中，节点按层次进行连接，如图 1-28 所示，信息交换主要在上下节点之间进行。树形结构有多个中心节点（通常使用交换机），各个中心节点均能处理业务，但最上面的主节点有统管整个网络的能力。目前的大中型局域网几乎全部采用树形结构。

> 优点。通信线路连接简单，网络管理软件也不复杂，维护方便。
> 缺点。可靠性不高，如中心节点出现故障，则和该中心节点连接的节点均不能工作。

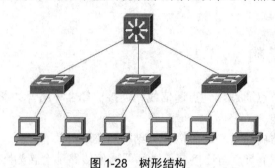

图 1-28 树形结构

1.3.5 网状结构

在网状结构中，各节点通过冗余复杂的通信线路进行连接，并且每个节点至少与其他两个节点相连，如果有导线或节点发生故障，还有许多其他的通道可供进行两个节点间的通信，如图 1-29 所示。网状结构是广域网中的基本拓扑结构，其网络节点主要使用路由器。

> 优点。弥补了单一拓扑结构的缺陷。
> 缺点。结构复杂，实现起来费用较高，不易管理和维护。

1.3.6 混合结构

混合结构是将星形结构、总线型结构、环形结构等多种拓扑结构结合在一起的网络结构，这种网络拓扑结构可以同时兼顾各种拓扑结构的优点，在一定程度上弥补了单一拓扑结构的缺陷。图 1-30 所示为一种星形结构和环形结构组成的混合结构，也称为双星形结构。

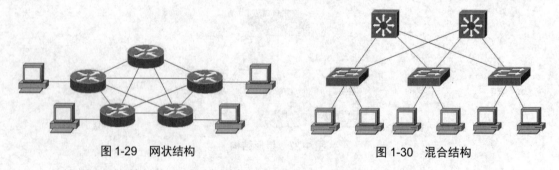

图 1-29 网状结构   图 1-30 混合结构

任务实施

▶ 实训 1 分析网络拓扑结构

（1）请认真分析如图 1-23 和如图 1-24 所示计算机网络典型案例的拓扑结构，思考该网络是由哪些硬件组成的，这些硬件采用了什么样的拓扑结构连接在一起。

（2）观察所在网络实验室或机房的网络拓扑结构，在纸上画出该网络的拓扑结构图，分析该网络为什么要采用这种拓扑结构。

▶ **实训 2　利用 Visio 软件绘制网络拓扑结构图**

Visio 系列软件是 Microsoft 公司开发的高级绘图软件，属于 Office 系列，可以绘制流程图、网络拓扑图、组织结构图、机械工程图、流程图等。使用 Microsoft Visio 应用软件绘制网络拓扑结构的基本步骤为：

（1）运行 Microsoft Visio 应用软件，打开 Microsoft Visio 主界面，如图 1-31 所示。

图 1-31　Microsoft Visio 主界面

（2）在 Microsoft Visio 主界面中间"选择模板"窗格中选择"模板类别"中的"网络"，在打开的"网络"类别的模板中选择"详细网络图"，此时可打开"详细网络图"绘制界面，如图 1-32 所示。

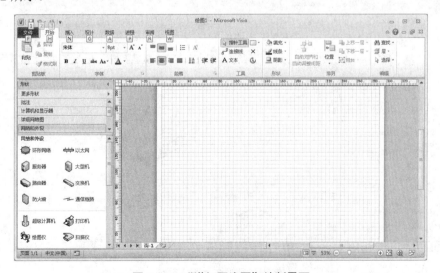

图 1-32　"详细网络图"绘制界面

（3）在"详细网络图"绘制界面左侧的形状列表中选择相应的形状，按住鼠标左键把相应形状拖到右侧窗格中的相应位置，然后松开鼠标左键，即可得到相应的图元。如图 1-33 所示，在"网络和外设"形状列表中分别选择"交换机"和"服务器"，并将其拖至右侧窗格中的相应位置。

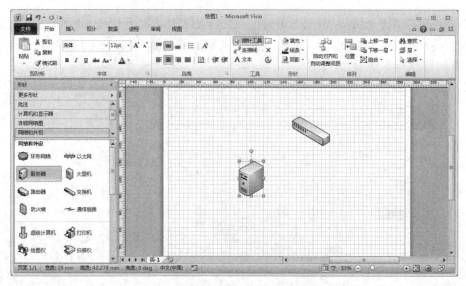

图 1-33　图元拖放到绘制平台后的图示

（4）可以在按住鼠标左键的同时拖动四周的绿色方格来调整图元大小，可以通过按住鼠标左键的同时旋转图元顶部的绿色小圆圈来改变图元的摆放方向，也可以通过把鼠标放在图元上，在出现 4 个方向的箭头时按住鼠标左键以调整图元的位置。如要为某图元标注型号可单击工具栏中的"文本工具"按钮，即可在图元下方显示一个小的文本框，此时可以输入型号或其他标注，如图 1-34 所示。

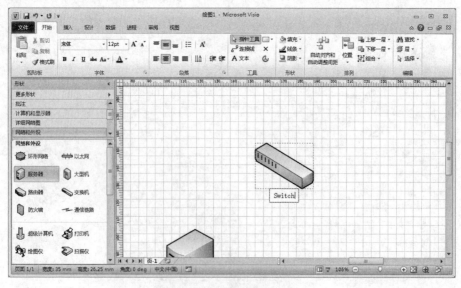

图 1-34　给图元输入标注

（5）可以使用工具栏中的"连接线工具"完成图元间的连接。在选择了该工具后，单击要连接的两个图元之一，此时会有一个红色的方框，移动鼠标选择相应的位置，当出现紫色星状点时按住鼠标左键，把连接线拖到另一图元，注意此时如果出现一个大的红方框则表示不宜选择此连接点，只有当出现小的红色星状点即可松开鼠标，连接成功。如图 1-35 所示为交换机与一台服务器的连接。

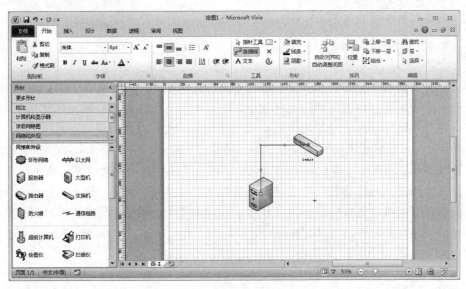

图 1-35　交换机与一台服务器的连接

（6）把其他网络设备图元一一添加并与网络中的相应设备图元连接起来，当然这些设备图元可能会在左侧窗格中的不同类别形状选项中。如果在已显示的类别中没有，则可通过单击左侧窗格中的"更多形状"按钮，从中可以添加其他类别的形状。

（7）Microsoft Visio 应用软件的使用方法比较简单，操作方法与 Word 类似，这里不再赘述。

请使用 Microsoft Visio 应用软件画出如图 1-23 和如图 1-24 所示的网络拓扑结构图，并将该图保存为"JPEG 文件交换格式"的图片文件。

【注意】Microsoft Visio 应用软件中默认使用的网络相关设备图标与网络设备厂商（如 Cisco、H3C 等）使用的图标并不相同，如果在绘制网络拓扑结构图时需要使用相关厂商的图标，可以下载包含其图标的 Visio 模具，在 Microsoft Visio 应用软件中打开即可。

任务 1.4　使用 Cisco Packet Tracer 建立网络运行模型

任务目的

（1）掌握 Cisco Packet Tracer 的安装方法；

（2）能够利用 Cisco Packet Tracer 建立网络运行模型；

（3）掌握 Cisco Packet Tracer 的基本操作方法。

工作环境与 条件

（1）安装好 Windows 操作系统的 PC；

（2）网络模拟和建模工具 Cisco Packet Tracer。

相关 知识

随着计算机网络规模的扩大和复杂性的增加，创建网络的运行模型非常必要，计算机网络的设计和管理人员可以使用网络运行模型来测试规划的网络是否能够按照预期方式运行。建立网络运行模型可以在实验室环境中安装实际设备，也可以使用模拟和建模工具。Packet Tracer 是由 Cisco 公司发布的辅助学习工具，为学习 Cisco 网络课程（如 CCNA）的用户设计、配置网络和排除网络故障提供了网络模拟环境。用户可以在该软件提供的图形界面上直接使用拖曳方法建立网络拓扑，并通过图形接口配置该拓扑中的各个设备。Packet Tracer 可以提供数据包在网络中传输的详细处理过程，从而使用户能够观察网络的实时运行情况。相对于其他的网络模拟软件，Packet Tracer 操作简单，更人性化，对网络设备的初学者有很大的帮助。

任务实施

▶ 实训 1　安装并运行 Cisco Packet Tracer

在 Windows 操作系统中安装 Cisco Packet Tracer 的方法与安装其他软件基本相同，这里不再赘述。运行该软件后可以看到如图 1-36 所示的主界面，表 1-2 对 Cisco Packet Tracer 主界面的各部分进行了说明。

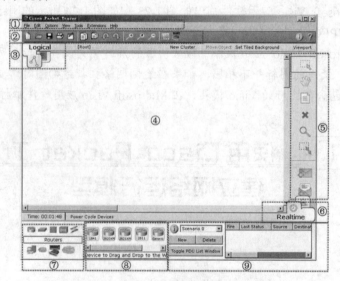

图 1-36　Cisco Packet Tracer 主界面

表 1-2 对 Cisco Packet Tracer 主界面的说明

序号	名　称	功　能
①	菜单栏	此栏中有文件、编辑和帮助等菜单项，在此可以找到一些基本的命令如打开、保存、打印等设置
②	主工具栏	此栏提供了菜单栏中部分命令的快捷方式，还可以点击右边的网络信息按钮，为当前网络添加说明信息
③	逻辑/物理工作区转换栏	可以通过此栏中的按钮完成逻辑工作区和物理工作区之间的转换
④	工作区	此区域中可以创建网络拓扑，监视模拟过程查看各种信息和统计数据
⑤	常用工具栏	此栏提供了常用的工作区工具包括：选择、整体移动、备注、删除、查看、添加简单数据包和添加复杂数据包等
⑥	实时/模拟转换栏	可以通过此栏中的按钮完成实时模式和模拟模式之间的转换
⑦	设备类型库	在这里可以选择不同的设备类型，如路由器、交换机、HUB、无线设备、连接、终端设备等
⑧	特定设备库	在这里可以选择同一设备类型中不同型号的设备，它随设备类型库的选择级联显示
⑨	用户数据包窗口	用于管理用户添加的数据包

▶ **实训 2　建立网络拓扑**

可在 Cisco Packet Tracer 的工作区建立网络运行模型，操作方法为：

1. 添加设备

如果要在工作区中添加一台 Cisco 2960 交换机，则首先应在设备类型库中选择"Switches（交换机）"，然后在特定设备库中单击 Cisco 2960 交换机，再在工作区中单击一下即可把 Cisco 2960 交换机添加到工作区了。在设备类型库中选择"End Devices（终端设备）"，可以用同样的方式在工作区中添加 2 台 PC。

【注意】可以按住 Ctrl 键再单击相应设备以连续添加设备，可以利用鼠标拖曳来改变设备在工作区的位置。

2. 选取合适的线型正确连接设备

可以根据设备间的不同接口选择特定的线型来连接，如果只是想快速的建立网络拓扑而不考虑线型选择时可以选择自动连线。如果要使用直通线完成 PC 与 Cisco 2960 交换机的连接，操作步骤为：

（1）在设备类型库中选择"Connections（连接）"，在特定设备库中单击"copper Straight-Through（直通线）"。

（2）在工作区中单击 Cisco 2960 交换机，此时将出现交换机的接口选择菜单，选择所要连接的交换机接口。

（3）在工作区中单击所要连接的 PC，此时将出现 PC 的接口选择菜单，选择所要连接的 PC 接口，完成连接。

用相同的方法可以完成其他设备间的连接，如图 1-37 所示。

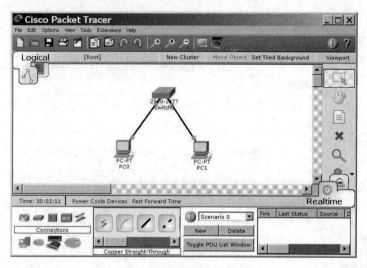

图 1-37 建立网络拓扑

在完成连接后可以看到各链路两端有不同颜色的圆点，其表示的含义如表 1-3 所示。

表 1-3 链路两端不同颜色圆点的含义

圆 点 状 态	含 义
亮绿色	物理连接准备就绪，还没有 Line Protocol status 的指示
闪烁的绿色	连接激活
红色	物理连接不通，没有信号
黄色	交换机端口处于"阻塞"状态

▶ 实训 3 配置网络中的设备

1. 配置网络设备

在 Cisco Packet Tracer 中，配置路由器与交换机等网络设备的操作方法基本相同。如果要对如图 1-37 所示网络拓扑中的 Cisco 2960 交换机进行配置，可在工作区单击该设备图标，打开交换机配置窗口，该窗口共有 3 个选项卡，分别为 Physical、Config 和 CLI。

（1）配置"Physical"选项卡

"Physical"选项卡提供了设备的物理界面，如图 1-38 所示。如果网络设备采用了模块化结构（如 Cisco 2811 路由器），则可在该选项卡为其添加功能模块。操作方法为：先将设备电源关闭（在"Physical"选项卡所示的设备物理视图中单击电源开关即可），然后在左侧的模块栏中选择要添加的模块类型，此时在右下方会出现该模块的示意图，用鼠标将模块拖动到设备物理视图中显示的可用插槽即可。

（2）配置"Config"选项卡

"Config"选项卡主要提供了简单配置路由器的图形化界面，如图 1-39 所示。在该选项卡中可以对全局信息、路由、交换和接口等进行配置。当进行某项配置时，在选项卡下方会显示相应的 IOS 命令。这是 Cisco Packet Tracer 的快速配置方式，主要用于简单配置，在实际设备中没有这样的方式。

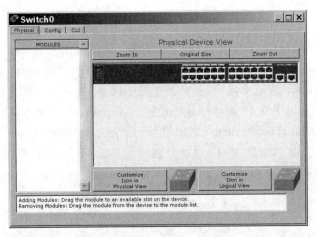

图 1-38 "Physical" 选项卡

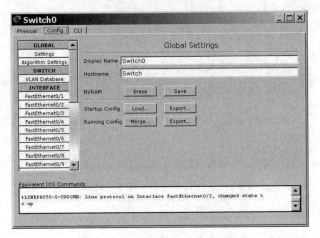

图 1-39 "Config" 选项卡

（3）配置 "CLI" 选项卡

"CLI" 选项卡是在命令行模式下对网络设备进行配置，这种模式和网络设备的实际配置环境相似，如图 1-40 所示。

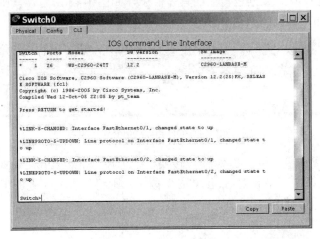

图 1-40 "CLI" 选项卡

2. 配置 PC

要对如图 1-37 所示网络拓扑中的 PC 进行配置，可在工作区单击相应图标，打开配置窗口。该窗口包括 Physical、Config、Desktop 等选项卡。其中 "Physical" 和 "Config" 选项卡的作用与网络设备相同，这里不再赘述。PC 的 "Desktop" 选项卡如图 1-41 所示，其中的 "IP Configuration" 选项可以完成 IP 地址信息的设置，"Terminal" 选项可以模拟一个超级终端网络设备进行配置，"Command Prompt" 选项相当于 Windows 系统中的命令提示符窗口。单击 "IP Configuration" 选项，将 PC 的 IP 地址分别设为 192.168.1.1/24 和 192.168.1.2/24。

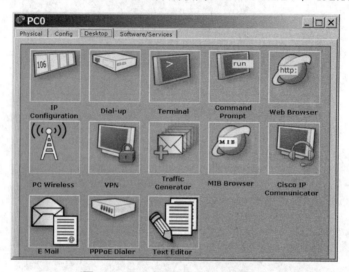

图 1-41　PC 的 "Desktop" 选项卡

▶ **实训 4　测试连通性并跟踪数据包**

如果要在如图 1-37 所示的网络拓扑中，测试两台 PC 间的连通性，并跟踪和查看数据包的传输情况，那么可以在 "Realtime" 模式中，在常用工具栏中单击 "Add Simple PDU" 按钮，然后在工作区中分别单击两台 PC，此时将在两台 PC 间传输一个数据包，在用户数据包窗口中会显示该数据包的传输情况。单击 "Toggle PDU List Window" 按钮，在 "PDU List Window" 窗口中可以看到数据包传输的具体信息，如图 1-42 所示。其中，如果 Last Status 的状态是 Successful，则说明两台 PC 间的链路是通的。

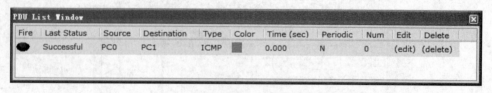

图 1-42　"PDU List Window" 窗口

如果要跟踪该数据包，可在实时/模拟转换栏中选择 "Simulation" 模式，打开 "Simulation Panel" 窗格，如果单击 "Auto Capture/Play" 按钮，则将产生一系列的事件，这些事件将说明数据包的传输路径，如图 1-43 所示。

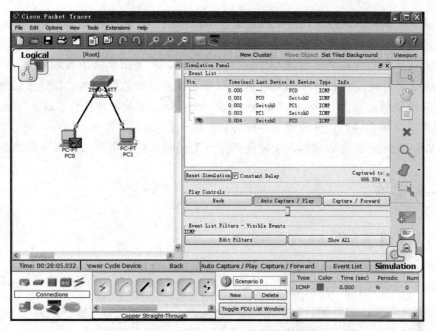

图 1-43 "Simulation Panel" 对话框

任务 1.5 使用虚拟机软件 VMware Workstation

任务目的

（1）掌握虚拟机软件 VMware Workstation 的安装方法；

（2）能够利用 VMware Workstation 配置虚拟机；

（3）熟悉典型 Windows 操作系统的安装过程。

工作环境与条件

（1）安装好 Windows 操作系统的 PC；

（2）虚拟机软件 VMware Workstation；

（3）相关操作系统安装文件。

相关知识

虚拟机软件可以在一台计算机上模拟出多台计算机，每台模拟的计算机可以独立运行而互不干扰，完全就像真正的计算机那样进行工作，可以安装操作系统、安装应用程序、访问网络资源等。对于用户来说，虚拟机只是运行在物理计算机上的一个应用程序，但对于在虚拟机中运行的应用程序而言，它就像是在真正的计算机中进行工作。因此，当在虚拟机中进行软件测试时，如果系统崩溃，崩溃的只是虚拟机的操作系统，而不是物理计算机的操作系统，而且通过虚拟机的恢复功能，可以马上恢复到软件测试前的状态。另外，通过配置虚拟机网卡的有关参数，可以将多台虚拟机连接成局域网，构建出所需的网络环境。

VMware 公司的 VMware Workstation 可以安装在用户的桌面计算机操作系统中，其虚拟出的硬件环境能够支持 Windows、Linux、Netware、Solaris 等多种操作系统，还能通过添加不同的硬件实现磁盘阵列、多网卡等各种实验。对于企业的 IT 开发人员和系统管理员而言，VMware Workstation 在虚拟网络、实时快照等方面的特点使其成为必不可少的工具。

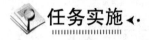 任务实施

▶ 实训 1　安装 VMware Workstation

在 Windows 操作系统中安装 VMware Workstation 的方法与安装其他软件基本相同，这里不再赘述，运行该软件后可以看到如图 1-44 所示的主界面。

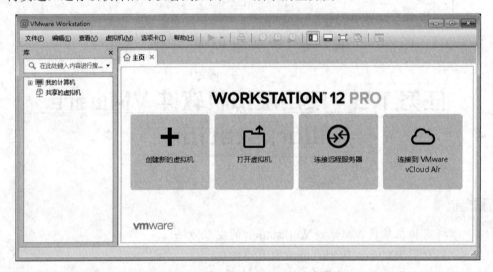

图 1-44　VMware Workstation 主界面

▶ 实训 2　新建与设置虚拟机

1. 新建虚拟机

如果要利用 VMware Workstation 新建一台虚拟机，则基本操作步骤为：

（1）在 VMware Workstation 主界面上，单击"创建新的虚拟机"链接，打开"欢迎使用新建虚拟机向导"对话框，如图 1-45 所示。

（2）在"欢迎使用新建虚拟机向导"对话框中选择"典型"，单击"下一步"按钮，打开"安装客户机操作系统"对话框，如图 1-46 所示。

（3）在"安装客户机操作系统"对话框选择"稍后安装操作系统"，单击"下一步"按钮，打开"选择客户机操作系统"对话框，如图 1-47 所示。

（4）在"选择客户机操作系统"对话框中选择将要为虚拟机安装的操作系统，单击"下一步"按钮，打开"命名虚拟机"对话框，如图 1-48 所示。

图 1-45 "欢迎使用新建虚拟机向导"对话框

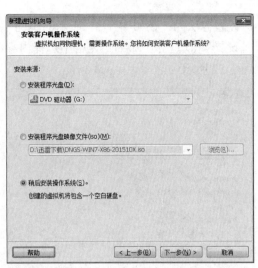

图 1-46 "安装客户机操作系统"对话框

图 1-47 "选择客户机操作系统"对话框

图 1-48 "命名虚拟机"对话框

（5）在"命名虚拟机"对话框设定虚拟机的名称和相关文件的保存位置，单击"下一步"按钮，打开"指定磁盘容量"对话框，如图 1-49 所示。

（6）在"指定磁盘容量"对话框中确定虚拟磁盘的容量，单击"下一步"按钮，打开"已准备好创建虚拟机"对话框，如图 1-50 所示。

（7）在"已准备好创建虚拟机"对话框中单击"完成"按钮，完成虚拟机的创建，此时在 VMware Workstation 主界面上可以看到已经创建的虚拟机，如图 1-51 所示。

2. 设置虚拟机硬件

在图 1-51 所示画面中可以看到虚拟机的主要硬件信息，可以根据需要对虚拟机的硬件进行设置。

（1）设置虚拟机内存

VMware Workstation 默认设置的虚拟机内存较大，在开启多个虚拟机系统时运行速度会很慢。因此可以根据物理内存的大小和需要同时启动的虚拟机的数量来调整虚拟机内存的大小。设置方法为：在如图 1-51 所示的画面中单击"编辑虚拟机设置"链接，在打开的"虚拟机设置"窗口左侧"硬件"窗格中选择内存，在右侧窗格中通过滑动条即可设置内存大小，如图 1-52 所示。

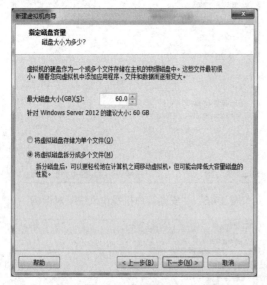

图 1-49　"指定磁盘容量"对话框　　　　图 1-50　"已准备好创建虚拟机"对话框

图 1-51　已经创建的虚拟机

（2）设置虚拟机光驱

VMware Workstation 支持从物理光驱和光盘镜像文件（ISO）来安装系统和程序。若要使用光盘镜像文件，可在"虚拟机设置"窗口左侧"硬件"窗格中选择 CD/DVD，在右侧窗格中选择"使用 ISO 映像文件"后，单击"浏览"按钮，确定光盘镜像文件路径即可。

图 1-52　设置虚拟机内存

（3）设置网络连接方式

VMware Workstation 为虚拟机提供了多种网络连接方式，主要包括：

➢ 桥接模式。如果物理计算机（Host OS）在一个局域网中，那么使用桥接模式是把虚拟机（Guest OS）接入网络最简单的方法。虚拟机就像一个新增加的、与真实主机有着同等物理地位的计算机，可以享受所有局域网中可用的服务，如文件服务、打印服务等。在桥接模式中，物理计算机和虚拟机通过虚拟交换机进行连接，它们的网卡处于同等地位，也就是说虚拟机的网卡和物理计算机的网卡一样，需要有在局域网中独立的标识和 IP 地址信息。如图 1-53 给出了桥接模式的示意图，如果为 Host OS 设置 IP 地址为 192.168.1.1/24，为 Guest OS 设置 IP 地址为 192.168.1.2/24，此时 Host OS 和 Guest OS 将能够相互进行通信，并且也可以与局域网中的其他 Host OS 或 Guest OS 进行通信。

➢ NAT 模式。当使用这种网络连接方式时，虚拟机在外部物理网络中没有独立的 IP 地址，而是与虚拟交换机和虚拟 DHCP 服务器一起构成了一个内部虚拟网络，由该 DHCP 服务器分配 IP 地址，并通过 NAT 功能利用物理计算机的 IP 地址去访问外部网络资源，如图 1-54 给出了 NAT 模式的示意图。

➢ 仅主机模式。仅主机模式与 NAT 模式相似，但是没有提供 NAT 服务，只是使用虚拟交换机实现物理计算机、虚拟机和虚拟 DHCP 服务器间的连接。由于没有提供 NAT 功能，所以这种网络连接方式只可以实现物理计算机与虚拟机间的通信，并不能实现虚拟机与外部物理网络的通信。

图 1-53　桥接模式示意图

图 1-54　NAT 模式示意图

在 VMware Workstation 的虚拟网络连接方式中，如果想要实现小型局域网环境的模拟，应采用桥接模式。如果只是要虚拟机能够访问外部物理网络，最简单的是通过 NAT 模式，因为它不需要对虚拟机的网卡进行设置，也不需要额外的 IP 地址。如果要设置虚拟机的网络连接方式，可在"虚拟机设置"窗口左侧"硬件"窗格中选择网络适配器，在右侧窗格中选择相应的网络连接方式，单击"确定"按钮即可。

【注意】设置时不要直接通过网络连接属性修改物理计算机虚拟网卡的 IP 地址信息，否则会导致物理计算机和虚拟机之间无法通信。另外，物理计算机的虚拟网卡只是为物理计算机与 NAT 网络之间提供接口，即使禁用该网卡，虚拟机仍然能够访问物理计算机能够访问的网络，只是物理计算机将无法访问虚拟机。

（4）添加移除硬件

如果要添加或移除虚拟机的硬件设备，可在"虚拟机设置"窗口中单击"添加"或"移除"按钮，根据向导操作即可。

▶ 实训 3　安装操作系统

设置好虚拟机后就可以在虚拟机上安装操作系统了。设置虚拟机的光驱，使其能够找到操作系统的安装光盘或光盘映像。在如图 1-51 所示的画面中单击"开启此虚拟机"链接，此时虚拟机将开始启动并进行操作系统的安装。在虚拟机上安装操作系统的过程与在物理计算机上安装完全相同，具体步骤这里不再赘述。请在虚拟机上分别完成 Windows 服务器操作系统（如 Windows Server 2012 R2）和 Windows 桌面操作系统（如 Windows 8）的安装。

【注意】默认情况下，如果将鼠标光标移至虚拟机屏幕，单击鼠标，此时鼠标和键盘将成为虚拟机的输入设备。如果要把鼠标和键盘释放到物理计算机，则应按 Ctrl+Alt 组合键。当在虚拟机中提示需要按 Ctrl+Alt+Delete 组合键时，应按 Ctrl+Alt+Insert 组合键

习 题 1

1. 单项选择题

（1）计算机系统内部数据传输主要为并行传输，计算机与计算机之间的数据传输主要是（　　）。

　　A. 半双工通信　　B. 串行传输　　　　C. 有线传输　　　　D. 并行传输

（2）数据传输之前，先要对其进行（　　）。

　　A. 编码　　　　　B. 解码　　　　　　C. 压缩　　　　　　D. 解压

（3）无线电视传输技术就是应用了（　　）原理。

A．频分多路复用 B．时分多路复

C．波分多路复用 D．码分多址复用

（4）（ ）主要应用于企事业单位内部，可作为办公自动化网络和专用网络。

A．公网 B．局域网 C．城域网 D．广域网

（5）Internet 是最大最典型的（ ）。

A．公网 B．局域网 C．城域网 D．广域网

（6）（ ）网络的缺点是：由于采用中央结点集中控制，一旦中央结点出现故障，将导致整个网络瘫痪。

A．星形结构 B．总线结构 C．环形结构 D．树形结构

（7）在一个办公室内，将 6 台计算机用交换机连接成网络，该网络的物理拓扑结构为（ ）。

A．星形结构 B．总线结构 C．环形结构 D．树形结构

（8）下列几种传输介质中，传输速率最高的是（ ）。

A．双绞线 B．红外线 C．同轴电缆 D．光缆

（9）（ ）是实现路由功能的设备。它能够根据网络层信息，对包含有网络目的地址和信息类型的数据进行更好的转发。

A．集线器 B．二层交换机 C．路由器 D．中继器

2. 多项选择题

（1）双工通信方式中又可分为（ ）。

A．半双工通信 B．全双工通信

C．有线传输 D．无线传输

（2）下列属于数据传输系统技术指标的有（ ）。

A．数据传输距离 B．数据传输速率

C．数据传输质量 D．数据信道带宽与容量

（3）在传输线路上，传输的信号可以是（ ）。

A．微波信号 B．数字信号 C．长波信号 D．模拟信号

（4）计算机网络按照网络覆盖区域范围可以分为（ ）。

A．公网 B．局域网 C．城域网 D．广域网

（5）局域网的基本特点包括（ ）。

A．地理范围有限 B．节点数目有限

C．较高的数据传输速率 D．低时延和低误码率

（6）下列属于星形拓扑结构优点的是（ ）。

A．利用中央节点可方便地提供服务和重新配置网络

B．各个连接点的故障只影响一个设备，不会影响全网

C．容易检测和隔离故障，便于维护

D．任何一个连接只涉及中央节点和一个节点，因此控制介质访问的方法很简单

（7）下列属于网状拓扑结构特点的是（ ）。

A．网络结构冗余度大 B．稳定性好

C．线路利用率不高 D．经济性较差

（8）局域网拓扑结构有（　　）。

    A．总线型网络　　B．星形网络　　　　C．环形网络　　　　D．球型网络

（9）一般来说，局域网的硬件系统包括（　　）。

    A．服务器、网络工作站　　　　　　B．网络接口卡

    C．网络设备、传输介质　　　　　　D．介质连接器、适配器

3. 问答题

（1）什么是单工、半双工和全双工通信？试举例说明。

（2）要在数字信道中传输二进制数据"10010101"，试写出该数字数据的不归零编码、曼彻斯特编码和差分曼彻斯特编码。

（3）计算机网络的发展可划分为几个阶段？每个阶段各有什么特点？

（4）简述局域网和广域网的区别。

（5）简述计算机网络中使用的主要硬件。

（6）简述计算机网络中使用的主要软件。

（7）常见的网络拓扑结构有哪几种？各有什么特点？

工作单元 2

组建双机互联网络

　　如果仅仅是两台计算机之间组网，那么可以直接使用双绞线跳线将两台计算机的网卡连接在一起。本单元的主要目标是理解 OSI 参考模型；理解以太网和 TCP/IP 协议；熟悉计算机连入网络所需的基本软硬件配置，掌握双绞线跳线的制作方法，能够独立完成双机互联网络的连接和连通性测试。

任务 2.1　安装网卡

任务目的

（1）了解 OSI 参考模型；

（2）理解以太网的基本工作原理；

（3）掌握以太网网卡的安装过程并熟悉网卡的设置；

（4）理解 MAC 地址的概念和作用；

（5）学会查看网卡的 MAC 地址。

工作环境与条件

（1）网卡及相应驱动程序；

（2）安装 Windows 操作系统的 PC（也可以使用虚拟机）。

相关知识

2.1.1　OSI 参考模型

由于历史原因，计算机和通信工业界的组织机构和厂商，在网络产品方面，制定了不同的协议和标准。为了协调这些协议和标准，提高网络行业的标准化水平，以适应不同网络系统的相互通信，CCITT（国际电报电话咨询委员会）和 ISO（国际标准化组织）组织制订了 OSI（Open System Interconnection，开放系统互连）参考模型。它可以为不同网络体系提供参照，将不同机制的计算机系统联合起来，使它们之间可以相互通信。

计算机网络是一个非常复杂的系统，需要解决的问题很多并且性质各不相同，所以人们在设计网络时，提出了"分层次"的思想。"分层次"是人们处理复杂问题的基本方法，对于一些难以处理的复杂问题，通常可以分解为若干个较容易处理的小一些的问题。在计算机网络设计中，可以将网络总体要实现的功能分配到不同的模块中，并对每个模块要完成的服务及服务实现过程进行明确的规定，每个模块就叫作一个层次。这种划分可以使不同的网络系统分成相同的层次，不同系统的同等层具有相同的功能，高层使用低层提供的服务时不需知道低层服务的具体实现方法，从而大大降低了网络的设计难度。

在计算机网络层次结构中，各层有各层的协议。网络协议对计算机网络是不可缺少的，一个功能完备的计算机网络需要制定一整套复杂的协议集。对于结构复杂的网络协议来说，最好的组织方式是层次结构模型。

OSI 参考模型共分七层，从低到高的顺序为：物理层、数据链路层、网络层、传输层、会话层、表示层和应用层。如图 2-1 所示为 OSI 参考模型层次示意图。

OSI 参考模型各层的基本功能如图 2-2 所示。

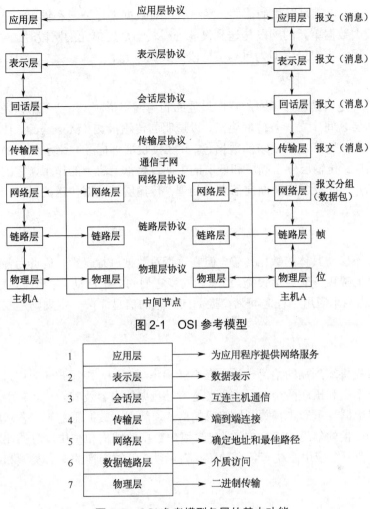

图 2-1　OSI 参考模型

1	应用层	→ 为应用程序提供网络服务
2	表示层	→ 数据表示
3	会话层	→ 互连主机通信
4	传输层	→ 端到端连接
5	网络层	→ 确定地址和最佳路径
6	数据链路层	→ 介质访问
7	物理层	→ 二进制传输

图 2-2　OSI 参考模型各层的基本功能

1. 物理层

物理层主要提供相邻设备间的二进制（bits）传输，即利用物理传输介质为上一层（数据链路层）提供一个物理连接，通过物理连接透明地传输比特流。所谓透明传输是指经实际物理链路后传送的比特流没有变化，任意组合的比特流都可以在该物理链路上传输，物理层并不知道比特流的含义。物理层要考虑的是如何发送"0"和"1"，以及接收端如何识别。

2. 数据链路层

数据链路层主要负责在两个相邻节点间的线路上无差错的传送以帧（Frame）为单位的数据，每一帧包括一定的数据和必要的控制信息，接收节点接收到的数据出错时要通知发送方重发，直到这一帧无误的到达接收节点。数据链路层就是把一条有可能出错的实际链路变成让网络层看来好像不出错的链路。

3. 网络层

网络层的主要功能是将网络地址翻译成对应的物理地址，并决定如何将数据从发送方路由到接收方。该层将数据转换成一种称为包（Packet）的数据单元，每一个数据包中都含有目的地址和源地址，以满足路由的需要。网络层可对数据进行分段和重组。分段是指当数据从一个能处理较大数据单元的网段传送到仅能处理较小数据单元的网段时，网络层减小数据单元的大小的过程。重组过程即为重构被分段的数据单元。

4. 传输层

传输层的任务是根据通信子网的特性最佳的利用网络资源，并以可靠和经济的方式为两个端系统的会话层之间建立一条传输连接，以透明的传输报文（Message）。传输层把从会话层接收的数据划分成网络层所要求的数据包，并在接收端再把经网络层传来的数据包重新装配，提供给会话层。传输层位于高层和低层的中间，起承上启下的作用，它的下面三层实现面向数据的通信，上面三层实现面向信息的处理，传输层是数据传送的最高一层，也是最重要和最复杂的一层。

5. 会话层

会话层虽然不参与具体的数据传输，但它负责对数据进行管理，负责为各网络节点应用程序或者进程之间提供一套会话设施，组织和同步它们的会话活动，并管理其数据交换过程。这里"会话"是指两个应用进程之间为交换面向进程的信息而按一定规则建立起来的一个暂时联系。

6. 表示层

表示层主要提供端到端的信息传输。在 OSI 参考模型中，端用户（应用进程）之间传送的信息数据包含语义和语法两个方面。语义是信息数据的内容及其含义，它由应用层负责处理。语法与信息数据表示形式有关，如信息的格式、编码、数据压缩等。表示层主要用于处理应用实体面向交换的信息的表示方法，包含用户数据的结构和在传输时的比特流或字节流的表示。这样即使每个应用系统有各自的信息表示法，但被交换的信息类型和数值仍能用一种共同的方法来表示。

7. 应用层

应用层是计算机网络与最终用户的界面，提供完成特定网络服务功能所需的各种应用程序协议。应用层主要负责用户信息的语义表示，确定进程之间通信的性质以满足用户的需要，并在两个通信者之间进行语义匹配。

2.1.2 IEEE 802 模型

局域网发展到 20 世纪 70 年代末，诞生了数十种标准。为了使各种局域网能够很好的互连，不同生产厂家的局域网产品之间具有更好的兼容性，并有利于产品成本的减低，IEEE（Institute of Electrical and Electronics Engineers，美国电气和电子工程师协会）专门成立了IEEE 802 委员会，专门从事局域网标准化工作，经过不断的完善，制定了 IEEE 802 系列标准（表 2-1），该标准包含了 CSMA/CD、令牌总线、令牌环等多种网络的标准。ISO 组织已将其采纳为 OSI 标准的一部分。常用的局域网技术，例如 Ethernet（以太网）、Token Ring（令牌环）等，都遵守 IEEE 802 系列标准。

表 2-1　IEEE802 系列标准

名　称	内　容
802.1	局域网体系结构、网络互连，以及网络管理与性能测试
802.2	逻辑链路控制控制 LLC 子层功能与服务（停用）
802.3	CSMA/CD 总线介质访问控制子层与物理层规范 包括以下几个标准： IEEE 802.3：10Mb/s 以太网规范 IEEE802.3u：100Mb/s 以太网规范，已并入 IEEE 802.3 IEEE 802.3z：光纤介质千兆以太网规范 IEEE802.3ab：基于 UTP 的千兆以太网规范 IEEE 802.3ae：万兆以太网规范
802.4	令牌总线介质访问控制子层与物理层规范（停用）
802.5	令牌环介质访问控制子层与物理层规范
802.6	城域网 MAN 介质访问控制子层与物理层规范
802.7	宽带技术（停用）
802.8	光纤技术（停用）
802.9	综合语音与数据局域网 IVD LAN 技术（停用）
802.10	可互操作的局域网安全性规范 SILS（停用）
802.11	无线局域网技术
802.12	100BaseVG（传输速率 100Mb/s 的局域网标准）（停用）
802.14	交互式电视网(包括 Cable Modem)（停用）
802.15	个人区域网络（蓝牙技术）
802.16	宽带无线

　　局域网作为计算机网络的一种，应该遵循 OSI 参考模型，但在 IEEE 802 标准中只描述了局域网物理层和数据链路层的功能，而局域网的高层功能是由具体的局域网操作系统来实现的。IEEE 802 标准所描述的局域网参考模型与 OSI 参考模型的关系如图 2-3 所示，该模型包括了 OSI 参考模型最低两层的功能。由图可见，IEEE 802 标准将 OSI 参考模型中数据链路层的功能分为了 LLC（Logical Link Control，逻辑链路控制）和 MAC（Media Access Control，介质访问控制）两个子层。

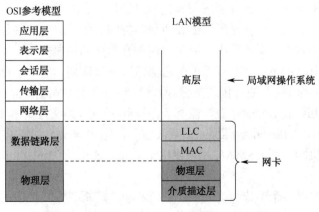

图 2-3　IEEE 802 模型与 OSI 模型的对应关系

1. 物理层

物理层的主要作用是确保二进制信号的正确传输，包括位流的正确传送与正确接收。局域网物理层的标准规范主要有以下内容：

➢ 局域网传输介质与传输距离。

➢ 物理接口的机械特性、电气特性、性能特性和规程特性。

➢ 信号的编码方式，局域网常用的信号编码方式主要有曼彻斯特编码、差分曼彻斯特编码、不归零编码等。

➢ 错误校验码以及同步信号的产生和删除。

➢ 传输速率。

➢ 网络拓扑结构。

2. MAC 子层

MAC 子层是数据链路层的一个功能子层，是数据链路层的下半部分，直接与物理层相邻。MAC 子层为不同的物理介质定义了介质访问控制方法。其主要功能包括：

➢ 传送数据时，将传送的数据组装成 MAC 帧，帧中包括地址和差错检测等字段。

➢ 接收数据时，将接收的数据分解成 MAC 帧，并进行地址识别和差错检测。

➢ 管理和控制对传输介质的访问。

3. LLC 子层

LLC 子层在数据链路层的上半部分，在 MAC 层的支持下向网络层提供服务，可运行于所有 802 系列标准之上。LLC 子层的与传输介质无关，独立于介质访问控制方法，隐蔽了各种 802 标准之间的差别，向网络层提供统一的格式和接口。LLC 子层的功能包括差错控制、流量控制和顺序控制，并为网络层提供面向连接和无连接的服务。

2.1.3 以太网的 CSMA/CD 工作机制

以太网（Ethernet）是目前应用最广泛的局域网组网技术，一般情况下可以认为以太网和 IEEE802.3 是同义词，都是使用 CSMA/CD 协议的局域网标准。

在总线型、环形和星形拓扑结构的网络中，都存在着在同一传输介质上连接多个节点的情况，而局域网中任何一个节点都要求与其他节点通信，这就需要有一种仲裁方式来控制各节点使用传输介质的方式，这就是所谓的介质访问控制。介质访问控制是确保对网络中各个节点进行有序访问的方法，局域网中主要采用两种介质访问控制方式：竞争方式和令牌传送方式。在竞争方式中，允许多个节点对单个通信信道进行访问，每个节点之间互相竞争信道的控制使用权，获得使用权者便可传送数据。两种主要的竞争方式是 CSMA/CD（Carrier Sense Multiple Access/Collision Detect，载波监听多路访问/冲突检测方法）和 CSMA/CA（Carrier Sense Multiple Access/Collision Avoidance，载波监听多路访问/避免冲突方法），CSMA/CD 是以太网的基本工作机制，而 CSMA/CA 主要用于 Apple 公司的 Apple Talk 和 IEEE 802.11 无线局域网中。

在以太网中，如果一个节点要发送数据，它将以"广播"方式把数据通过作为公共传输介质的总线发送出去，连在总线上的所有节点都能"收听"到发送节点发送的数据信号。由于网络中所有节点都可以利用总线传输介质发送数据，并且没有控制中心，因此冲突的发生将是不可避免的。为了有效地实现分布式多节点访问公共传输介质的控制策略，CSMA/CD提供了自身的管理机制。实际上 CSMA/CD 与人际间通话非常相似，主要包括以下步骤：

> 载波监听。想发送信息包的节点要确保现在没有其他节点在使用共享介质，所以该节点首先要监听信道上的动静（即先听后说）。

> 如果信道在一定时段内寂静无声（称为帧间缝隙 IFG），则该节点就开始传输（即无声则讲）。

> 如果信道一直很忙碌，就一直监视信道，直到出现最小的 IFG 时段时，该节点才开始发送它的数据（即有空就说）。

> 冲突检测。如果两个节点或更多的节点都在监听和等待发送，然后在信道空时同时决定立即（几乎同时）开始发送数据，此时就发生碰撞。这一事件会导致冲突，并使双方信息包都受到损坏。以太网在传输过程中不断地监听信道，以检测碰撞冲突（即边听边说）。

> 如果一个节点在传输期间检测出碰撞冲突，则立即停止该次传输，并向信道发出一个"拥挤"信号，以确保其他所有节点也发现该冲突，从而摒弃可能一直在接收的受损的信息包（冲突停止，即一次只能一人讲）。

> 多路存取。在等待一段时间（称为后退）后，想发送的节点试图进行新的发送。采用一种叫二进制指数退避策略的算法来决定不同的节点在试图再次发送数据前要等待一段时间（即随机延迟）。

> 返回到第一步。

如图 2-4 给出了 CAMA/CD 介质访问控制的基本流程。

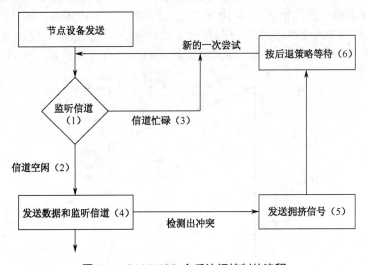

图 2-4　CAMA/CD 介质访问控制的流程

CAMA/CD 的优势在于节点不需要依靠中心控制就能进行数据发送。当网络通信量较小，冲突很少发生时，CSNA/CD 是快速而有效的方式，但当网络负载较重时，就容易出现冲突，网络性能也将相应降低。

【注意】局域网中的介质访问控制方式还有令牌传送方式。所谓令牌是一个有特殊目的的数据帧，它的作用是允许节点进行数据发送。在令牌传送方式中，令牌在网络中沿各节点依次传递，一个节点只在持有令牌时才能发送数据。采用令牌传送方式的有 IEEE 802.4（令牌总线）、IEEE 802.5（令牌环）、FDDI（光纤分布式数据接口）等。令牌传送方式能提供优先权服务，有很强的实时性，效率较高，网络上站点的增加，不会对网络性能产生大的影响。但令牌传送方式的控制电路复杂，令牌容易丢失，网络的可靠性不高。

2.1.4 以太网的冲突域

在以太网中，如果一个 CSMA/CD 网络上的两台计算机在同时通信时会发生冲突，那么这个 CSMA/CD 网络就是一个冲突域。连接在一条总线上的计算机构成的以太网属于同一个冲突域，如果以太网中的各个网段以中继器或者集线器连接，因为中继器或者集线器不具有路由选择功能，只是将接收到的数据以广播的形式发出，所以仍然是一个冲突域。

冲突域也是一个确保严格遵守 CSMA/CD 机制而不能超越的时间概念，在 CSMA/CD 的机制中要求节点边发送数据边监听信道，所以要求发送端应在数据发送完毕之前收到冲突信号，如图 2-5 所示。

图中 A，B 为任意两个节点，距离为 L，垂直坐标为延迟时间 t。设 A 节点从 t_0 时开始发送，t_1 时第 1 个比特到达 B 节点而 A 节点已发完 256 个比特，延时为 25.6μs。在此之前 B 节点不知 A 节点已发送，可在任意 t_x 时间竞发，但在电缆 M 点发生冲突。B 节点在 t_1 检测到了冲突而发出拥塞帧，A 节点在刚发完一个最小帧后即收到拥塞帧知道最小帧已受损，双方都退回重新竞发。若 A 节点发出的是一个大于 512 字节的帧，则更能在发完之前侦听到冲突而退回重发，避免了资源浪费。所以，以太网的冲突域是保证在规定的时间范围内发现冲突，使得局域网内的任何节点都能正确执行 CSMA/CD 协议，而不会发生错误。

因此组建以太网的一个关键就是网内任何两节点间所有设备的延时的总和应小于冲突域，以太网中规定最小的数据帧为 64 个字节，若传输速度为 10Mb/s，则以太网的冲突域的大小为 25.6μs，即网络中最远的两个点的传输延迟时间小于 25.6μs；若传输速度为 100Mb/s，则以太网的冲突域的大小为 2.56μs，即网络中最远的两个点的传输延迟时间小于 2.56μs。

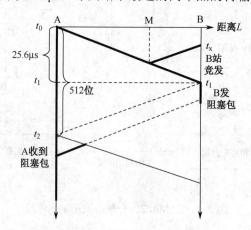

图 2-5 CSMA/CD 机制中的冲突域

2.1.5 以太网的 MAC 地址

在 CSMA/CD 的工作机制中，接收数据的计算机必须通过数据帧中的地址来判断此数据帧是否发给自己，因此为了保证网络正常运行，每台计算机必须有一个与其他计算机不同的硬件地址，即网络中不能有重复地址。MAC 地址也称为物理地址，是 IEEE 802 标准为局域网规定的一种 48bit 的全球唯一地址，用在 MAC 帧中。MAC 地址被嵌入到以太网网卡中，网卡在生产时，MAC 地址被固化在网卡的 ROM 中，计算机在安装网卡后，就是可以利用该网卡固化的 MAC 地址进行数据通信。对于计算机来说，只要其网卡不换，则它的 MAC 地址就不会改变。

IEEE802 标准规定网卡地址为 6 字节，在计算机和网络设备中一般以 12 个 16 进制数表示，如：00-05-5D-6B-29-F5。MAC 地址中前 3 个字节由网卡生产厂商向 IEEE 的注册管理委员会申请购买，称为机构唯一标志号，又称公司标志符。例如 D-Link 网卡的 MAC 地址前 3 个字节为 00-05-5D。MAC 地址中后 3 个字节由厂商指定，不能有重复。

在 MAC 数据帧传输过程中，当目的地址的最高位为"0"代表单播地址，即接收端为单一站点，所以网卡的 MAC 地址的最高位总为"0"。当目的地址的最高为"1"代表组播地址，组播地址允许多个站点使用同一地址，当把一帧送给组地址时，组内所有的站点都会收到该帧。目的地址全为"1"代表广播地址，此时数据将传送到网上的所有站点。

2.1.6 以太网的 MAC 帧格式

实际上以太网有两种帧格式，普遍采用的是 DIX Ethernet V2 格式，DIX Ethernet V2 的 MAC 帧结构，如图 2-6 所示。

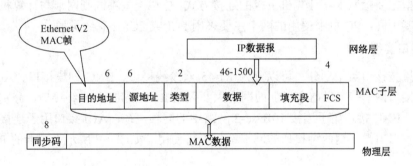

图 2-6 DIX Ethernet V2 MAC 帧结构

CSMA/CD 规定 MAC 帧的最短长度为 64 字节，具体如下：

➢ 目的地址。6 字节，为目的计算机的 MAC 地址。

➢ 源地址。6 字节，本计算机的 MAC 地址。

➢ 类型。2 字节，高层协议标识，说明上层使用何种协议。例如，若类型值为 0x0800 时，则上层使用 IP，如果类型值为 0x8137，则上层使用 IPX 协议。上层协议不同，以太网的帧的长度范围会有所变化。

➢ 数据。长度在 0～1500 字节之间，是上层协议传下来的数据，由于 DIX Ethernet V2 没有单独定义 LLC 子层。如果上层使用 TCP/IP 协议，Data 就是 IP 数据报的数据。

➢ 填充字段：保证帧长不少于 64 字节，即数据和填充字段的长度和应在 46～1500 之间，当上层数据小于 46 字节时，会自动添加字节。46 字节是用帧最小长度 64 字节减去前后的固定字段的字节数 18 得到的。当某个对方收到 MAC 数据帧时，会丢掉填充数据，还原为 IP 数据报，传递给上层协议。

➢ FCS。帧校验序列，是一个 32 位的循环容余码。

➢ 前同步码。MAC 数据帧传给物理层时，还会加上同步码，10101010 序列，保证接收方与发送方同步。

MAC 子层还规定了帧间的最小间隔为 9.6μs，这是为了保证刚收到数据帧的站点网卡上的缓存能有时间清理，做好接收下一帧的准备，避免因缓存占满而到造成数据帧的丢失。

2.1.7 以太网网卡

网络接口卡（Network Interface Card，NIC）又称网络适配器，简称网卡，它是计算机网络中最基本和最重要的连接设备之一，计算机主要通过网卡接入局域网。网卡在网络中的工作是双重的：一方面负责接收网络上传过来的数据包，解包后，将数据通过主板上的总线传输给本地计算机；另一方面它将本地计算机上的数据经过打包后送入网络。如果要使用以太网技术组建网络，那么该网络中的计算机必须安装以太网网卡。以太网网卡有以下几种分类方法：

1. 按照速度分类

根据以太网网卡的工作速度不同可分为 10M 网卡、100M 网卡、10/100M 自适应网卡、1000M 网卡等，分别支持不同类型的以太网组网技术。

2. 按照总线类型分类

总线类型主要指网卡与计算机主板的连接方式，总线类型不同则网卡与计算机主板间的数据传输速度不同，PC 机中使用的网卡主要采用 PCI 或 PCI-E 总线类型。

3. 按接口类型分类

网卡如果按接口类型划分，可以分为 RJ-45 双绞线接口、BNC 细缆接口、AUI 粗缆接口以及光纤接口网卡等。目前市场上的网卡主要采用 RJ-45 接口和光纤接口，分别与双绞线和光缆相连。BNC 接口用于连接 10Base-2 网络中的同轴电缆，AUI 接口用于连接 10Base-5 网络中的收发器电缆，这两种接口的网卡都已不再使用。如图 2-7 所示为网卡的 RJ-45 接口和光纤接口。

图 2-7　网卡的 RJ-45 接口和光纤接口

任务实施

▶ 实训 1　安装网卡及其驱动程序

1. 网卡的硬件安装

计算机使用的网卡有多种类型，不同类型网卡的安装方法有所不同，对于 PCI 或 PCI-E

总线接口的以太网网卡，其基本安装步骤如下：

（1）关闭主机电源，拔下电源插头。

（2）打开机箱后盖，在主板上找一个空闲插槽，卸下相应的防尘片，保留好螺钉。

（3）将网卡对准插槽向下压入插槽中，如 2-8 所示。

（4）用卸下的螺钉固定网卡的金属挡板，安装机箱后盖。

（5）将双绞线跳线上的 RJ-45 接头插入到网卡背板上的 RJ-45 端口，如果安装正常，则通电后网卡上的相应指示灯会亮。

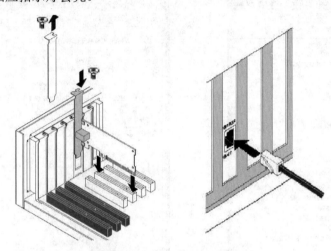

图 2-8　网卡硬件安装示意图

【注意】目前，绝大部分计算机都集成了网卡，通常不需要进行网卡硬件安装。

2. 安装网卡的驱动程序

在机箱中安好网卡后，重新启动计算机，系统自动检测新增加的硬件（对即插即用的网卡），插入网卡驱动程序光盘（如果是从网络下载到硬盘的安装文件应指明其路径），通过添加新硬件向导引导用户安装驱动程序。也可以通过"控制面板"→"添加设备"，系统将自动搜索即插即用新硬件并安装其驱动程序。

▶ **实训 2　检测网卡的工作状态**

在 Windows Server 2012 R2 系统中检测网卡工作状态的操作步骤为：

（1）在传统桌面模式中右击左下角的"开始"图标，在弹出的菜单中单击"设备管理器"，在打开的"设备管理器"窗口中单击"网络适配器"，可以看到已经安装的网卡，如图 2-9 所示。

（2）在"设备管理器"窗口中右击已经安装的网卡，在弹出的菜单中选择"属性"命令，可以查看该设备的工作状态，如图 2-10 所示。

【注意】在网卡属性对话框中，不但可以查看网卡的工作状态，还可以对网卡的驱动程序、工作状态参数等进行查看和修改。

▶ **实训 3　查看网卡 MAC 地址**

在 Windows Server 2012 R2 系统中可以通过以下方法查看网卡的 MAC 地址。

（1）在传统桌面模式中右击左下角的"开始"图标，在弹出的菜单中单击"网络连接"，在打开的"网络连接"窗口中，右击要查看的网络连接，在弹出的快捷菜单中选择"属性"命令，打开网络连接属性对话框。用鼠标指向的"连接时使用"对话框中的网卡型号，此时将会显示该网卡 MAC 地址，如图 2-11 所示。

（2）在"网络连接"窗口中，右击要查看的网络连接，在弹出的快捷菜单中选择"状态"命令，打开网络连接状态对话框。在网络连接状态对话框中单击"详细信息"按钮，在打开的"网络连接详细信息"对话框中可以看到该网卡物理地址即 MAC 地址，如图 2-12 所示。

图 2-9　"设备管理器"窗口

图 2-10　网卡属性对话框

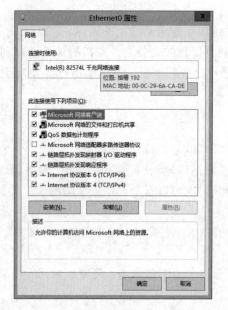

图 2-11　查看网卡 MAC 地址

图 2-12　"网络连接详细信息"对话框

【注意】在 Windows 系统中，"Ethernet"或"本地连接"是与网卡对应的，如果在计算机中安装了两块以上的网卡，那么在操作系统中会出现两个以上的"Ethernet"或"本地连接"，系统会自动以"本地连接"、"本地连接1"、"本地连接2"进行命名，用户可以进行重命名。

任务 2.2 制作双绞线跳线

任务目的

（1）熟悉计算机网络中常用的传输介质；
（2）理解直通线和交叉线的区别和适用场合；
（3）掌握非屏蔽双绞线与 RJ-45 连接器的连接方法；
（4）掌握简易线缆测试仪的使用方法。

工作环境与条件

非屏蔽双绞线、RJ-45 连接器、RJ-45 压线钳、简易线缆测试仪。

相关知识

2.2.1 双绞线电缆

1. 双绞线电缆的结构

双绞线一般由两根遵循 AWG（American Wire Gauge，美国线规）标准的绝缘铜导线相互缠绕而成。把两根绝缘的铜导线按一定密度绞在一起，可以降低信号干扰的程度，每一根导线在传输中辐射的电波会被另一根线上发出的电波抵消。实际使用时，通常会把多对双绞线包在一个绝缘套管里，用于网络传输的典型双绞线是 4 对的，也可将更多对双绞线放在一个电缆套管里的，这被称之为双绞线电缆。在双绞线电缆内，不同线对具有不同的扭绞长度，一般情况下，扭绞得越密，其抗干扰能力就越强。根据双绞线电缆中是否具有金属屏蔽层，可以分为非屏蔽双绞线电缆与屏蔽双绞线电缆两大类。

（1）非屏蔽双绞线

非屏蔽双绞线电缆（UTP）没有金属屏蔽层，其典型结构如图 2-13 所示。它在绝缘套管中封装了一对或一对以上双绞线，每对双绞线按一定密度绞在一起，从而提高了抵抗系统本身电子噪声和电磁干扰的能力，但它不能防止周围的电子干扰。UTP 电缆的结构简单，重量轻，容易弯曲，安装容易，占用空间少。但由于不像其他电缆具有较强的中心导线或屏蔽层，UTP 电缆导线相对较细（22～24AWG），在电缆弯曲的情况下，很难避免线对的分开或打褶，从而导致性能降低，因此在安装时必须注意细节。

（2）屏蔽双绞线

随着电气设备和电子设备的大量应用，通信线路会受到越来越多的电磁干扰，这些干扰可能来自动力电缆、发动机，或者大功率无线电和雷达信号之类的各种信号源，这些干扰会在通信线路中形成噪声，从而降低传输性能。另一方面，通信线路中的信号能量辐射也会对邻近的电子设备和电缆产生电磁干扰。在双绞线电缆中增加屏蔽层的目的就是为了提高电缆的物理性能和电气性能。电缆屏蔽层主要由金属箔、金属丝或金属网几种材料构成。屏蔽双绞线电缆有多种类型，如图 2-14 所示为金属箔屏蔽双绞线电缆（ScTP），如图 2-15 所示为100ΩSTP 电缆。

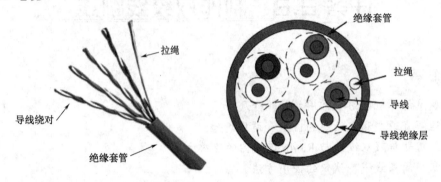

图 2-13　非屏蔽双绞线的结构

图 2-14　金属箔屏蔽双绞线电缆（ScTP）

图 2-15　7 类 100ΩSTP 电缆

目前欧洲的布线系统更多的采用屏蔽双绞线电缆，在我国绝大部分布线系统中，除了在特殊场合（如电磁辐射严重或者对传输质量要求较高等）使用屏蔽双绞线电缆外，一般都采用非屏蔽双绞线电缆。主要原因如下：

➢ 屏蔽双绞线电缆的屏蔽层必须正确接地。

➢ 安装屏蔽双绞线电缆时必须小心，以免弯曲电缆而使屏蔽层打褶或切断，如果屏蔽层被破坏，将增加线对受到的干扰。

➢ 由于屏蔽层的存在，屏蔽双绞线电缆的价格高于非屏蔽双绞线电缆。

➢ 屏蔽双绞线电缆的柔软性较差，比较难以安装。

➢ 每根电缆都需要接地，同时接线板、网络设备等也要接地，增加了人工成本。

2. 双绞线的电缆等级

随着网络技术的发展和应用需求的提高，双绞线电缆的质量也得到了发展与提高。从20 世纪 90 年代初开始，美国电子工业协会（EIA）和电信工业协会（TIA）不断推出双绞线电缆各个级别的工业标准，以满足日益增加的速度和带宽要求。类（category）是用来区分双绞线电缆等级的术语，不同的等级对双绞线电缆中的导线数目、导线扭绞数量以及能够达到的数据传输速率等具有不同的要求。

（1）3类双绞线电缆

3类双绞线电缆是使用 24AWG 导线的 100Ω 电缆，带宽为 16 MHz，传输速率可达 10Mb/s。它被认为是 10Base-T 以太网安装可以接受的最低配置电缆，但现在已不再推荐使用。3类双绞线电缆在电话布线系统中仍有一定程度的使用。

（2）4类双绞线电缆

4类双绞线电缆用来支持 16Mb/s 的令牌环网，使用 24AWG 导线，阻抗 100Ω，测试通过带宽为 20MHz，传输速率达 16 Mb/s。

（3）5类双绞线电缆

5类双绞线电缆是用于运行快速以太网的电缆，使用 24AWG 导线，阻抗 100Ω，最初指定带宽为100MHz，传输速率达 100Mb/s。在一定条件下，5类双绞线电缆可以用于1000Base-T网络，但要达到此目的，必须在电缆中同时使用多对线对以分摊数据流。5类双绞线电缆仍广泛使用于电话、保安、自动控制等网络中，但在计算机网络中已失去市场。

（4）超5类双绞线电缆（5e）

超5类双绞线电缆的传输带宽为100MHz，传输速率可达到100Mb/s。与5类电缆相比，具有更多的扭绞数目，可以更好的抵抗来自外部和电缆内部其他导线的干扰，从而提升了性能，在近端串扰、相邻线对综合近端串扰、衰减和衰减串扰比4个主要指标上都有了较大的改进。因此超5类双绞线电缆具有更好的传输性能，更适合支持 1000Base-T 网络，是计算机网络常用的传输介质。

（5）6类双绞线电缆

6类双绞线电缆主要应用于百兆位快速以太网和千兆位以太网中，多采用23AWG 导线，传输带宽为200～250 MHz，是超5类电缆带宽的2倍，最大速度可达到1000Mb/s，能满足千兆位以太网的需求。6类双绞线电缆改善了在串扰以及损耗方面的性能，更适合用于全双工的高速千兆网络，是计算机网络常用的传输介质。

（6）超6类双绞线电缆（6A）

超6类双绞线电缆主要应用于千兆位以太网中，传输带宽是500MHz，最大传输速度为1000Mb/s。与6类电缆相比，超6类双绞线电缆在串扰、衰减等方面有较大改善。

（7）7类双绞线电缆

7类双绞线电缆是线对屏蔽的 S/FTP 电缆，它有效地抵御了线对之间的串扰，使得在同一根电缆上实现多个应用成为可能，其传输带宽为600 MHz，是6类线的2倍以上，传输速率可达 10Gbit/s，主要用来支持万兆位以太网的应用。

2.2.2 光缆

光纤是一种传输光束的细而柔韧的媒质。光缆由一捆光纤组成，是目前计算机网络中常用的传输介质之一。

1. 光纤通信系统

（1）光纤的结构

计算机网络中的光纤主要是采用石英玻璃制成的，横截面积较小的双层同心圆柱体。裸光纤由光纤芯、包层和涂覆层组成，如图 2-16 所示。折射率高的中心部分叫作光纤芯，折射率低的外围部分叫包层。光以不同的角度进入光纤芯，在包层和光纤芯的界面发生反射，进行远距离传输。包层的外面涂覆了一层很薄的涂覆层，涂覆材料为硅酮树脂或聚氨基甲酸乙酯，涂覆层的外面套塑（或称二次涂覆），套塑的原料大都采用尼龙、聚乙烯或聚丙烯等塑料。

图 2-16　光纤的结构

（2）光纤通信系统的组成

光纤通信系统是以光波为载体、以光纤为传输介质的通信方式。光纤通信系统的组成如图 2-17 所示。其中，光纤是传输光波的导体，由于光信号在光纤中只能沿着一个方向传输，所以全双工系统应采用两根光纤。光发送机的主要功能是将电信号转换为光信号，再把光信号导入光纤，目前主要使用发光二极管（LED）和半导体激光二极管（ILD）两种光源。光接收机可以由光电二极管构成，主要负责接收光纤上传输的光信号，并将其转换为电信号，经过解码后再作相应处理。

图 2-17　光纤通信系统的组成

【注意】光发送机和光接收机可以是分离的单元，也可以使用一种叫作收发器的设备，它能够同时执行光发送机和光接收机的功能。

（3）光纤通信系统的特点

与铜缆相比，光纤通信系统的主要优点有：

➢ 传输频带宽，通信容量大；

➢ 线路损耗低，传输距离远；

➢ 抗干扰能力强，应用范围广；

➢ 线径细，重量轻；

➢ 抗化学腐蚀能力强；

➢ 制造资源丰富。

与铜缆相比，光纤通信系统的主要缺点有：

➢ 初始投入成本比铜缆高；

➢ 更难接受错误的使用；

➢ 光纤连接器比铜连接器脆弱；

➢ 端接光纤需要更高级别的训练和技能；

> 相关的安装和测试工具价格高。

2. 单模光纤和多模光纤

光纤有两种形式：单模光纤和多模光纤。单模光纤使用光的单一模式传送信号，而多模光纤使用光的多种模式传送信号。光传输中的模式是指一根以特定角度进入光纤芯的光线，因此可以认为模式是指以特定角度进入光纤的具有相同波长的光束。

单模光纤和多模光纤在结构以及布线方式上有很多不同，如图 2-18 所示。单模光纤只允许一束光传播，没有模分散的特性，光信号损耗很低，离散也很小，传播距离远，单模导入波长为 1310nm 和 1550 nm。多模光纤是在给定的工作波长上，以多个模式同时传输的光纤，从而形成模分散，限制了带宽和距离，因此，多模光纤的芯径大，传输速度低、距离短，成本低，多模导入波长为 850nm 和 1300nm。

多模光纤可以使用 LED 作为光源，而单模光纤必须使用激光光源，从而可以把数据传输到更远的距离。根据 ANSI/EIA/TIA 标准，用于干线布线的单模光纤具有更高的带宽且最远传输距离可以达到 3km，而多模光纤传送信号的距离只能达到 2km。电信公司通过特殊设备可以使单模光纤达到 65km 的传输距离。由于这些特性，单模光纤主要用于建筑物之间的互连或广域网连接，多模光纤主要用于建筑物内的局域网干线连接。ITU 标准规定室内单模光纤光缆的外护层颜色为黄色，室内多模光纤光缆的外护层颜色为橙色。

单模光纤和多模光纤的纤芯和包层具有多种不同的尺寸，尺寸的大小将决定光信号在光纤中的传输质量。目前常见的单模光纤主要有 8.3μm/125μm（纤芯直径/包层直径）、9μm/125μm 和 10μm/125μm 等规格；常见的多模光纤主要有 50μm/125μm、62.5μm/125μm、100μm/140μm 等规格。计算机网络布线中主要使用具有 62.5μm/125μm 多模光纤；在传输性能要求更高的情况下也可以使用 50μm/125μm 多模光纤。

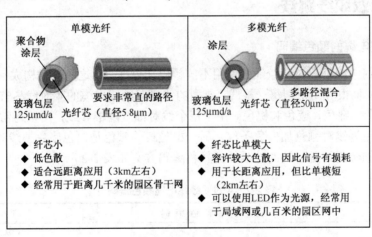

图 2-18　单模光纤和多模光纤的比较

3. 光缆的种类

光缆有多种结构，它可以包含单一或多根光纤束，不同类型的绝缘材料、包层甚至铜导体，以适应各种不同环境、不同要求的应用。光缆有多种分类方法，目前在计算机网络中主要按照光缆的使用环境和敷设方式对光缆进行分类。

（1）室内光缆

室内光缆的抗拉强度较小，保护层较差，但也更轻便、更经济，主要适用于建筑物内的计算机网络布线。

（2）室外光缆

室外光缆的抗拉强度比较大，保护层厚重，主要用于建筑物之间的计算机网络布线，根据敷设方式的不同，室外光缆有架空光缆、管道光缆、直埋光缆、隧道光缆和水底光缆等多种类型。

（3）室内/室外通用光缆

由于敷设方式的不同，室外光缆必须具有与室内光缆不同的结构特点。室外光缆要承受水蒸气扩散和潮气的侵入，必须具有足够的机械强度及对啮咬等的保护措施。室外光缆由于有 PE 护套及易燃填充物，不适合室内敷设，因此人们在建筑物的光缆入口处为室内光缆设置了一个移入点，这样室内光缆才能可靠地在建筑物内进行敷设。室内/室外通用光缆既可在室内也可在室外使用，不需要在室外向室内的过渡点进行熔接。如图 2-19 给出了一种室内/室外通用光缆的结构示意图。

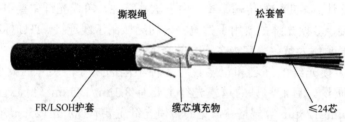

图 2-19　室内/室外通用型光缆

2.2.3　双绞线跳线

1. 双绞线电缆的颜色编码

双绞线电缆中的每一对双绞线都使用不同颜色加以区分，这些颜色构成标准的编码，利用这些编码，人们很容易识别每一根线。典型的 4 对双绞线电缆的 4 对线具有不同的颜色标记，分别是橙色、绿色、蓝色和棕色。由于每个线对都有两根导线，所以通常每个线对中的一根导线的颜色为线对颜色加白色条纹，另一根导线的颜色是白色底色加线对颜色的条纹，即双绞线线对的颜色都是互补的。具体的颜色编码方案如表 2-2 所示。

表2-2　4 对双绞线电缆颜色编码

线　对	颜色编码	简　写
线对 1	白-蓝	W-BL
	蓝	BL
线对 2	白-橙	W-O
	橙	O
线对 3	白-绿	W-G
	绿	G
线对 4	白-棕	W-BR
	棕	BR

安装人员可以通过颜色编码来区分每根导线，ANSI/EIA/TIA 标准描述了两种端接 4 对双绞线电缆时每种颜色的导线的安排，分别为 T568A 标准和 T568B 标准，如图 2-20 所示，从而可以很有逻辑的将导线接入相应的设备中。由图可知，在这两种接线模式中，除了橙色对和绿色对在端接顺序上相反外，两种模式是相似的。

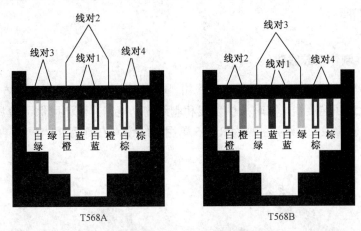

图 2-20　T568A 和 T568B 标准接线模式

2. RJ-45 连接器

RJ-45 连接器是一种透明的塑料接插件，因为其看起来像水晶，所以又称作 RJ-45 水晶头。RJ-45 连接器的外形与电话线的插头非常相似，不过电话线的插头使用的是 RJ-11 连接器，与 RJ-45 连接器的线数不同。RJ-45 连接器是 8 针的，如图 2-21 所示。所谓双绞线跳线是两端带有 RJ-45 连接器的一段双绞线电缆，如图 2-22 所示。

图 2-21　RJ-45 连接器

图 2-22　双绞线跳线

未连接双绞线的 RJ-45 连接器的头部有 8 片平行的带 "V" 字型刀口的铜片并排放置，"V" 字头的两尖锐处是较锋利的刀口。制作双绞线跳线的时候，将双绞线的 8 根导线按照一定的顺序插入 RJ-45 连接器中，导线会自动位于 "V" 字型刀口的上部。用压线钳将 RJ-45 连接器压紧，这时 RJ-45 连接器中的 8 片 "V" 字型刀口将刺破双绞线导线的绝缘层，分别与 8 根导线相连接。

3. 双绞线跳线的类型

计算机网络中常用的双绞线跳线有直通线和交叉线。双绞线两端都按照 T568B 标准连接 RJ-45 连接器，这样的跳线叫作直通线。直通线主要用于将计算机连入交换机，也可用于交换机和交换机不同类型接口的连接。双绞线一端按照 T568A 标准连接 RJ-45 连接器，另一边按照 T568B 标准连接，这样的跳线叫作交叉线。交叉线主要用于将计算机与计算机直接相连，也被用于将计算机直接接入路由器的以太网接口。

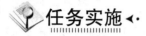
任务实施 ◀·

▶ 实训 1　制作双绞线跳线

现场制作双绞线用到的主要工具是压线钳。压线钳用来压接 8 位的 RJ-45 连接器和 4 位、6 位的 RJ-11、RJ-12 连接器，同时提供切线和剥线的功能，其设计可保证模具齿和连接器角点精确的对齐。如图 2-23 所示左侧为 RJ-45 单用压线钳，右侧为 RJ-45/RJ-11 双用压线钳。

图 2-23　压线钳

在制作双绞线跳线时，RJ-45 连接器的类型应与双绞线电缆的类型一致。现场制作不同类型双绞线跳线的方法并不相同，制作 5e 类双绞线跳线的一般步骤如下：

（1）剪下所需的双绞线长度，至少 0.6 米，最多不超过 5 米。

（2）利用压线钳将双绞线的外皮除去约 3 厘米左右，如图 2-24 所示。

（3）将裸露的双绞线中的橙色对线拨向自己的左方，棕色对线拨向右方向，绿色对线拨向前方，蓝色对线拨向后方，小心的剥开每一对线，按 T568B 标准（白橙－橙－白绿－蓝－白蓝－绿－白棕－棕）排列好，如图 2-25 所示。

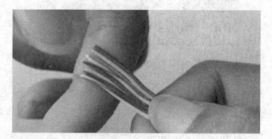

图 2-24　利用剥线钳除去双绞线外皮　　　图 2-25　剥开每一对线，排好线序

（4）把线排整齐，将裸露出的双绞线用压线钳剪下，只剩约 14mm 的长度，并剪齐线头，如图 2-26 所示。

（5）将双绞线的每一根线依序放入 RJ-45 连接器的引脚内，第一只引脚内应该放白橙色的线，其余类推，如图 2-27 所示，注意插到底，直到另一端可以看到铜线芯为止，如图 2-28

所示。

（6）将 RJ-45 连接器从无牙的一侧推入压线钳夹槽，用力握紧压线钳，将突出在外的针脚全部压入 RJ-45 连接器内，如图 2-29 所示。

（7）用同样的方法完成另一端的制作。

图 2-26　剪齐线头

图 2-27　将双绞线放入 RJ-45 水晶头

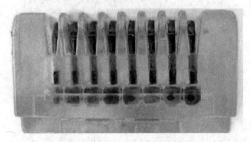

图 2-28　插好的双绞线

图 2-29　压线

由于数据传输速度的要求，6 类 RJ-45 连接器需要将 6 类双绞线电缆中的 8 根线缆分为上下两排以进一步减少串扰。常见的 6 类 RJ-45 连接器有两种，一种可以直接将插入的线缆分为两排，另一种配有分线件，需要先将线缆插入分线器，再将分线件连同线缆一起插入 RJ-45 连接器。制作 6 类双绞线跳线的一般步骤如下：

（1）用压线钳剥去双绞线电缆外皮约 3 厘米，剪去尼龙线。将双绞线电缆外皮用力向下捋几次，然后剪去内部塑料内芯，再将电缆外皮用力向上捋几次以避免塑料内芯裸露而影响 RJ-45 连接器压接。

（2）将 4 对线芯分开，再将各个绞合的线对分开，轻轻捋直，按照 T568B 标准排列线序。

（3）将排好序的双绞线从分线器尾端插入分线件，从分线件头部到双绞线电缆外皮的距离应为 1.2~1.4 厘米，分线件不宜太靠上。

（4）将压线钳尽可能靠近分线件头部，一次性剪齐 8 根线芯，将分线件轻轻向上捋使线芯末端与分线件头部重合。

（5）将剪齐后的双绞线连同分线件插入 RJ-45 连接器。

（6）将 RJ-45 连接器推入压线钳夹槽，用力握紧压线钳，将突出在外的针脚全部压入 RJ-45 连接器内。

（7）用同样的方法完成另一端的制作。

▶ **实训 2　测试双绞线跳线**

双绞线跳线制作完成后应检测其连通性，以确保其连接质量。测试双绞线跳线应使用专业的电缆分析仪，在要求不高的场合也可以使用廉价的简易线缆测试仪，如图 2-30 所示。在使用简易线缆测试仪进行测试时应将双绞线跳线两端的 RJ-45 连接器分别插入主测试仪和远程测试端的 RJ-45 接口，将主测试仪开关至"ON"，此时主测试仪指示灯将从 1 至 8 逐个顺序闪亮，如图 2-31 所示。如果测试的双绞线跳线为直通线，当主测试仪的指示灯从 1 至 8 逐个顺序闪亮时，远程测试端的指示灯也应从 1 至 8 逐个顺序闪亮。如果测试的双绞线跳线为交叉线，主测试仪的指示灯从 1 至 8 逐个顺序闪亮时，远程测试端指示灯会按照 3、6、1、4、5、2、7、8 这样的顺序依次闪亮。

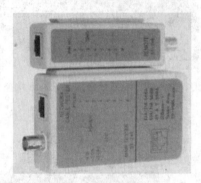

图 2-30　简易线缆测试仪

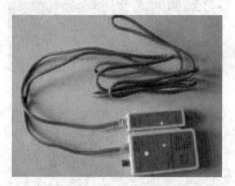

图 2-31　测试双绞线跳线

若连接不正常，简易线缆测试仪一般会按下列情况显示。

（1）当有一根导线断路，则主测试仪和远程测试端对应线号的灯都不亮。

（2）当有几条导线断路，则相对应的几条线都不亮，当导线少于两条线连通时，灯都不亮。

（3）当两边导线乱序，则与主测试仪端连通的远程测试端的相应线号灯亮。

（4）当导线有两根短路时，则主测试仪显示不变，而远程测试端显示短路的两根线灯都亮；若有三根或三根以上的导线短路时，则短路的几条线对应的灯都不亮。

（5）若测试仪上出现红灯或黄灯，说明跳线存在接触不良等现象，此时最好先用压线钳再压制两端 RJ-45 连接器一次，再测如故障依然存在，则应重新进行制作。

任务 2.3　实现双机互联

任务目的

（1）认识 TCP/IP 协议模型；

（2）熟悉 Windows 系统中的网络组件；

（3）熟悉 Windows 环境下网络组件的安装方法；

（4）掌握 Windows 环境下 TCP/IP 协议的基本设置方法。

工作环境与条件

（1）2 台安装好 Windows 操作系统的 PC；

（2）非屏蔽双绞线、RJ-45 水晶头、RJ-45 压线钳、简易线缆测试仪。

相关  知识

2.3.1 TCP/IP 模型

TCP/IP 是指一整套数据通信协议，它是 20 世纪 70 年代中期，美国国防部为其 ARPANET 广域网开发的网络体系结构和协议标准，其名字是由这些协议中的主要两个协议组成，即传输控制协议（Transmission Control Protocol，TCP）和网际协议（Internet Protocol，IP）。实际上，TCP/IP 框架包含了大量的协议和应用，TCP/IP 是多个独立定义的协议的集合，简称为 TCP/IP 协议集。虽然 TCP/IP 不是 ISO 标准，但它作为 Internet/Intranet 中的标准协议，其使用已经越来越广泛，可以说，TCP/IP 是一种"事实上的标准"。

TCP/IP 模型由四个层次组成，TCP/IP 模型与 OSI 参考模型之间的关系如图 2-32 所示。

1. 应用层

应用层为用户提供网络应用，并为这些应用提供网络支撑服务，把用户的数据发送到低层，为应用程序提供网络接口。由于 TCP/IP 将所有与应用相关的内容都归为一层，所以在应用层要处理高层协议、数据表达和对话控制等任务。

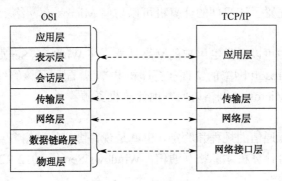

图 2-32　TCP/IP 模型

2. 传输层

传输层的作用是提供可靠的点到点的数据传输，能够确保源节点传送的数据包正确到达目标节点。为保证数据传输的可靠性，传输层协议也提供了确认、差错控制和流量控制等机制。传输层从应用层接收数据，并且在必要的时候把它分成较小的单元，传递给网络层，并确保到达对方的各段信息正确无误。

3. 网络层

网络层的主要功能是负责通过网络接口层发送 IP 数据包，或接收来自网络接口层的帧并将其转为 IP 数据包，然后把 IP 数据包发往网络中的目的节点。为正确地发送数据，网络层还具有路由选择、拥塞控制的功能。由于这些数据包达到的顺序和发送顺序可能不同，因此如果需要按顺序发送及接收时，传输层必须对数据包排序。

4. 网络接口层

在 TCP/IP 模型中没有真正描述这一部分内容，网络接口层是指各种计算机网络，包括

Ethernet 802.3、Token Ring 802.5、X.25、HDLC、PPP 等。网络接口层相当于 OSI 中的最低两层，也可看作 TCP/IP 利用 OSI 的下两层，指任何一个能传输数据报的通信系统，这些系统大到广域网、小到局域网甚至点到点连接，正是这一点使得 TCP/IP 具有相当的灵活性。

2.3.2 Windows 网络组件

要实现 Windows 系统的网络功能，必须安装好网卡并完成网络组件的安装和配置。

1. 网络组件的配置流程：

- ➢ 配置网络硬件。确认网卡等网络硬件已经正确连接。
- ➢ 配置系统软件。确认操作系统已经正常运行。
- ➢ 配置网卡驱动程序。确保操作系统中的网卡驱动程序安装正确。
- ➢ 配置网络组件。网络中的组件是实现网络通信和服务的基本保证。

2. Windows 网络组件的类型

Windows 网络组件有很多种类型，主要包括客户端、服务和协议。

（1）客户端

客户端组件提供了网络资源访问的条件。Windows Server 2012 R2 系统提供了"Microsoft 网络客户端"组件，配置了该组件的计算机可以访问 Microsoft 网络上的各种软硬件资源。

（2）服务

服务组件是网络中可以提供给用户的网络功能。在 Windows Server 2012 R2 系统中，基本的服务组件是"Microsoft 网络的文件和打印机共享"。配置了该组件的计算机将允许网络上的其他计算机通过 Microsoft 网络访问本地计算机资源。

（3）协议

协议是网络中相互通信的规程和约定，也就是说，协议是网络各部件通信的语言，只有安装有相同协议的两台计算机才能相互通信。Windows Server 2012 R2 系统支持的协议主要有以下类型：

- ➢ Internet 协议版本 4（TCP/IPv4）。该协议是默认的 Internet 协议。
- ➢ Internet 协议版本 6（TCP/IPv6）。该协议是新版本的 Internet 协议。
- ➢ QoS 数据包计划程序。提供网络流量控制，如流量率和优先级服务。
- ➢ 链路层拓扑发现响应程序。允许在网络上发现和定位该 PC。
- ➢ 链路层拓扑发现映射器 I/O 驱动程序。用于发现和定位网络上的其他 PC、设备和网络基础结构组件，也可用于确定网络带宽。

任务实施

如果仅仅是两台计算机之间组网，那么可以直接使用双绞线跳线将两台计算机的网卡连接在一起，但是两台计算机必须安装并遵循相同的网络协议才能进行通信。以太网标准为两台计算机在物理层和数据链路层提供了数据处理和传输的标准，而在网络层以上，目前网络中的计算机应安装和遵循 TCP/IP 协议。

▶ **实训 1　使用双绞线跳线连接两台计算机**

在使用网卡将两台计算机直连时，双绞线跳线要用交叉线，并且两台计算机最好选用相同品牌和传输速度的网卡，以避免可能的连接故障。连接时只需将制作好的双绞线跳线两端的 RJ-45 连接器分别接入计算机网卡的 RJ-45 插座即可。

▶ **实训 2　安装网络协议**

网络中的计算机必须添加相同的网络协议才能互相通信，Windows 操作系统一般会自动安装 TCP/IP 协议（Windows Server 2012 R2 系统会同时安装 TCP/IPv4 和 TCP/IPv6）。若要需要在 Windows 操作系统中手动安装 TCP/IP 或其他协议，操作步骤为：

（1）在传统桌面模式中右击左下角的"开始"图标，在弹出的菜单中单击"网络连接"命令，打开"网络连接"窗口。

（2）在"网络连接"窗口中，右击要配置的网络连接，在弹出的菜单中选择"属性"命令，打开网络连接属性对话框。

（3）单击网络连接属性对话框的"安装"按钮，打开"选择网络功能类型"对话框，如图 2-33 所示。

（4）在"选择网络功能类型"对话框中选择"协议"组件，单击"添加"按钮，打开"选择网络协议"对话框。

（5）在"选择网络协议"对话框中选择想要安装的网络协议，单击"从磁盘安装"按钮，系统会自动安装相应的网络协议。

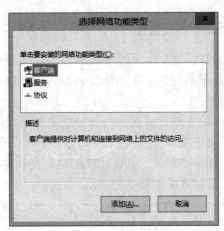

图 2-33　"选择网络功能类型"对话框

▶ **实训 3　设置 IP 地址信息**

一台计算机要使用 TCP/IP 协议连入 Internet，必须具有合法的 IP 地址、子网掩码、默认网关和 DNS 服务器 IP 地址。若单纯只是实现双机互联，则只需设置 IP 地址和子网掩码即可。在 Windows Server 2012 R2 系统中设置 IP 地址信息的步骤为：

（1）在网络连接属性对话框的"此连接使用下列项目"列表框中选择 "Internet 协议版本 4（TCP/IPv4）"，单击"属性"按钮，在打开的"Internet 协议版本 4（TCP/IPv4）属性"对话框中，选择"使用下面的 IP 地址"单选框，将该计算机的 IP 地址设置为 192.168.1.1，子网掩码为 255.255.255.0，默认网关为空；选中"使用下面的 DNS 服务器地址"单选框，设置首选 DNS 服务器和备用 DNS 服务器为空。如图 2-34 所示。

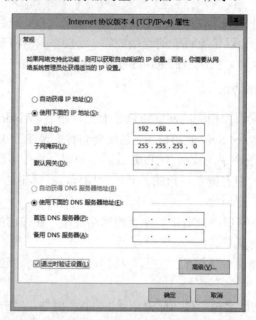

图 2-34 "Internet 协议版本 4（TCP/IPv4）属性"对话框

（2）用相同的方法设置另一台计算机 IP 地址为 192.168.1.2，子网掩码为 255.255.255.0，默认网关和 DNS 服务器为空。

▶ **实训 4 测试两台计算机的连通性**

ping 是个使用频率极高的实用程序，用于确定本地主机是否能与另一台主机交换（发送与接收）数据，从而判断网络的连通性。在 Windows Server 2012 R2 系统中利用 ping 命令测试网络连通性的基本步骤如下：

（1）在 IP 地址为 192.168.1.1 的计算机上，在传统桌面模式中右击左下角的"开始"图标，在弹出的菜单中单击"命令提示符"，进入"命令提示符"环境。

（2）在"命令提示符"环境中输入"ping 127.0.0.1"测试本机 TCP/IPv4 协议的安装或运行是否正常。如果正常则运行结果如图 2-35 所示。

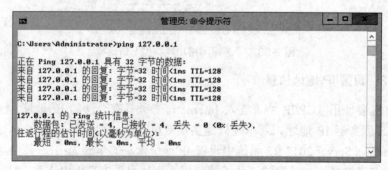

图 2-35 用 ping 命令测试本机 TCP/IPv4 协议的安装或运行是否正常

（3）在"命令提示符"环境中输入"ping 192.168.1.2"测试本机与另一台计算机的连接是否正常。如果运行结果如图 2-36 所示，则表明连接正常；如果运行结果如图 2-37 所示，则表明连接可能有问题。

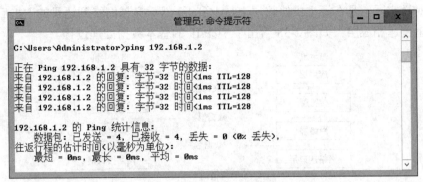

图 2-36 用 ping 命令测试连接正常

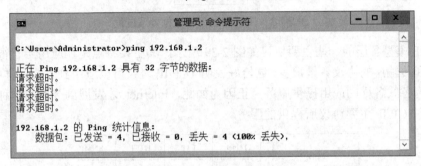

图 2-37 用 ping 命令测试超时错误

【注意】ping 命令测试出现错误有多种可能，并不能确定是网络的连通性故障。当前很多的防病毒软件包括操作系统自带的防火墙都有可能屏蔽 ping 命令，因此在利用 ping 命令进行连通性测试时需要关闭防病毒软件和防火墙，并对测试结果进行综合考虑。

任务2.4　理解 TCP/IP 协议

任务目的

（1）理解 TCP/IP 协议模型的数据处理过程；
（2）理解 TCP/IP 协议中常用协议的基本工作机制。

工作环境与条件

（1）安装好 Windows 操作系统的 PC；
（2）网络模拟和建模工具 Cisco Packet Tracer。

相关知识

与 OSI 参考模型一样，TCP/IP 网络上源主机的协议层与目的主机的同层协议层之间，通过下层提供的服务实现对话。源主机和目的主机的同层实体称为对等实体或对等进程，它们之间的对话实际上是在源主机协议层上从上到下，然后穿越网络到达目的主机后再在协议层从下到上到达相应层。如图 2-38 给出了 TCP/IP 的基本数据处理过程。

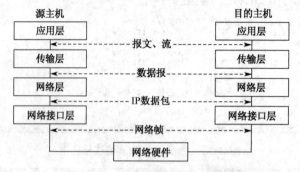

图 2-38　TCP/IP 的基本数据处理过程

　　TCP/IP 模型各层的一些主要协议如图 2-39 所示，其主要特点是在应用层有很多协议，而网络层和传输层的协议数量很少，这恰好表明 TCP/IP 协议可以应用到各式各样的网络上，同时也能为各式各样的应用提供服务。正因为如此，Internet 才发展到今天的这种规模。表 2-3 给出了 TCP/IP 主要协议所提供的服务。

应用层	Telnet	FTP	HTTP	SNMP
	TFTP	SMTP	NFS	
传输层	TCP		UDP	
网络层	ICMP	ARP		RARP
	IP			
网络接口层	以太网	PPP	ATM	……

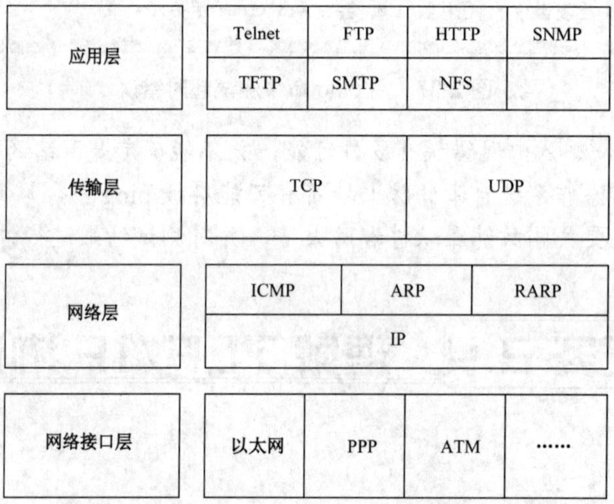

图 2-39　TCP/IP 模型的主要协议

表 2-3　TCP/IP 主要协议所提供的服务

协　　议	提 供 服 务	相 应 层 次
IP	数据包服务	网络层
ICMP	差错和控制	网络层
ARP	IP 地址→物理地址	网络层
RARP	物理地址→IP 地址	网络层
TCP	可靠性服务	传输层
FTP	文件传送	应用层
Telnet	终端仿真	应用层

下面以使用 TCP 协议传送文件（如 FTP 应用程序）为例，说明 TCP/IP 模型的数据处理过程：

➢ 在源主机上，应用层将一串字节流传给传输层。

➢ 传输层将字节流分成 TCP 段，加上 TCP 自己的报头信息交给网络层。

➢ 网络层生成数据包，将 TCP 段放入其数据域中，并加上源主机和目的主机的 IP 报头交给网络接口层。

➢ 网络接口层将 IP 数据包装入帧的数据部分，并加上相应的帧头及校验位，发往目的主机或 IP 路由器。

➢ 在目的主机，网络接口层将相应帧头去掉，得到 IP 数据包，送给网络层。

➢ 网络层检查 IP 报头，如果 IP 报头中的校验和与计算机出来的不一致，则丢弃该包。

➢ 如果检验和一致，网络层去掉 IP 报头，将 TCP 段交给传输层，传输层检查顺序号来判断是否为正确的 TCP 段。

➢ 传输层计算 TCP 段的头信息和数据，如果不对，传输层丢弃该 TCP 段，否则向源主机发送确认信息。

➢ 传输层去掉 TCP 头，将字节传送给应用程序。

➢ 最终，应用程序收到了源主机发来的字节流，与源主机应用程序发送的相同。

实际上在 TCP/IP 模型中，每往下一层，便多加了一个报头，如图 2-40 所示，这个报头对上层来说是透明的，上层根本感觉不到下层报头的存在。假设物理网络是以太网，上述基于 TCP/IP 的文件传输（FTP）应用加入报头的过程便是一个逐层封装的过程，当到达目的主机时，则是从下而上去掉报头的一个解封装的过程。

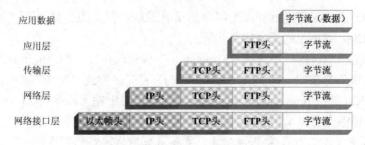

图 2-40　基于 TCP/IP 的逐层封装过程

从用户角度看，TCP/IP 协议提供一组应用程序，包括电子邮件、文件传送、远程登录等，用户使用其可以很方便的获取相应网络服务；从程序员的角度看，TCP/IP 提供两种主要服务，包括无连接报文分组传输服务和面向连接的可靠数据流传输服务，程序员可以用它们来开发适合相应应用环境的应用程序；从设计的角度看，TCP/IP 主要涉及寻址、路由选择和协议的具体实现。

任务实施 ◄·

在网络建模工具 Cisco Packet Tracer 的 "Simulation" 模式中，可以看到有关数据包及其如何被网络设备处理的详细信息，常用的 TCP/IP 协议在 Cisco Packet Tracer 中都建有模型。

▶ 实训 1　分析 TCP/IP 网络层协议

请利用 Cisco Packet Tracer 构建如图 2-41 所示的网络运行模型，其中客户机 PC0 与服务器 Server0 通过交叉线（Copper Cross-Over）进行连接，并将客户机 PC0 的 IP 地址设为 192.168.1.1/24，将服务器 Server0 的 IP 地址设为 192.168.1.2/24。

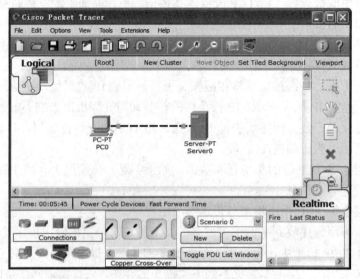

图 2-41　分析 TCP/IP 协议网络拓扑示例

1. 捕获 ARP 和 ICMP 数据包

Cisco Packet Tracer 可以捕获流经网络的所有通信，在如图 2-41 所示的网络运行模型中捕获 ARP 和 ICMP 数据包的基本操作步骤如下：

（1）在实时/模拟转换栏中选择"Simulation"模式，在打开的"Simulation Panel"窗格中单击"Edit Filters"按钮，在"Edit ACL Filters"窗口中勾选"ARP"和"ICMP"复选框。

（2）打开 PC0 的"Command Prompt"窗口，在该窗口中输入命令"ping 192.168.1.2 –n 1"，此时在 PC0 的图标上会出现相应的数据包图标。

【注意】ping 是 ICMP 最常见的应用，主要用来测试网络的可达性。"-n count"是指定要 ping 多少次，具体次数由 count 来指定，默认值为 4。

（3）在"Simulation Panel"窗格中单击"Auto Capture/Play"按钮，此时 Cisco Packet Tracer 将捕获在 PC0 上运行"ping 192.168.1.2 –n 1"命令过程中所产生的 ARP 与 ICMP 的数据包。相应的信息将显示在"Event List"列表中，如图 2-42 所示。

2. 分析 ARP 数据包

在以太网中，网络中实际传输的是帧，一个主机和另一个主机进行直接通信，必须要知道目标主机的 MAC 地址。所谓地址解析就是主机在发送帧前将目标 IP 地址转换成目标 MAC 地址的过程。ARP（Address Resolution Protocol，地址解析协议）的基本功能就是通过目标设备的 IP 地址，查询目标设备的 MAC 地址，以保证通信的顺利进行。PC0 要向 Server0 发送数据包，其地址解析过程如下：

（1）PC0 查看自己的 ARP 缓存，确定其中是否包含 Server0 的 IP 地址对应的 ARP 表项，如果找到对应表项，则 PC0 直接利用表项中的 MAC 地址将 IP 数据包封装成帧，并将数据帧发送给 Server0。

（2）若 PC0 找不到对应表项，则暂时缓存该数据包，然后以广播方式发送 ARP 请求。请求报文中的发送端 IP 地址和发送端 MAC 地址为 PC0 的 IP 地址和 MAC 地址，目标 IP 地址为 Server0 的 IP 地址，目标 MAC 地址为全 1 的 MAC 地址。

（3）网段内所有主机都会收到 PC0 的请求，Server0 比较自己的 IP 地址和 ARP 请求报文的 IP 地址，由于两者相同，Server0 将 ARP 请求报文中的发送端（即 PC0）IP 地址与 MAC 地址存入自己的 ARP 缓存，并以单播方式向 PC0 发送 ARP 响应，其中包含了自己的 MAC 地址。

（4）PC0 收到 ARP 响应报文后，将 Server0 的 IP 地址与 MAC 地址的映射加入到自己的 ARP 缓存，同时将 IP 数据包以该 MAC 地址进行封装并发送给 Server0。

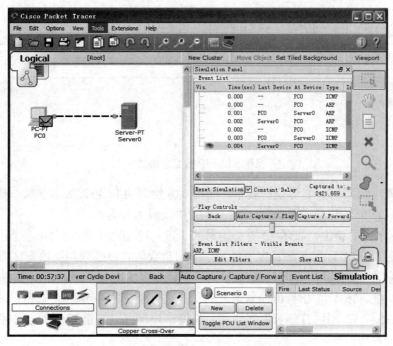

图 2-42　捕获的 ARP 与 ICMP 的数据包

【注意】ARP 缓存中的表项分为动态表项和静态表项。动态表项通过 ARP 地址解析获得，如果在规定的老化时间内未被使用，则会被自动删除。静态表项可由管理员手工设置，不会老化，且其优先级高于动态表项。在 Windows 系统中可以使用 "arp -a" 命令查看 ARP 缓存中的表项，可以使用 "arp -s IP 地址 MAC 地址" 命令设置静态表项。

在如图 2-42 所示的 "Event List" 列表中，双击 "Last Device" 为 PC0，"At Device" 为 Server0，"Type" 为 ARP 的事件，单击在服务器 Server0 图标上出现的数据包图标，可以打开在服务器上传输的相应 ARP 数据包信息。请对该数据包的相关信息进行分析，理解相关协议的工作机制。

3. 分析 IP 数据包

IP 协议是网络层的核心，负责完成网络中包的路径选择，并跟踪这些包到达不同目的端的路径。IP 协议规定了数据传输时的基本单元和格式，但并不了解发送包的内容，只处理源和目的端 IP 地址、协议号以及另一个 IP 自身的校验码，这些项形成了 IP 的首部信息，放在由 IP 进行处理的每个包之前。IP 数据包格式如图 2-43 所示。由于 IP 首部选项不经常使用，因此普通的 IP 数据包首部长度为 20 字节，其主要字段含义如下：

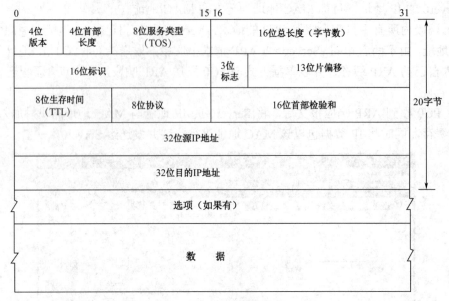

图 2-43　IP 数据包格式

➤ 版本。4 位，指 IP 协议的版本。通信双方使用的 IP 协议版本必须一致。目前广泛使用的 IP 协议版本号为 4，下一代 IP 协议版本号为 6。

➤ 首部长度。4 位，表示 IP 首部信息的长度，IP 首部长度应为 4 字节的整数倍，最大为 60 字节，当首部长度不是 4 字节的整数倍时，必须利用填充字段加以填充。

➤ 服务类型。8 位，用于标识 IP 数据包期望获得的服务等级，常用于 QoS 中。

➤ 总长度。16 位，指首部及数据之和的长度，单位为字节。IP 数据包的最大长度为 65535 字节。利用首部长度字段和总长度字段就可以知道 IP 数据包中数据内容的起始位置和长度。

➤ 标识。16 位，唯一地址标识主机会在存储器中维持一个计数器，每产生一个 IP 数据包，计数器就会加 1，并将此值赋予标识字段。

➤ 标志。3 位，目前只有 2 位有意义。标志字段中的最低位记为 MF，MF=1 即表示后面还有分片。MF=0 表示这已是若干分片中的最后一个。标志字段的中间位记为 DF，只有当 DF=0 时才允许分片。

➤ 片偏移。13 位，较长的分组在分片后，某片在原分组中的相对位置。

➤ 生存时间。8 位，常用的英文缩写为 TTL（Time To Live），该字段设置了数据包可以经过的路由器的数目。数据包每经过一个路由器，其 TTL 值会减 1，当 TTL 值为 0 时，该数据包将被丢弃。

➤ 协议。8 位，用于标识数据包内传送的数据所属的上层协议，6 为 TCP 协议，17 为 UDP 协议。

➤ 首部校验和。16 位，该字段只检验 IP 数据包首部，不包括数据部分。

> ➢ 源 IP 地址。32 位，数据包源节点的 IP 地址。

> ➢ 目的 IP 地址。32 位，数据包目的节点的 IP 地址。

4. 分析 ICMP 数据包

ICMP（Internet Control Message Protocol，Internet 控制报文协议）运行在网络层，用于在主机、路由器之间传递控制消息。ICMP 利用 IP 数据包来承载，常见的 ICMP 消息类型主要有以下几种：

> ➢ 目标不可达（Destination Unreachable，类型字段值 3）。如果路由器不能再继续转发IP 数据包，将使用 ICMP 向发送端发送消息，以通告这种情况。

> ➢ 回波请求（Echo Request，类型字段值 8）。由主机或路由器向特定主机发出的询问消息，以测试目的主机是否可达。

> ➢ 回波响应（Echo Reply，类型字段值 0）。收到 Echo Request 的主机对发送端主机发送的响应消息。

> ➢ 重定向（Redirect，类型字段值 5）。主机向路由器发送数据包，而此路由器知道相同网段上有其他路由器能够更快的传递该数据包，为了方便以后路由，路由器会向主机发送重定向信息，通知主机最优路由器的位置。

> ➢ 超时（Time Exceeded，类型字段值 11）。当 IP 数据包中的 TTL 字段减到 0 时，该数据包将被删除。删除该数据包的路由器会向发送端传送消息。

> ➢ 时间戳请求和时间戳应答（Timestamp Requet，类型字段值 13/ Timestamp Reply，类型字段值 15）。发送端主机创建并发送一个含有源时间戳的 Timestamp Requet 消息，接收端主机收到后创建一个含有源时间戳、接收端主机接收时间戳以及接收端主机传输时间戳的 Timestamp Reply 消息。当发送端主机收到 Timestamp Reply 消息时，可以通过时间戳估计网络传输 IP 数据包的效率。

在如图 2-42 所示的"Event List"列表中，双击"Last Device"为 PC0，"At Device"为Server0，"Type"为 ICMP 的事件，单击在服务器 Server0 图标上出现的数据包图标，可以打开在服务器上传输的相应 ICMP 数据包信息。请对该数据包的相关信息进行分析，理解相关协议的工作机制。

▶ 实训 2　分析 TCP/IP 传输层和应用层协议

Cisco Packet Tracer 中的服务器可以提供 HTTP、FTP、DNS 等常用网络服务。请在如图2-41 所示的网络运行模型中打开服务器 Server0 的配置窗口，在该窗口"Config"选项卡的左侧窗格中点击"DNS"选项，在右侧窗格中将"DNS Service"设置为"On"，并在"Name"文本框中输入"www.abc.com"，在"Address"对话框中输入"192.168.1.2"，单击"Add"按钮，此时服务器 Server0 将开启 DNS 功能，并能将域名"www.abc.com"解析为 IP 地址"192.168.1.2"。打开客户机 PC0 的配置窗口，将 PC0 的 DNS 服务器设为"192.168.1.2"。

1. 捕捉数据包

（1）在实时/模拟转换栏中选择"Simulation"模式，在打开的"Simulation Panel"窗格中单击"Edit Filters"按钮，在"Edit ACL Filters"窗口中勾选"DNS"、"TCP"和"HTTP"复选框。

（2）打开 PC0 的"Web Browser"窗口，在浏览器中输入 URL"http://www.abc.com"，

此时在 PC0 的图标上会出现相应的数据包图标。

（3）在"Simulation Panel"窗格中单击"Auto Capture/Play"按钮，此时 Cisco Packet Tracer 将捕获在 PC0 上通过域名访问服务器 Server0 上运行的 Web 服务器所产生的 DNS、TCP 和 HTTP 的数据包。相应的信息将显示在"Event List"列表中。

2. 分析 DNS 和 UDP 协议

（1）传输层端口

传输层的主要功能是提供进程通信能力，因此网络通信的最终地址不仅包括主机地址，还包括可描述进程的某种标识。所以 TCP/IP 协议提出了端口（Port）的概念，用于标识通信的进程。端口是操作系统的一种可分配资源，应用程序（调入内存运行后称为进程）通过系统调用与某端口建立连接（绑定）后，传输层传给该端口的数据都被相应的进程所接收，相应进程发给传输层的数据都从该端口输出。在 TCP/IP 协议的实现中，端口操作类似于一般的 I/O 操作，进程获取一个端口，相当于获取本地唯一的 I/O 文件，可以用一般的读写方式访问类似于文件描述符，每个端口都拥有一个叫端口号的整数描述符（端口号为 16 位二进制数，0~65535），用来区别不同的端口。由于 TCP/IP 传输层的 TCP 和 UDP 两个协议是两个完全独立的软件模块，因此各自的端口号也相互独立。如 TCP 有一个 255 号端口，UDP 也可以有一个 255 号端口，两者并不冲突。

端口有两种基本分配方式：一种是全局分配，由一个公认权威的中央机构根据用户需要进行统一分配，并将结果公布于众；另一种是本地分配，又称动态连接，即进程需要访问传输层服务时，向本地操作系统提出申请，操作系统返回本地唯一的端口号，进程再通过合适的系统调用，将自己和该端口连接起来。TCP/IP 端口的分配综合了以上两种方式，将端口号分为两部分，少量的作为保留端口，以全局方式分配给服务进程。每一个标准服务器都拥有一个全局公认的端口，即使在不同的机器上，其端口号也相同。剩余的为自由端口，以本地方式进行分配。TCP 和 UDP 规定小于 256 的端口才能作为保留端口，如图 2-44 给出了 TCP 和 UDP 规定的部分保留端口。

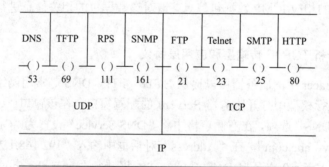

DNS：域名系统	FTP：文件传输协议
TFTP：简单文件传输协议	Telnet：远程登录
RPS：远程进程调用	SMTP：简单邮件传输协议
SNMP：简单网络管理协议	HTTP：超文本传输协议

图 2-44　TCP 和 UDP 规定的部分保留端口

（2）UDP

UDP 是面向无连接的通信协议。按照 UDP 协议处理的报文包括 UDP 报头和高层用户数据两部分，其格式如图 2-45 所示。UDP 报头只包含 4 个字段：源端口、目的端口、长度和 UDP 校验和。源端口用于标识源进程的端口号；目的端口用于标识目的进程的端口号；长度字段规定了 UDP 报头和数据的长度；校验和字段用来防止 UDP 报文在传输中出错。

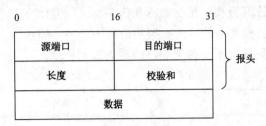

图 2-45　UDP 报文格式

　　UDP 协议只用来提供协议端口，实现进程通信。由于 UDP 通信不需要连接，所以可以实现广播发送。UDP 无复杂流量控制和差错控制，简单高效，但其不需要接收方确认，属于不可靠的传输，可能会出现丢包现象，实际应用中要求在程序员编程验证。UDP 协议主要面向交互型应用。

　　（3）DNS

　　域名是与 IP 地址相对应的一串容易记忆的字符，由若干个从 a 到 z 的 26 个拉丁字母及 1 到 0 的 10 个阿拉伯数字及 "-"、"." 等符号构成并按一定的层次和逻辑排列。TCP/IP 的域名系统（DNS）提供了一整套域名管理的方法。域名系统的一项主要工作就是把主机的域名转换成相应的 IP 地址，这称为域名解析，它包括正向查询（从域名到 IP 地址）和逆向查询（从 IP 地址到域名）。这种映射是由一组域名服务器（DNS 服务器）完成的。域名服务器实际上是一个服务器软件，运行在指定的计算机上。

　　在 Cisco Packet Tracer 的 "Event List" 列表中，双击 "Last Device" 为 PC0，"At Device" 为 Server0，"Type" 为 DNS 的事件，单击在服务器 Server0 图标上出现的数据包图标，可以打开在服务器上传输的相应 DNS 数据信息。请对该数据包的相关信息进行分析，理解相关协议的工作机制。

　　3. 分析 TCP 和 HTTP 协议

　　（1）TCP 协议

　　TCP 协议是为了在主机间实现高可靠性的数据交换的传输协议，它是面向连接的端到端的可靠协议，支持多种网络应用程序。TCP 的下层是 IP 协议，TCP 可以根据 IP 协议提供的服务传送大小不定的数据，IP 协议负责对数据进行分段、重组，在多种网络中传送。

　　① TCP 报文格式

　　TCP 报文包括 TCP 报头和高层用户数据两部分，其格式如图 2-46 所示。

　　各字段含义如下：

➢　源端口。标识源进程的端口号。

➢　目的端口。标识目的进程的端口号。

➢　序号。发送报文包含的数据的第一个字节的序号。

➢　确认号。接收方期望下一次接收的报文中数据的第一个字节的序号。

➢　报头长度。TCP 报头的长度。

➢　保留。保留为今后使用，目前置 0;

> 标志。用来在 TCP 双方间转发控制信息，包含有 URG、ACK、PSH、RST、SYN 和 FIN 位。

> 窗口。用来控制发方发送的数据量，单位为字节。

> 校验和。TCP 计算报头、报文数据和伪头部（同 UDP）的校验和.；

> 紧急指针。指出报文中的紧急数据的最后一个字节的序号。

> 可选项。TCP 只规定了一种选项，即最大报文长度。

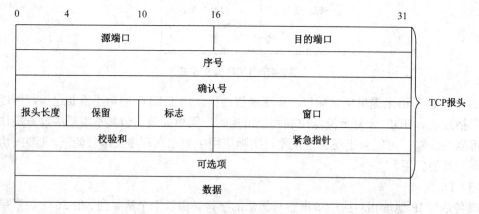

图 2-46　TCP 报文格式

② TCP 连接的建立和释放

TCP 是面向连接的协议，在数据传送之前需要先建立连接。为确保连接建立和释放的可靠性，TCP 使用了三次握手的方法。所谓三次握手就是在连接建立和释放过程中，通信双方需要交换三个报文。如图 2-47 显示了 TCP 利用三次握手建立连接的正常过程。

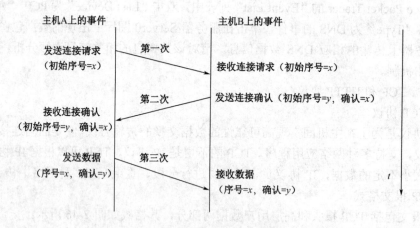

图 2-47　TCP 利用三次握手建立连接的正常过程

在三次握手的第一次握手中，主机 A 向主机 B 发出连接请求，其中包含主机 A 选择的初始序列号 x；第二次握手中，主机 B 收到请求，发回连接确认，其中包含主机 B 选择的初始序列号 y，以及主机 B 对主机 A 初始序列号 x 的确认；第三次握手中，主机 A 向主机 B 发送数据，其中包含对主机 B 初始序列号 y 的确认。

在 TCP 协议中，连接的双方都可以发起释放连接的操作。为了保证在释放连接之前所有的数据都可靠地到达了目的地，一方发出释放请求后并不立即释放连接，而是等待对方确认，只有收到对方的确认信息，才能释放连接。

③ TCP 的差错控制

TCP 建立在 IP 协议之上，IP 协议提供不可靠的数据传输服务，因此，数据出错甚至丢失可能是经常发生的。TCP 使用确认和重传机制实现数据传输的差错控制。

在差错控制中，如果接收方的 TCP 正确的收到一个数据报文，它要回发一个确认信息给发送方；若检测到错误，则丢弃该数据。而发送方在发送数据时，TCP 需要启动一个定时器，在定时器到时之前，如果没有收到确认信息（可能因为数据出错或丢失），则发送方重传数据。

④ TCP 的流量控制

TCP 使用窗口机制进行流量控制。当一个连接建立时，连接的每一端分配一块缓冲区来存储接收到的数据，并将缓冲区的大小发送给另一端。当数据到达时，接收方发送确认，其中包含了它剩余的缓冲区大小。这里将剩余缓冲区空间的数量叫作窗口，接收方在发送的每一确认中都含有一个窗口通告。

如果接收方应用程序读取数据的速度与数据到达的速度一样快，接收方将在每一确认中发送一个非零的窗口通告。但是，如果发送方操作的速度快于接收方，接收到的数据最终将充满接收方的缓冲区，导致接收方通告一个零窗口。发送方收到一个零窗口通告时，必须停止发送，直到接收方重新通告一个非零窗口。窗口和窗口通告可以有效的控制 TCP 的数据传输流量，使发送方发送的数据永远不会溢出接收方的缓冲空间。

（2）HTTP 协议

目前主要的网站都会包含图像、文本、链接等，HTTP（Hypertext Transfer Protocol，超文本传输协议）用于管理 Web 浏览器和 Web 服务器之间的通信。

在 Cisco Packet Tracer 的"Event List"列表中，分别双击 HTTP 事件发生之前的"Last Device"为 PC0、"At Device"为 Server0、"Type"为 TCP 的事件，以及"Last Device"为 Server0、"At Device"为 PC0、"Type"为 TCP 的事件，单击相应的数据包图标，打开在客户机和服务器上传输的相应 TCP 数据包信息。请对该数据包的相关信息进行分析，理解相关协议的工作机制。

在 Cisco Packet Tracer 的"Event List"列表中，双击"Last Device"为 PC0、"At Device"为 Server0、"Type"为 HTTP 的事件，单击相应的数据包图标，打开在服务器上传输的相应 HTTP 数据信息。请对该数据包的相关信息进行分析，理解相关协议的工作机制。

习 题 2

1. 单项选择题

（1）OSI 参考模型分为（ ）层。

A. 5 B. 6 C. 7 D. 8

（2）（ ）是 OSI 参考模型的第 3 层，介于数据链路层和传输层之间。

A. 物理层 B. 数据链路层 C. 网络层 D. 传输层

（3）（ ）是应用最广泛的协议，已经被公认为事实上的标准，它也是现在的国际互联网的标准协议。

     A. OSI   B. TCP/IP   C. UDP   D. ATM

（4）（   ）是 TCP/IP 协议族的最高层，与 OSI 参考模型相比较，它包含了会话层、表示层和应用层的功能。

     A. 网络接口层   B. 网络层   C. 传输层   D. 应用层

（5）（   ）负责域名到 IP 地址的转换。

     A. DNS   B. SNMP   C. RIP/OSPF   D. TELNET

（6）将 IP 地址转换为相应物理网络地址的协议是（   ）。

     A. ARP   B. LCP   C. NCP   D. ICMP

（7）MAC 地址是以太网 NIC（网卡）上带的地址，为（   ）位长。

     A. 8   B. 16   C. 24   D. 48

（8）采用 CSMA/CD 介质访问方式，当发生冲突时（   ）。

     A. 继续发送   B. 停止发送并立刻开始监听

     C. 停止发送   D. 停止发送并随机延时后再开始监听

（9）网卡用来实现计算机和（   ）之间的物理连接。

     A. 其他计算机   B. Internet   C. 传输介质   D. 打印机

（10）EIA/TIA568A 与 EIA/TIA568B 相比，只有"橙/白橙"与（   ）这两对线交换了一下位置。

     A. "绿/绿白"   B. "蓝/蓝白"   C. "棕/棕白"   D. "白/橙"

（11）常用来测试网络是否连通的命令是（   ）。

     A. ping   B. ipconfig   C. usernet   D. edit

（12）一端采用 EIA/TIA568A 标准连接、另一端采用 EIA/TIA568B 标准连接的双绞线跳线叫（   ）。

     A. 直通线   B. 交叉线   C. 同等线   D. 异同线

（13）在利用浏览器浏览网站时，通常在 TCP/IP 模型的应用层、传输层和网络层使用的协议是（   ）。

     A. FTP、TCP 和 IP   B. HTTP、UDP 和 IP

     C. HTTP、TCP 和 IP   D. HTTP、TCP 和 ICMP

2. 多项选择题

（1）TCP/IP 包括（   ）。

     A. 网络接口层   B. 网络层   C. 传输层   D. 应用层

（2）下列属于互联网上 TCP/IP 应用层协议的有（   ）。

     A. SMTP   B. HTTP   C. Telnet   D. FTP

（3）网卡完成（   ）。

     A. 物理层功能   B. 应用层功能

     C. 数据链路层的大部分功能   D. 会话层功能

（4）光缆的优点有（   ）。

     A. 传输速度非常快   B. 衰减小

     C. 抗电磁干扰能力强   D. 价格便宜

（5）以下关于 TCP 协议的说法中，正确的是（　　　）。

　　A．TCP 是面向连接的协议，在数据传送之前需要先建立连接。

　　B．为确保连接建立和释放的可靠性，TCP 使用了三次握手的方法。

　　C．TCP 使用确认和重传机制实现数据传输的差错控制。

　　D．TCP 使用窗口机制进行流量控制。

3. 问答题

（1）简述 OSI 参考模型各层的基本功能。

（2）简述 IEEE 802 标准所描述的局域网参考模型与 OSI 参考模型的关系。

（3）什么是介质访问控制？简述以太网的 CSMA/CD 的工作机制。

（4）什么是 MAC 地址。

（5）简述网卡的作用。

（6）简述屏蔽双绞线与非屏蔽双绞线的主要差别。

（7）简述超 5 类双绞线和 6 类双绞线的主要差别。

（8）简述光纤通信系统的组成。

（9）简述单模光纤和多模光纤的差别。

（10）简述直通线和交叉线在制作和应用上的差别。

（11）简述 TCP/IP 模型与 OSI 参考模型的关系。

（12）简述 TCP/IP 各层的基本功能？

（13）在 Windows 系统中，网络组件分为哪些类型？

（14）TCP/IP 模型的网络层主要有哪些协议？

（15）什么是 ARP？简述该协议的作用。

（16）简述 TCP/IP 传输层协议 TCP 和 UDP 的主要特点。

4. 技能题

（1）制作双绞线跳线

【内容及操作要求】

制作一定长度的双绞线，两端安装有 RJ-45 水晶头，可连接计算机的网卡、集线器或交换机等网络设备。按标准线序分别制作一条直通线和一条交叉线，并使用简易线缆测试仪测试其连通性。

【准备工作】

3～5m 长的双绞线，RJ-45 水晶头 4～6 个，RJ-45 压线钳、尖嘴钳、简易线缆测试仪。

【考核时限】

15 min。

（2）实现双机互联

【内容及操作要求】

在两台 PC 上分别安装 Windows 8 操作系统，将操作系统安装在 C 盘根目录下，使两台 PC 都工作在工作组 "Student" 中。使用双绞线跳线实现这两台 PC 的连接互通，并使用 ping 命令测试两台 PC 之间的连通性。

【准备工作】

2 台未安装操作系统的 PC；1 张 Windows 8 或其他操作系统的安装光盘；3～5m 长的双绞线；RJ-45 连接器 2～4 个；RJ-45 压线钳；尖嘴钳；简易线缆测试仪。

【考核时限】

80min。

工作单元 3

组建小型办公网络

　　在当今的计算机网络技术中，局域网技术已经占据了十分重要的地位。局域网的组网技术较多，在目前办公网络的组建中，以太网技术已经占据了主流，淘汰了其他的局域网技术。本单元的主要目标是熟悉常见的局域网组网技术；熟悉小型办公网络使用的基本设备和器件；实现小型办公网络的连接和连通性测试；了解二层交换机的基本配置和在二层交换机上划分 VLAN 的基本方法。

任务 3.1　选择局域网组网技术

任务目的

（1）熟悉传统以太网组网技术及应用；

（2）熟悉快速以太网组网技术及应用；

（3）熟悉千兆位以太网组网技术及应用；

（4）了解万兆位以太网组网技术；

（5）理解局域网的分层设计方法。

工作环境与条件

（1）能正常运行的计算机网络实验室或机房；

（2）能够接入 Internet 的 PC；

（3）典型办公网络、校园网或企业网的组网案例。

相关知识

以太网（Ethernet）是目前使用最为广泛的局域网组网技术，从 20 世纪 70 年代末就有了正式的网络产品，其传输速率自 20 世纪 80 年代初的 10Mb/s 发展到 90 年代达到 100Mb/s，目前已经出现了 10Gb/s 的以太网产品。

3.1.1　传统以太网组网技术

传统以太网技术是早期局域网广泛采用的组网技术，采用总线型拓扑结构和广播式的传输方式，可以提供 10Mb/s 的传输速度。传统以太网存在多种组网方式，曾经广泛使用的有 10Base-5、10Base-2、10Base-T 和 10Base-F 等，它们的 MAC 子层和物理层中的编码/译码模块均是相同的，而不同的是物理层中的收发器及传输介质的连接方式。表 3-1 比较了传统以太网组网技术的物理性能。

表 3-1　传统以太网组网技术物理性能的比较

	10Base-5	10Base-2	10Base-T	10Base-F
收发器	外置设备	内置芯片	内置芯片	内置芯片
传输介质	粗缆	细缆	3、4、5 类 UTP	单模或多模光缆
最长媒体段	500m	185m	100m	500m、1km 或 2km
拓扑结构	总线型	总线型	星形	星形
中继/集线器	中继器	中继器	集线器	集线器
最大跨距/媒体段数	2.5km/5	925m/5	500m/5	4km/2
连接器	AUI	BNC	RJ-45	ST

在传统以太网中，10Base-T 以太网是现代以太网技术发展的里程碑，它完全取代了 10Base-2 及 10Base-5 使用同轴电缆的总线型以太网，是快速以太网、千兆位以太网等组网技术的基础。10Base-T 以太网的拓扑结构如图 3-1 所示，由图可知组成一个 10Base-T 以太网需要以下网络设备：

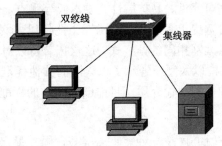

图 3-1　10Base-T 以太网

➢ 网卡。10Base-T 以太网中的计算机应安装带有 RJ-45 插座的以太网网卡。
➢ 集线器（HUB）。是以太网的中心连接设备，各节点通过双绞线与集线器实现星形连接，集线器将接收到的数据转发到每一个接口，每个接口的速度为 10Mb/s。
➢ 双绞线。可选用 3 类或 5 类非屏蔽双绞线。
➢ RJ-45 连接器。双绞线两端必须安装 RJ-45 连接器，以便插在网卡和集线器中的 RJ-45 插座上。

3.1.2　快速以太网组网技术

快速以太网（Fast Ethernet）的数据传输率为 100Mb/s，它保留着传统的 10Mb/s 以太网的所有特征，即相同的帧格式、相同的介质访问控制方法 CSMA/CD 和相同的组网方法，不同之处只是把每个比特发送时间由 100ns 降低到 10ns。快速以太网可支持多种传输介质，制定了 100Base-TX、100Base-T4、100Base-T2 与 100Base-FX 等标准，表 3-2 对快速以太网的各种标准进行了比较。

表 3-2　快速以太网的各种标准的比较

	100Base-TX	100Base-T2	100Base-T4	100Base-FX
使用电缆	5 类 UTP 或 STP	3/4/5 类 UTP	3/4/5 类 UTP	单模或多模光缆
要求的线对数	2	2	4	2
发送线对数	1	1	3	1
距离	100 米	100 米	100 米	150/412/2000 米
全双工能力	有	有	无	有

在快速以太网中，100Base-TX 继承了 10Base-T 的 5 类非屏蔽双绞线的环境，在布线不变的情况下，只要将 10Base-T 设备更换成 100Base-TX 的设备即可形成一个 100Mb/s 的以太网系统；同样 100Base-FX 继承了 10Base-F 的布线环境，使其可直接升级成 100Mb/s 的光纤以太网系统；对于较旧的一些只采用 3 类非屏蔽双绞线的布线环境，可采用 100Base-T4 和 100Base-T2 来实现升级。由于目前的企业网络布线系统几乎都选用超 5 类、6 类以上双绞线

或光缆，因此 100Base-TX 与 100Base-FX 是使用最为普遍的快速以太网组网技术。

3.1.3 千兆位以太网组网技术

尽管快速以太网具有高可靠性、易扩展性、成本低等优点，但随着多媒体通信技术在网络中的应用，人们对网络带宽提出了更高的要求，千兆位以太网就是在这种背景下产生的。千兆位以太网使用与传统以太网相同的帧格式，这意味着可以对原有以太网进行平滑的、无需中断的升级。同时，千兆位以太网还继承了以太网的其他优点，如可靠性较高、易于管理等。千兆位以太网也可支持多种传输介质，目前已经制定的标准主要有：

1. 1000Base-CX

1000Base-CX 采用的传输介质是一种短距离屏蔽铜缆，最远传输距离为 25 米。这种屏蔽铜缆不是标准的 STP，而是一种特殊规格、高质量的、带屏蔽的双绞线，它的特性阻抗为 150 欧姆，传输速率最高达 1.25Gb/s，传输效率为 80%。1000Base-CX 的短距离屏蔽铜缆适用于交换机之间的短距离连接，特别适应于千兆主干交换机与主服务器的短距离连接，通常这种连接在机房的配线架柜上以跨线方式实现即可，不必使用长距离的铜缆或光缆。

2. 1000Base-LX

1000Base-LX 是一种在收发器上使用长波激光（LWL）作为信号源的媒体技术，这种收发器上配置了激光波长为 1270～1355nm（一般为 1300nm）的光纤激光传输器，它可以驱动多模光纤，也可驱动单模光纤。1000Base-LX 使用的光纤规格有 62.5μm 和 50μm 的多模光纤，以及 9μm 的单模光纤，连接光缆时使用 SC 型光纤连接器，与 100Mb/s 快速以太网中 100Base-FX 使用的型号相同。对于多模光缆，在全双工模式下，1000Base-LX 的最远传输距离为 550m；对于单模光缆，全双工模式下，1000Base-LX 的最远传输距离为 5km。

3. 1000Base-SX

1000Base-SX 是一种在收发器上使用短波激光（SWL）作为信号源的媒体技术，这种收发器上配置了激光波长为 770～860nm（一般为 800nm）的光纤激光传输器，它不支持单模光纤，仅支持多模光纤，包括 62.5μm 和 50μm 两种，连接光缆时也使用 SC 型光纤连接器。对于 62.5μm 的多模光纤，全双工模式下，1000Base-SX 的最远传输距离为 275m；对于 50μm 多模光缆，全双工模式下，1000Base-SX 的最远传输距离为 550m。

4. 1000Base-T4

1000Base-T4 是一种使用 5 类 UTP 的千兆位以太网技术，最远传输距离与 100Base-TX 一样为 100m。与 1000Base-LX、1000Base-SX 和 1000Base-CX 不同，1000Base-T4 不支持 8B/10B 编码/译码方案，需要采用专门的更加先进的编码/译码机制。1000Base-T4 采用 4 对 5 类双绞线完成 1000Mb/s 的数据传送，每一对双绞线传送 250Mb/s 的数据流。

5. 1000Base-TX

1000Base-TX 基于 6 类双绞线电缆，以 2 对线发送数据，2 对线接收数据（类似于 100Base-TX）。由于每对线缆本身不进行双向的传输，线缆之间的串扰就大大降低，同时其编码方式也相对简单。这种技术对网络接口的要求比较低，不需要非常复杂的电路设计，可以降低网络接口的成本。

3.1.4 万兆位以太网组网技术

万兆位以太网不仅再度扩展了以太网的带宽和传输距离，而且使得以太网开始从局域网领域向城域网领域渗透。万兆位以太网技术同以前的以太网标准相比，有了很多不同之处，主要表现在：

> 万兆位以太网可以提供广域网接口，可以直接在 SDH 网络上传送，这也意味着以太网技术将可以提供端到端的全程连接。之前的以太网设备与 SDH 传输设备相连的时候都需要进行协议转换和速率适配，而万兆位以太网提供了可以与 SDH STM-64 相接的接口，不再需要额外的转换设备，保证了以太网在通过 SDH 链路传送数据时效率不降低。

> 万兆位以太网的 MAC 子层只能以全双工方式工作，不再使用 CSMA/CD 的机制，只支持点对点全双工的数据传送。

> 万兆位以太网采用 64/66B 的线路编码，不再使用以前的 8/10B 编码。因为 8/10B 的编码开销达到 25%，如果仍采用这种编码的话，编码后传输速率要达到 12.5Gb/s，改为 64/66B 后，编码后数据速率只需 10.3125Gbit/s。

> 万兆位以太网主要采用光纤作为传输介质，传送距离可延伸到 10～40km。

【注意】在各种宽带光纤接入网技术中，采用了 SDH（Synchronous Digital Hierarchy，同步数字系列）技术的接入网系统是应用最普遍的。

目前已经制定的万兆位以太网标准如表 3-3 所示。其中 10GBase-LX4 由 4 种低成本的激光源构成且支持多模和单模光纤。10GBase-S 是使用 850nm 光源的多模光纤标准，最远传输距离为 300m，是一种低成本近距离的标准（分为 SR 和 SW 两种）。10GBase-L 是使用 1310nm 光源的单模光纤标准，最远传输距离为 10km（分为 LR、LW 两种）。10GBase-E 是使用 1550nm 光源的单模光纤标准，最远传输距离为 40km（分为 ER、EW 两种）。

表 3-3　万兆位以太网的标准

标　　准	应 用 范 围	传 输 距 离	光 源 波 长	传 输 介 质
10GBase-LX4	局域网	300m	1310nm WWDM	多模光纤
10GBase-LX4	局域网	10km	1310nm WWDM	单模光纤
10GBase-SR	局域网	300m	850nm	多模光纤
10GBase-LR	局域网	10 km	1310nm	单模光纤
10GBase-ER	局域网	40 km	1550nm	单模光纤
10GBase-SW	广域网	300m	850nm	多模光纤
10GBase-LW	广域网	10 km	1310nm	单模光纤
10GBase-EW	广域网	40 km	1550nm	单模光纤
10GBase-CX4	局域网	15m	—	4 根 Twinax 线缆
10GBase-T	局域网	25～100m	—	双绞线

3.1.5 局域网的分层设计

网络的规划设计与网络规模息息相关。与其他网络设计相比较，分层设计网络更容易管理和扩展，排除故障也更迅速。

1. 分层网络模型

分层网络设计需要将网络分成互相分离的层。每层提供特定的功能，这些功能界定了该层在整个网络中扮演的角色。通过对网络的各种功能进行分离，可以实现模块化的网络设计，这样有利于提高网络的可扩展性和性能。典型的分层网络模型将网络分为接入层、汇聚层和核心层 3 个层次，如图 3-2 所示。

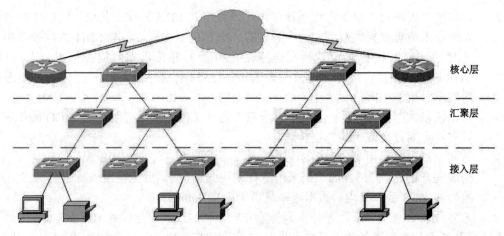

图 3-2 分层网络模型

➤ 接入层。主要包含路由器、交换机、网桥、集线器和无线接入点等设备，负责连接终端设备（例如 PC、打印机和 IP 电话）。接入层主要为终端设备提供一种连接到网络并控制其与网络上其他设备进行通信的方法。

➤ 汇聚层。负责汇聚接入层交换机发送的数据，再将其传输到核心层，最后发送到最终目的地。汇聚层可以使用相关策略控制网络的数据流，通过在接入层定义的虚拟局域网（Virtual Local Area Network，VLAN）之间执行路由功能来划定广播域。利用 VLAN，可以将交换机的数据流量置于互相独立的子网内。为确保其可靠性，汇聚层交换机通常采用高性能、高可用性和具有高级冗余功能的设备。

➤ 核心层。负责汇聚所有汇聚层设备发送的流量，也会包含一条或多条连接到企业边缘设备的链路，以接入 Internet 和 WAN。核心层是网际网络的高速主干，必须能够快速转发大量的数据，并具备高可用性和高冗余性。

【注意】小型网络通常会采用紧缩核心模型进行设计，在该模型中，汇聚层和核心层将合二为一。

2. 分层网络设计的优点

采用分层网络设计主要有以下优点：

➤ 可扩展性。模块化的设计使分层网络很容易计划和实施网络扩展。例如，如果设计模型为每 10 台接入层交换机配 2 台汇聚层交换机，则可在网络中不断的添加接入层交换机直到达到 10 台，才需要向网络中添加新的汇聚层交换机。

➤ 冗余性。随着网络的不断扩大，网络的可用性也变得越来越重要。利用分层网络可以方便地实现冗余，从而大幅提高可用性。例如，每台汇聚层交换机可以同时连接到两台或多台核心层交换机上，借以确保在核心层交换机出现故障时的路径可用性。每台接入层交换机也可连接到两台不同的汇聚层交换机上，借以确保路径的冗余性。在分层网络设计中，唯一存在冗余问题的是接入层，如果接入层交换机出现故障，则连接到该交换机上的所有设备都会受到影响。

➤ 高性能。分层设计方法可以有效的将整个网络的通信问题进行分解，实现网络带宽的合理规划和分配。通过在各层之间采用链路聚合技术并采用高性能的核心层和汇聚层交换机可以使整个网络接近线速运行。

➤ 安全性。分层网络设计可以提高网络的安全性并且便于管理。例如，接入层交换机有各种接口安全选项可供配置，通过这些选项可以控制允许哪些设备连接到网络。在汇聚层可以灵活地选用更高级的安全策略以定义在网络上可以部署哪些通信协议以及允许这些协议的流量传送到何方。

➤ 易于管理性。分层设计的每一层都执行特定的功能，并且整层执行的功能都相同。因此，如果更改了接入层某交换机的功能，则可在该网络中的所有接入层交换机上重复此更改，从而可以实现快速配置并使故障排除得以简化。

➤ 高性价比。在分层网络设计中，每层交换机的功能并不相同。因此，可以在接入层选择较便宜的组网技术和设备，而在汇聚层和核心层上使用较昂贵的组网技术和设备来实现高性能的网络。这样就可以在保证网络整体性能的基础上，将网络成本控制在一定的范围内。

任务实施

▶ 实训 1　分析局域网典型案例

如图 3-3 给出了某公司总部办公网络拓扑结构图，请分析该网络采用了什么样的设计思路和组网技术。

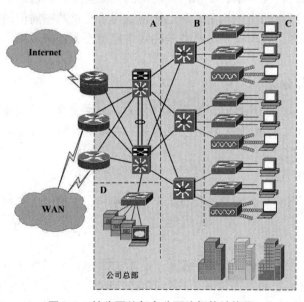

图 3-3　某公司总部办公网络拓扑结构图

▶ **实训2　参观局域网**

请根据实际条件，考察局域网典型工程案例，根据所学的知识，分析其所使用的设计思路和组网技术，画出该网络的拓扑结构图，并列出该网络所使用的硬件清单。

任务 3.2　利用二层交换机连接网络

任务 目的

（1）了解交换机的类型和选购方法；
（2）掌握使用二层交换机连接网络的方法。

工作环境与 条件

（1）交换机（本部分以 Cisco 系列产品为例，也可选用其他品牌型号的产品或使用 Cisco Packet Tracer 等网络模拟和建模工具）；
（2）双绞线、RJ-45 压线钳及 RJ-45 连接器若干；
（3）安装 Windows 操作系统的 PC。

相关 知识

3.2.1　交换机的分类

交换机是企业内部网络每个层次的核心设备。由于不同层次的功能需求和组网技术不同，因此其对交换机的性能要求也不相同。计算机网络使用的交换机分为两种：广域网交换机和局域网交换机。广域网交换机主要在电信领域用于提供数据通信的基础平台。局域网交换机用于将个人计算机、共享设备和服务器等网络应用设备连接成用户计算机局域网。局域网交换机可按以下方法进行分类。

1. 按照网络类型分类

按照支持的网络类型，局域网交换机可以分为以太网交换机、快速以太网交换机、千兆位以太网交换机、FDDI 交换机和 ATM 交换机等。目前局域网中主要使用快速以太网交换机和千兆位以太网交换机。

2. 按照应用规模分类

按照应用规模，可将局域网交换机分为桌面交换机、工作组级交换机、部门级交换机和企业级交换机。

（1）桌面交换机

桌面交换机价格便宜，被广泛用于家庭、一般办公室、小型机房等小型网络环境。在传输速度上，桌面型交换机通常提供多个具有 10/100Mb/s 自适应能力的接口。

【注意】桌面交换机通常不符合 19 英寸标准尺寸，不能安装于 19 英寸标准机柜。

（2）工作组级交换机

工作组级交换机主要用于企业网络的接入层，当使用桌面交换机不能满足应用需求时，大多采用工作组级交换机。工作组级交换机通常具有良好的扩充能力，主要提供 100Mb/s 接口或 10/100Mb/s 自适应能力接口。

（3）部门级交换机

部门级交换机比工作组级交换机支持更多的用户，提供更强的数据交换能力，通常作为小型企业网络的核心交换机或用于大中型企业网络的汇聚层。低端的部门级交换机通常提供 8 至 16 个接口，高端的部门级交换机可以提供多至 48 个接口。

（4）企业级交换机

企业级交换机是功能最强的交换机，在企业网络中作为骨干设备使用，提供高速、高效、稳定和可靠的中心交换服务。企业级交换机除了支持冗余电源供电外，还支持许多不同类型的功能模块，并提供强大的数据交换能力。用户选择企业级交换机时，可以根据需要选择千兆位以太网光纤通信模块、千兆位以太网双绞线通信模块、快速以太网模块、路由模块等。企业级交换机通常还有非常强大的管理功能，但价格比较昂贵。

3. 按照设备结构分类

按照设备结构特点，局域网交换机可分为机架式交换机、带扩展槽固定配置式交换机、不带扩展槽固定配置式交换机和可堆叠交换机等类型。

（1）机架式交换机

机架式交换机是一种插槽式的交换机，用户可以根据需求，选购不同的模块插入到插槽中。这种交换机功能强大，扩展性较好，可支持不同的网络类型。像企业级交换机这样的高端产品大多采用机架式结构。机架式交换机使用灵活，但价格比较昂贵。

（2）带扩展槽固定配置式交换机

带扩展槽固定配置式交换机是一种配置固定接口并带有少量扩展槽的交换机。这种交换机可以通过在扩展槽插入相应模块来扩展网络功能，为用户提供了一定的灵活性。这类交换机的产品价格适中。

（3）不带扩展槽固定配置式交换机

不带扩展槽固定配置式交换机仅支持单一的网络功能，产品价格便宜，在企业网络的接入层中被广泛使用。

（4）可堆叠交换机

可堆叠交换机通常是在固定配置式交换机上扩展了堆叠功能的设备。具备可堆叠功能的交换机可以类似普通交换机那样按常规使用，当需要扩展接入能力时，可通过各自专门的堆叠端口，将若干台同样的物理设备"串联"起来作为一台逻辑设备使用。

4. 按照网络体系结构层次分类

按照网络体系的分层结构，交换机可以分为第 2 层交换机、第 3 层交换机、第 4 层交换机和第 7 层交换机。

（1）第 2 层交换机

第 2 层交换机是指工作在 OSI 参考模型数据链路层上的交换机，主要功能包括物理编址、错误校验、数据帧序列重新整理和流量控制，所接入的各网络节点可独享带宽。第 2 层交换机的弱点是不能有效的解决广播风暴、异种网络互连和安全性控制等问题。

（2）第 3 层交换机

第 3 层交换机是带有 OSI 参考模型网络层路由功能的交换机，在保留第 2 层交换机所有功能的基础上，增加了对路由功能的支持，甚至可以提供防火墙等许多功能。第 3 层交换机在网络分段、安全性、可管理性和抑制广播风暴等方面具有很大的优势。

（3）第 4 层交换机

第 4 层交换机是指工作在 OSI 参考模型传输层的交换机，可以支持安全过滤，支持对网络应用数据流的服务质量管理策略 QoS 和应用层记账功能，优化了数据传输，被用于实现多台服务器负载均衡。

（4）第 7 层交换机

随着多层交换技术的发展，人们还提出了第 7 层交换机的概念。第 7 层交换机可以提供基于内容的智能交换，能够根据实际的应用类型做出决策。

3.2.2　交换机的选择

1. 交换机的技术指标

交换机的技术指标较多，全面反映了交换机的技术性能和功能，是选择产品时参考的重要数据依据。选择交换机产品时，应主要考察以下内容：

（1）系统配置情况

主要考察交换机所支持的最大硬件配置指标，如可以安插的最大模块数量、可以支持的最多接口数量、背板最大带宽、吞吐率或包转发率、系统的缓冲区空间等。

（2）所支持的协议和标准情况

主要考察交换机对国际标准化组织所制定的联网规范和设备标准支持情况，特别是对数据链路层、网络层、传输层和应用层各种标准和协议的支持情况。

（3）所支持的路由功能

主要考察路由的技术指标和功能扩展能力。

（4）对 VLAN 的支持

主要考察交换机实现 VLAN 的方式和允许的 VLAN 数量。对 VLAN 的划分可以基于接口、MAC 地址，还可以基于第 3 层协议或用户。IEEE 802.1Q 是定义 VLAN 的标准，不同厂商的设备只要支持该标准，就进行 VLAN 的划分和互联。

（5）网管功能

主要考察交换机对网络管理协议的支持情况。利用网络管理协议，管理员能够对网络上的资源进行集中化管理操作，包括配置管理、性能管理、记账管理、故障管理等。交换机所支持的管理程度反映了该设备的可管理性及可操作性。

（6）容错功能

主要考察交换机的可靠性和抵御单点故障的能力。作为企业网络主干设备的交换机，特别是核心层交换机，不允许因为单点故障而导致整个系统瘫痪。

2. 选择交换机的一般原则

交换机的类型和品牌很多，通常在选择时应注意遵循以下原则：

> 尽可能选择在国内或国际网络建设中占有一定市场份额的主流产品。
> 尽可能选取同一厂家的产品，以便使用户从技术支持、价格等方面获得更多便利。
> 在网络的层次结构中，核心层设备通常应预留一定的能力，以便于将来扩展。接入层设备够用即可。
> 所选设备应具有较高的可靠性和性能价格比。如果是旧网改造项目，应尽可能保留可用设备，减少在资金投入方面的浪费。

3.2.3 局域网的连接

1. 小型局域网的连接

3台或3台以上计算机组成的小型局域网主要有以下几种连接方式。

（1）3台计算机的对等网络

这种局域网的连接应采用双绞线作为传输介质，而且网卡是不能少的。根据网络结构的不同可有两种方式：

> 采用双网卡网桥方式，就是在其中一台计算机上安装两块网卡，另外两台计算机各安装一块网卡，然后用双绞线连接起来，再进行有关的系统配置即可。
> 添加一台桌面交换机，组建星形对等网，所有计算机都直接与交换机相连。虽然这种方式的网络成本会较前一种高些，但性能要好许多，实现起来也更简单。

（2）3台以上计算机的对等网络

这种局域网的连接必须使用桌面交换机或工作组交换机组成星形拓扑结构的网络。如果当需要联网的计算机超过单一交换机所能提供的接口数量时，应通过级联、堆叠等方式实现交换机间的连接。

2. 大中型局域网的连接

目前在大中型的局域网中，广泛采用了结构化综合布线技术。综合布线系统是一种开放结构的布线系统，它利用单一的布线方式，完成话音、数据、图形、图像的传输。综合布线系统由不同系列和规格的部件组成，其中包括传输介质、相关连接硬件（如配线架、插座、插头和适配器）以及电气保护设备。

综合布线一般采用分层星形拓扑结构。该结构下的每个分支子系统都是相对独立的单元。对每个分支子系统的改动都不影响其他子系统，只要改变结点连接方式就可使综合布线在星形、总线型、环形、树形等结构之间进行转换。根据美国国家标准化委员会电气工业协会（TIA）/电子工业协会（EIA）制定的商用建筑布线标准，综合布线系统由以下6个子系统组成：工作区子系统、水平干线子系统、管理间子系统、垂直干线子系统、设备间子系统和建筑群子系统。各个子系统相互独立，单独设计，单独施工，构成了一个有机的整体，其结构如图3-4所示。

在采用综合布线系统的局域网中，计算机和网络设备（如交换机或集线器）并不是通过跳线直接连接的，如图3-5所示说明了采用综合布线系统的局域网中计算机和交换机的连接方式。

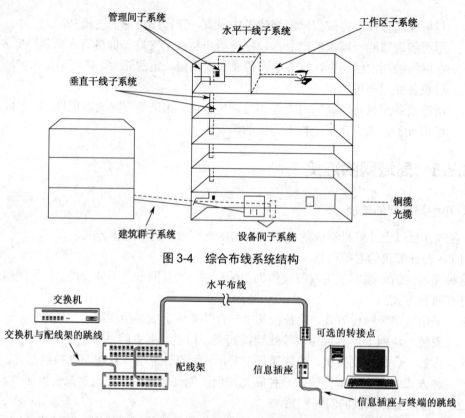

图 3-4　综合布线系统结构

图 3-5　在采用综合布线系统的局域网中计算机和交换机的连接方式

　　其中信息插座的外形类似于电源插座，和电源插座一样也是固定于墙壁或地面，其作用是为计算机等终端设备提供一个网络接口，通过双绞线跳线可将计算机通过信息插座连接到综合布线系统，从而接入主网络。配线架用于终结线缆，为双绞线电缆或光缆与其他设备（如交换机、集线器等）的连接提供接口，在配线架上可进行互连或交接操作，使局域网变得更加易于管理。

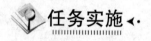 任务实施 ◂•

▶ **实训 1　认识二层交换机**

　　（1）根据实际条件，现场考察典型办公网络、校园网或企业网，记录该网络中使用的二层交换机的品牌、型号及相关技术参数，查看交换机各接口的连接与使用情况。

　　（2）访问交换机主流厂商的网站（如 Cisco、H3C），查看该厂商生产的二层交换机和其他交换机产品，记录其型号、价格及相关技术参数。

▶ **实训 2　单一交换机实现网络连接**

　　把所有计算机通过通信线路连接到单一交换机上，可以组成一个小型的局域网。在进行网络连接时应主要注意以下问题：

　　（1）交换机上的 RJ-45 接口可以分为普通接口（MDI-X 接口）和 Uplink 接口（MDI-II

接口），一般来说计算机应该连接到交换机的普通接口上，而 Uplink 接口主要用于交换机与交换机间的级联。

（2）在将计算机网卡上的 RJ-45 接口连接到交换机的普通接口时，双绞线跳线应该使用直通线，网卡的速度与通信模式应与交换机的接口相匹配。

▶ 实训 3　多交换机实现网络连接

当网络中的计算机位置比较分散或超过单一交换机所能提供的接口数量时，需要进行多个交换机之间的连接。交换机之间的连接有三种：级联、堆叠和冗余连接，其中级联方式是最常规、最直接的扩展方式。

1. 通过 Uplink 接口进行交换机的级联

如果交换机有 Uplink 接口，则可直接采用这个接口进行级联，在级联时下层交换机使用专门的 Uplink 接口，通过双绞线跳线连入上一级交换机的普通接口，如图 3-6 所示。在这种级联方式中使用的级联跳线应为直通线。

2. 通过普通接口进行交换机的级联

如果交换机没有 Uplink 接口，可以利用普通接口进行级联，如图 3-7 所示，此时交换机和交换机之间的级联跳线应为交叉线。由于计算机在连接交换机时仍然接入交换机的普通接口，因此计算机和交换机之间的跳线仍然使用直通线。

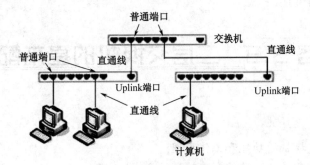

图 3-6　交换机通过 Uplink 接口级联

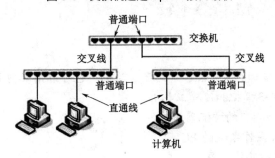

图 3-7　交换机通过普通接口级联

【注意】目前大多数交换机的接口都具有自适用功能，能够根据实际连接情况自动决定其为普通接口还是 Uplink 接口，因此在很多交换机间进行级联时既可使用直通线也可使用交叉线。另外，交换机间的级联更多会采用光缆进行连接，交换机光纤模块及接口的类型较多，连接时应认真阅读产品手册。

▶ 实训 4　判断网络的连通性

1. 利用设备指示灯判断网络的连通性

无论是网卡还是交换机都提供 LED 指示灯，通过对这些指示灯的观察可以得到一些非常有帮助的信息，并解决一些简单的连通性故障。

（1）观察网卡指示灯

在使用网卡指示灯判断网络是否连通时，一定要先打开交换机的电源，保证交换机处于正常工作状态。网卡有多种类型，不同类型网卡的指示灯数量及其含义并不相同，需注意查看网卡说明书。目前很多计算机的网卡集成在主板上，通常集成网卡只有两个指示灯，黄色指示灯用于表明连接是否正常，绿色指示灯用于表明计算机主板是否已经为网卡供电，使其处于待机状态。如果绿色指示灯亮而黄色指示灯没有亮，则表明发生了连通性故障。

（2）观察交换机指示灯

交换机的每个接口都会有一个 LED 指示灯用于指示该接口是否处于工作状态。只有该接口所连接的设备处于开机状态，并且链路连通性完好的情况下，指示灯才会被点亮。

【注意】交换机有多种类型，不同类型交换机的指示灯的作用并不相同，在使用时应认真阅读产品手册。

（2）利用 ping 命令测试网络的连通性

与双机互联网络相同，也可以使用 ping 命令测试利用交换机组建的网络的连通性，具体操作方法这里不再赘述。

任务 3.3　二层交换机的基本配置

任务目的

（1）理解二层交换机的功能和工作原理；
（2）理解网络设备的组成结构和连接访问方式；
（3）熟悉二层交换机的基本配置命令。

工作环境与条件

（1）二层交换机（本部分以 Cisco 系列产品为例，也可选用其他品牌型号的产品或使用 Cisco Packet Tracer 等网络模拟和建模工具）；
（2）Console 线缆和相应的适配器；
（3）安装 Windows 操作系统的 PC；
（4）组建网络所需的其他设备。

相关知识

3.3.1　二层交换机的功能和工作原理

在计算机网络系统中，交换概念的提出是对于共享工作模式的改进。集线器（HUB）就是一种共享设备，本身不能识别目的地址，当同一局域网内的 A 主机给 B 主机传输数据时，数据帧在以集线器为中心节点的网络上是以广播方式传输的，由每一台终端通过验证数据帧的地址信息来确定是否接收。也就是说，在这种工作方式下，同一时刻网络上只能传输一组数据帧，如果发生冲突还要重试。因此用集线器连接的网络属于同一个冲突域，所有的节点共享网络带宽。

二层交换机工作于 OSI 参考模型的数据链路层，它可以识别数据帧中的 MAC 地址信息，并将 MAC 地址与其对应的接口记录在自己内部的 MAC 地址表中。二层交换机拥有一条很高带宽的背板总线和内部交换矩阵，所有接口都挂接在背板总线上。控制电路在收到数据帧后，会查找内存中的 MAC 地址表，并通过内部交换矩阵迅速将数据帧传送到目的接口。其具体的工作流程为：

> ➢ 当二层交换机从某个接口收到一个数据帧，将先读取数据帧头中的源 MAC 地址，这样就可知道源 MAC 地址的计算机连接在哪个接口。
> ➢ 二层交换机读取数据帧头中的目的 MAC 地址，并在 MAC 地址表中查找该 MAC 地址对应的接口。
> ➢ 若 MAC 地址表中有对应的接口，则交换机将把数据帧转发到该接口。
> ➢ 若 MAC 地址表中找不到相应的接口，则交换机将把数据帧广播到所有接口，当目的计算机对源计算机回应时，交换机就可以知道其对应的接口，在下次传送数据时就不需要对所有接口进行广播了。

通过不断地循环上述过程，交换机就可以建立和维护自己的 MAC 地址表，并将其作为数据交换的依据。

通过对二层交换机工作流程的分析不难看出，二层交换机的每一个接口是一个冲突域，不同的接口属于不同的冲突域。因此二层交换机在同一时刻可进行多个接口对之间的数据传输，连接在每一接口上的设备独自享有全部的带宽，无须同其他设备竞争使用，同时由于交换机连接的每个冲突域的数据信息不会在其他接口上广播，也提高了数据的安全性。二层交换机采用全硬件结构，提供了足够的缓冲器并通过流量控制来消除拥塞，具有转发延迟小的特点。当然由于二层交换机只提供最基本的二层数据转发功能，目前一般应用于小型局域网或大中型局域网的接入层。

3.3.2　网络设备的组成结构

交换机、路由器等网络设备的组成结构与计算机类似，由硬件和软件两部分组成。其软件部分主要包括操作系统（如 Cisco IOS）和配置文件，硬件部分主要包含 CPU、存储介质和接口。网络设备的 CPU 主要负责执行操作系统指令，如系统初始化、路由和交换功能等。网络设备的存储介质主要有 ROM（Read-Only Memory，只读储存设备）、DRAM（动态随机存储器）、Flash（闪存）和 NVRAM（非易失性随机存储器）。

1. ROM

ROM 相当于 PC 中的 BIOS，Cisco 设备使用 ROM 来存储 bootstrap 指令、基本诊断软件和精简版 IOS。ROM 使用的是固件，即内嵌于集成电路中的一般不需要修改或升级的软件。如果网络设备断电或重新启动，ROM 中的内容不会丢失。

2. DRAM

DRAM 是一种可读写存储器，相当于 PC 的内存，其内容在设备断电或重新启动时将完全丢失。DRAM 用于存储 CPU 所需执行的指令和数据，主要包括操作系统、运行配置文件、ARP 缓存、数据包缓冲区等组件。

3. Flash（闪存）

Flash 是一种可擦写、可编程的 ROM，相当于 PC 中的硬盘，其内容在设备断电或重新启动时不会丢失。在大多数 Cisco 设备中，操作系统是永久性存储在 Flash 中的，在启动过程中才复制到 DRAM，然后由 CPU 执行。Flash 可以由 SIMM 卡或 PCMCIA 卡充当，通过升级这些卡可以增加 Flash 的容量。

4. NVRAM

NVRAM 是用来存储启动配置文件（startup-config）的永久性存储器，其内容在设备断电或重新启动时也不会丢失。通常对网络设备的配置将存储于 DRAM 中的 running-config 文件，若要保存这些配置以防止网络设备断电或重新启动，则必须将 running-config 文件复制到 NVRAM，保存为 startup-config 文件。

3.3.3　网络设备的连接访问方式

由于网络设备没有自己的输入输出设备，所以其管理和配置要通过外部连接的计算机实现。网络设备的连接访问方式主要包括本地控制台登录方式和远程配置方式。

1. 本地控制台登录方式

通常网络设备上都提供了一个专门用于管理的接口（Console 接口），可使用专用线缆将其连接到计算机串行口，然后即可利用相应程序对该网络设备进行登录和配置。由于远程配置方式需要通过相关协议以及网络设备的 IP 地址来实现，而在初始状态下，网络设备并没有配置 IP 地址，所以只能采用本地控制台登录方式。由于本地控制台登录方式不占用网络的带宽，因此也被称为带外管理。

2. 远程配置方式

网络设备的远程配置方式包括以下几种：

（1）Telnet 远程登录方式

可以在网络中的其他计算机上通过 Telnet 协议来连接登录交换机，从而实现远程配置。在使用 Telnet 进行远程配置前，应确认已经做好以下准备工作：

➤ 在用于配置的计算机上安装了 TCP/IP 协议，并设置好 IP 地址信息。
➤ 在被配置的网络设备上已经设置好 IP 地址信息。
➤ 在被配置的网络设备上已经建立了具有权限的用户。

（2）SSH 远程登录方式

Telnet 是以管理目的远程访问网络设备最常用的协议，但 Telnet 会话的一切通信都以明文方式发送，因此很多已知的攻击其主要目标就是捕获 Telnet 会话并查看会话信息。为了保证网络设备的安全和可靠，可以使用 SSH（Secure Shell，安全外壳）协议来进行访问。SSH 使用 TCP 22 端口，利用强大的加密算法进行认证和加密。SSH 有两个版本，SSHv1 是 Telnet

的增强版，存在一些基本缺陷；SSHv2 是 SSHv1 的修缮和强化版本。

（3）HTTP 访问方式

目前很多网络设备都提供 HTTP 连接访问方式，只要在计算机浏览器的地址栏输入
"http://交换机的管理地址"，输入具有权限的用户名和密码后即可进入网络设备的配置页面。
在使用 HTTP 访问方式进行远程配置前，应确认已经做好以下准备工作：

➢　在用于配置的计算机上安装 TCP/IP 协议，并设置好 IP 地址信息。

➢　在用于配置的计算机上安装有支持 Java 的 Web 浏览器。

➢　在被配置的网络设备上已经设置好 IP 地址信息。

➢　在被配置的网络设备上已经建立了具有权限的用户。

➢　被配置的网络设备支持 HTTP 服务，并且已经启用了该服务。

（4）SNMP 远程管理方式

SNMP 是一个应用广泛的管理协议，它定义了一系列标准，可以帮助计算机和网络设备
之间交换管理信息。如果网络设备上设置好了 IP 地址信息并开启了 SNMP 协议，那么就可
以利用安装了 SNMP 管理工具的计算机对该网络设备进行远程管理访问。

（5）辅助接口

有些网络设备带有辅助（Aux）接口。当没有任何备用方案和远程接入方式可以选择时，
可以通过调制解调器连接辅助接口实现对网络设备的管理访问。

【注意】在远程配置方式中，利用辅助接口的访问方式不会占用网络带宽，属于带外管
理。Telnet、SSH、HTTP、SNMP 等都会占用网络带宽来传输配置信息，属于带内管理。

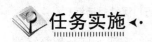

在如图 3-8 所示的网络中，计算机 PC0 的网卡与交换机 Switch0 的快速以太网接口 F0/1
相连，PC0 的串行口通过控制台电缆与交换机 Switch0 的 Console 接口相连，请为网络中的
PC 设置 IP 地址，并在 PC0 上对交换机 Switch0 进行以下配置：

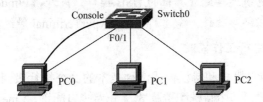

图 3-8　二层交换机基本配置示例

（1）为二层交换机设置容易区分的主机名。

（2）为交换机设置控制台口令和特权模式口令。

（3）配置交换机 Switch0 的 MAC 地址表，使 PC1 在连接交换机 Switch0 时只能连接在
其 F0/2 接口，否则无法与其他 PC 进行通信。

（4）设置交换机 Switch0 与 PC1 的接口通信模式为全双工，速度为 100Mb/s。

▶ 实训 1　使用本地控制台登录交换机

本地控制台登录方式是连接和访问网络设备最基本的方法，网络管理员使用该方式实现

对网络设备的初始配置。使用本地控制台登录二层交换机的基本操作步骤为：

（1）将控制台电缆通过 RJ-45 到 DB-9 连接器与计算机的串行口（COM）相连，另一端与二层交换机的 Console 接口相连。

（2）在计算机上运行"超级终端"命令，打开"连接描述"对话框。

（3）在"连接描述"对话框中，输入名称，单击"确定"按钮，打开"连接到"对话框，如图 3-9 所示。

（4）在"连接到"对话框中，选择与 Console 线缆连接的 COM 端口，单击"确定"按钮，打开相应串行口的属性对话框，如图 3-10 所示。

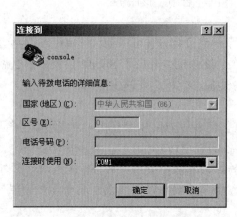

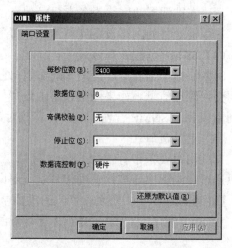

图 3-9　"连接到"对话框　　　　图 3-10　串行口属性对话框

（5）在串行口的属性对话框中，对该端口进行设置，单击"确定"按钮，打开超级终端窗口。

（6）打开二层交换机电源，连续按回车键，则可显示系统启动界面。

【注意】通常购买网络设备时都会带有一根控制台电缆。如果计算机不带串行口，那么可利用转接器将控制台电缆连接到计算机的 USB 接口。另外，Windows 7 后的 Windows 操作系统不再直接集成超级终端软件，需自行安装 HyperTerminal 等终端仿真程序。

▶ 实训 2　切换命令行工作模式

Cisco IOS 提供了用户模式和特权模式两种基本的命令执行级别，同时还提供了全局配置和特殊配置等配置模式。其中特殊配置模式又分为接口配置、Line 配置、VLAN 配置等多种类型，以允许用户对网络设备进行全面的配置和管理。

1. 用户模式

当用户通过交换机的 Console 端口或 Telnet 会话连接并登录时，此时所处的命令执行模式就是用户模式。在用户模式下，用户只能使用很少的命令，且不能对交换机进行配置。用户模式的提示符为"Switch>"。

【注意】不同模式的提示符不同，提示符的第一部分是网络设备的主机名。在每一种模式下，可直接输入"？"并回车，获得在该模式下允许执行的命令帮助。

2. 特权模式

在用户模式下，执行"enable"命令，将进入特权模式。特权模式的提示符为"Switch#"。在该模式下，用户能够执行 IOS 提供的所有命令。由用户模式进入特权模式的过程如下：

```
Switch>enable          //进入特权模式
Switch#                //特权模式提示符
```

3. 全局配置模式

在特权模式下，执行"configure terminal"命令，可进入全局配置模式。全局配置模式的提示符为"Switch(config)#"。该模式配置命令的作用域是全局性的，对整个设备起作用。由特权模式进入全局配置模式的过程如下：

```
Switch#configure terminal          //进入全局配置模式
Enter configuration commands,one per line. End with CNTL/Z.
Switch(config)#                    //全局配置模式提示符
```

4. 全局配置模式下的配置子模式

在全局配置模式，还可进入接口配置、Line 配置等子模式。例如在全局配置模式下，可以通过 interface 命令，进入接口配置模式，在该模式下，可对选定的接口进行配置。由全局配置模式进入接口配置模式的过程如下：

```
Switch(config)# interface fastethernet 0/1   //对交换机0/1号快速以太网接口
进行配置
Switch(config-if)#         //接口配置模式提示符
```

5. 模式的退出

从子模式返回全局配置模式，执行"exit"命令；从全局配置模式返回特权模式，执行 exit 命令；若要退出任何配置模式，直接返回特权模式，可执行"end"命令或按"Ctrl+Z"组合键。以下是模式退出的过程。

```
Switch(config-if)#exit          //退出接口配置模式，返回全局配置模式
Switch(config)#exit             //退出全局配置模式，返回特权模式
Switch#configure terminal
Enter configuration commands,one per line. End with CNTL/Z.
Switch(config)#interface fastethernet 0/1
Switch(config-if)#end           //退出接口配置模式，返回特权模式
Switch#disable                  //退出特权模式
Switch>                         //用户模式提示符
```

▶ **实训 3　配置交换机的基本信息**

1. 配置交换机主机名

默认情况下，交换机会使用出厂时默认的主机名。当网络中使用了多个交换机时，为了以示区别，通常应根据交换机的应用场地，为其设置一个具体的主机名。在图 3-7 所示的网络中，如果要将二层交换机的主机名设置为"SW0"，则操作方法为：

```
Switch>enable                     //进入特权模式
Switch#configure terminal         //进入全局配置模式
Enter configuration commands,one per line. End with CNTL/Z.
Switch(config)# hostname SW0      //设置主机名为SW0
```

```
SW0(config)#
```

2. 设置口令

IOS 可以通过不同的口令来提供不同的设备访问权限，通常应为这些权限级别分别采用不同的身份验证口令。

（1）设置控制台口令

网络设备 Console 接口的编号为 0，为了安全起见，应为该接口的设置登录口令，操作方法为：

```
SW0(config)#line console 0              //进入控制端口的line配置模式
SW0(config-line)#password 1234abcd      //设置登录密码为1234abcd
SW0(config-line)#login                  //使密码生效
```

【注意】在实际的企业网络中应尽量使用不容易被破解的复杂口令。复杂口令通常应大于 8 个字符，组合使用数字、大写字母、小写字母及特殊符号。

（2）设置使能口令和使能加密口令

设置进入特权模式口令，可以使用以下两种配置命令：

```
SW0(config)#enable password abcdef4567   //设置使能口令为abcdef4567
SW0(config)#enable secret abcdef4567     //设置使能加密口令为abcdef4567
```

两者的区别为：使能口令是以明文的方式存储的，在"show running-config"命令中可见；使能加密口令是以密文的方式存储的，在"show running-config"命令中不可见。

【注意】如果未设置使能口令或使能加密口令，则 IOS 将不允许用户通过 Telnet 连接访问特权模式。

3. 保存配置文件

对网络设备的所有设置会保存在运行配置文件（running-config）中，由于运行配置文件存储在内存中，如果网络设备断电或重新启动，未保存的配置更改都会丢失。因此在配置好网络设备后，必须将配置文件保存在 NVRAM 中，即保存在配置文件 startup-config 中。保存配置文件的操作方法为：

```
SW0#show running-config              //查看运行配置文件
Building configuration...
Current configuration : 712 bytes
!
version 12.4
……（以下省略）
SW0#copy running-config startup-config //保存配置信息
```

▶ 实训 4　配置 MAC 地址表

交换机内维护着一个 MAC 地址表，不同型号的交换机，允许保存的 MAC 地址数目不同。MAC 地址表用于存放交换机接口与所连设备 MAC 地址的对应信息，是交换机正常工作的基础。

1. 查看交换机 MAC 地址表

要查看交换机 MAC 地址表，可在特权模式运行"show mac-address-table"命令，此时将显示 MAC 地址表中的所有 MAC 地址信息。在交换机上查看 MAC 地址表的方法为：

```
SW0#show mac-address-table        //显示交换机MAC地址表
Mac Address Table
------------------------------------------

Vlan    Mac Address        Type        Ports
----    -----------        --------    -----
   1    0030.a3ca.d8a0     DYNAMIC     Fa0/2
   1    00d0.5800.ea00     DYNAMIC     Fa0/1
```

2. 设置静态 MAC 地址

如果要指定静态的 MAC 地址，可以使用以下命令：

```
SW0(config)#mac-address-table static 0030.a3ca.d8a0 vlan 1 interface fa
0/2
        //指定静态MAC地址0030.a3ca.d8a0连接于交换机F0/2快速以太网接口
```

▶ **实训 5　配置交换机接口**

1. 选择交换机接口

对于使用 IOS 的交换机，交换机接口（interface）也称为端口（port），由接口类型、模块号和接口号共同进行标识。例如 Cisco 2960-24 交换机只有一个模块，模块编号为 0，该模块有 24 个快速以太网接口，若要选择第 2 号接口，则配置命令为：

```
SW0(config)#interface fa 0/2
```

对于 Cisco2960、Cisco 3560 系列交换机，可以使用 range 关键字来指定接口范围，从而选择多个接口，并对其进行统一配置。配置命令为：

```
SW0(config)#interface range fa0/1-24  //选择交换机的第1至第24口的快速以太
网接口
SW0(config-if-range)#                 //交换机多接口配置模式提示符
```

2. 启用或禁用接口

可以根据需要启用或禁用正在工作的交换机接口。例如，若发现连接在某一接口的计算机因感染病毒正大量向外发送数据包，此时即可禁用该接口。启用或禁用接口的方法为：

```
SW0(config)#interface fa 0/2
SW0(config-if)#shutdown           //禁用接口
SW0(config-if)#no shutdown        //启用接口
```

3. 配置接口通信模式

默认情况下，交换机的接口通信模式为 auto（自动协商），此时链路的两个端点将协商选择双方都支持的最大速度和单工或双工通信模式。在如图 3-7 所示网络中，若 PC1 与交换机 Switch0 的 F0/2 接口相连，则配置该接口通信模式的方法为：

```
SW0(config)#interface fa 0/2
SW0(config-if)#duplex full
   //将该接口设置为全双工模式，half为半双工，auto为自动协商
SW0(config-if)#speed 100
   //将该接口的传输速度设置为100Mb/s，10为10Mb/s，auto为自动协商
```

任务 3.4 划分虚拟局域网

任务目的

（1）理解 VLAN 的作用；
（2）熟悉在单一交换机上划分 VLAN 的方法。

工作环境与条件

（1）二层交换机（本部分以 Cisco 系列产品为例，也可选用其他品牌型号的产品或使用 Cisco Packet Tracer 等网络模拟和建模工具）；
（2）Console 线缆和相应的适配器；
（3）安装 Windows 操作系统的 PC；
（4）组建网络所需的其他设备。

相关知识

3.4.1 广播域

为了让网络中的每一台主机都收到某个数据帧，主机必须采用广播的方式发送该数据帧，这个数据帧被称为广播帧。网络中能接收广播帧的所有设备的集合称为广播域。由于广播域内的所有设备都必须监听所有广播帧，因此如果广播域太大，包含的设备过多，就需要处理太多的广播帧，从而延长网络响应时间。当网络中充斥着大量广播帧时，网络带宽将被耗尽，会导致网络正常业务不能运行，甚至彻底瘫痪，这就发生了广播风暴。

二层交换机可以通过自己的 MAC 地址表转发数据帧，但每台二层交换机的接口都只支持一定数目的 MAC 地址，也就是说二层交换机的 MAC 地址表的容量是有限的。当二层交换机接收到一个数据帧，只要其目的站的 MAC 地址不存在于该交换机的 MAC 地址表中，那么该数据帧会以广播方式发向交换机的每个接口。另外当二层交换机收到的数据帧其目的 MAC 地址为全"1"时，这种数据帧的接收端为广播域内所有的设备，此时二层交换机也会把该数据帧以广播方式发向每个接口。

从上述分析可知，虽然二层交换机的每一个接口是一个冲突域，但在默认情况下，其所有的接口都在同一个广播域，不具有隔离广播帧的能力。因此使用二层交换机连接的网络规模不能太大，否则会大大降低二层交换机的效率，甚至导致广播风暴。为了克服这种广播域的限制，目前很多二层交换机都支持 VLAN 功能，以实现广播帧的隔离。

3.4.2 VLAN 的作用

VLAN（Virtual Local Area Network，虚拟局域网）是将局域网从逻辑上划分为一个个的网段（广播域），从而实现虚拟工作组的一种交换技术。通过在局域网中划分 VLAN，可起到以下方面的作用：

> ➢ 控制网络的广播，增加广播域的数量，减小广播域的大小。
> ➢ 便于对网络进行管理和控制。VLAN 是对接口的逻辑分组，不受任何物理连接的限制，同一 VLAN 中的用户，可以连接在不同的交换机，并且可以位于不同的物理位置，增加了网络连接、组网和管理的灵活性。
> ➢ 增加网络的安全性。默认情况下，VLAN 间是相互隔离的，不能直接通信。管理员可以通过应用 VLAN 的访问控制列表，来实现 VLAN 间的安全通信。

3.4.3 VLAN 的实现

从实现方式上看，所有 VLAN 都是通过交换机软件实现的，从实现的机制或策略来划分，VLAN 可以分为静态 VLAN 和动态 VLAN。

1. 静态 VLAN

静态 VLAN 就是明确指定各接口所属 VLAN 的设定方法，通常也称为基于接口的 VLAN，其特点是将交换机的接口进行分组，每一组定义为一个 VLAN，属于同一个 VLAN 的接口，可来自一台交换机，也可来自多台交换机，即可以跨越多台交换机设置 VLAN。如图 3-11 所示。静态 VLAN 是目前最常用的 VLAN 划分方式，配置简单，网络的可监控性较强。但该种方式需要逐个接口进行设置，当要设定的接口数目较多时，工作量会比较大。另外当用户在网络中的位置发生变化时，必须由管理员重新配置交换机的接口。因此，静态 VLAN 通常适合于用户或设备位置相对稳定的网络环境。

2. 动态 VLAN

动态 VLAN 是根据每个接口所连的计算机的情况，动态设置接口所属 VLAN 的方法。动态 VLAN 通常有以下几种实现方式：

> ➢ 基于 MAC 地址的 VLAN。根据接口所连计算机的网卡 MAC 地址决定其所属的 VLAN。
> ➢ 基于子网的 VLAN。根据接口所连计算机的 IP 地址决定其所属的 VLAN。
> ➢ 基于用户的 VLAN。根据接口所连计算机的登录用户决定其所属的 VLAN。

动态 VLAN 的优点在于只要用户的应用性质不变，并且其所使用的主机不变（如网卡不变或 IP 地址不变），则用户在网络中移动时，并不需要对网络进行额外配置或管理。但动态 VLAN 需要使用 VLAN 管理软件建立和维护 VLAN 数据库，工作量会比较大。

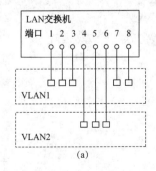

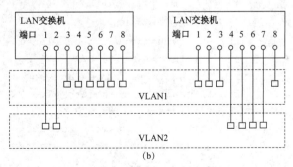

(a)　　　　　　　　　　　　　　　(b)

图 3-11　基于接口的 VLAN

任务实施

请构建如图 3-12 所示的以一台二层交换机为中心的办公网络，PC0～PC3 分别连接交换机的 1 号至 4 号快速以太网接口，并将该网络划分为 3 个 VLAN，该交换机的 1 号快速以太网接口属于一个 VLAN，2 号和 3 号快速以太网接口属于一个 VLAN，4 号快速以太网接口属于另一个 VLAN，以实现各计算机间的相对隔离并便于进行安全设置及带宽控制。

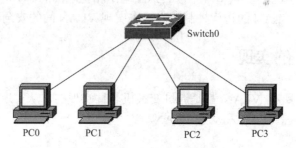

图 3-12　划分虚拟局域网示例

▶ 实训 1　单交换机划分 VLAN

在如图 3-13 所示的网络中，若要将其划分为 3 个 VLAN，该交换机的 1 号快速以太网接口属于一个 VLAN；2 号和 3 号快速以太网接口属于一个 VLAN；4 号快速以太网接口属于另一个 VLAN，则在交换机 Switch0 上的基本配置步骤为：

1. 创建 VLAN

```
SW0#vlan database                    //进入VLAN配置模式
SW0(vlan)#vlan 10 name VLAN10        //创建ID为10，名称为VLAN10的VLAN
SW0(vlan)#vlan 20 name VLAN20        //创建ID为20，名称为VLAN20的VLAN
SW0(vlan)#vlan 30 name VLAN30        //创建ID为30，名称为VLAN30的VLAN
SW0(vlan)#exit
```

【注意】Cisco 2960 交换机的 VLAN ID 有两种范围，普通范围包括 1 到 1005，扩展范围包含 1006 到 4094，其中 1 和 1002～1005 是保留 ID 号。

2. 将交换机接口加入 VLAN

```
SW0#configure terminal
SW0(config)#interface fa 0/1
SW0(config-if)#switchport mode access
    //设置接口的工作模式为Access。Cisco 2960交换机接口的默认工作模式即为Access，
因此默认情况下可不运行该配置命令。
SW0(config-if)#switchport access vlan 10   //将F0/1接口加入VLAN 10
SW0(config-if)#interface fa 0/2
SW0(config-if)#switchport mode access
SW0(config-if)#switchport access vlan 20
SW0(config-if)#interface fa 0/3
SW0(config-if)#switchport mode access
SW0(config-if)#switchport access vlan 20
SW0(config-if)#interface fa 0/4
SW0(config-if)#switchport mode access
```

```
SW0(config-if)#switchport access vlan 30
```

▶ 实训 2　查看与测试 VLAN

1. 查看 VLAN 配置情况

VLAN 划分完成后，可以在交换机上使用"show vlan"或者"show vlan brief"命令查看本交换机的 VLAN 信息。在交换机 Switch0 上查看 VLAN 配置情况的方法为：

```
SW0#show vlan brief          //查看VLAN配置
VLAN Name                        Status    Ports
---- -------------------------   -------   ---------------------------
1    default                     active    Fa0/5, Fa0/6, Fa0/7, Fa0/8
                                           Fa0/9, Fa0/10, Fa0/11, Fa0/12
                                           Fa0/13, Fa0/14, Fa0/15, Fa0/16
                                           Fa0/17, Fa0/18 Fa0/19, Fa0/20
                                           Fa0/21, Fa0/22, Fa0/23, Fa0/24
                                           Gig1/1, Gig1/2
10   VLAN10                      active    Fa0/1
20   VLAN20                      active    Fa0/2, Fa0/3
30   VLAN30                      active    Fa0/4
1002 fddi-default                active
1003 token-ring-default          active
1004 fddinet-default             active
1005 trnet-default               active
```

2. 测试 VLAN 的连通性

VLAN 划分完成后，可以为每台计算机分配 IP 地址信息，并利用 ping 命令测试该计算机与网络其他计算机的连通性。

习 题 3

1. 单项选择题

（1）10Base-T 以太网是（　　）网络。

　A. 网状　　　　　　B. 星形　　　　　　C. 复合　　　　　　D. 电话

（2）快速以太网组网的传输速率为（　　）。

　A. 10Mb/s　　　　B. 50Mb/s　　　　C. 100Mb/s　　　　D. 200Mb/s

（3）1000Base-SX 使用的传输介质是（　　）。

　A. UTP　　　　　B. STP　　　　　C. 同轴电缆　　　　D. 多模光纤

（4）10BASE-T 使用标准的 RJ-45 接插件与 5e 类非屏蔽双绞线连接网卡与交换机，网卡与交换机之间的双绞线长度最大为（　　）。

　A. 15m　　　　　B. 50m　　　　　C. 100m　　　　　D. 500m

（5）使用交换机连接的计算机在默认情况下（　　）。

　A. 同属一个冲突域，但不属一个广播域

　B. 同属一个冲突域，也同属一个广播域

C. 不属一个冲突域，但同属一个广播域

D. 不属一个冲突域，也不属一个广播域

（6）在交换机上划分 VLAN 后，属于不同 VLAN 的计算机（　　）。

A. 同属一个冲突域，但不属一个广播域

B. 同属一个冲突域，也同属一个广播域

C. 不属一个冲突域，但同属一个广播域

D. 不属一个冲突域，也不属一个广播域

（7）二层交换技术利用（　　）进行交换。

A. IP 地址　　　　B. MAC 地址　　　C. 端口号　　　　D. 应用协议

（8）（　　）是光纤介质快速以太网。

A. 100Base-TX　　B. 100Base-T4　　C. 100Base-FX　　D. 100Base-AnyLAN

2. 多项选择题

（1）传统以太网主要包括（　　）标准。

A. 10Base-5　　　B. 10Base-2　　　C. 10Base-T　　　D. 10Base-F

（2）10Base-T 以太网的硬件包括（　　）。

A. 集线器　　　　　　　　　　　B. 双绞线电缆

C. RJ-45 标准连接器　　　　　　D. 具有标准连接器的网卡

（3）快速以太网标准主要包括（　　）。

A. 100Base-TX　　B. 100Base-T4　　C. 100Base-FX　　D. 100Base-T2

（4）千兆位以太网的标准有（　　）。

A. 1000Base-SX　　B. 1000Base-LX　　C. 1000Base-TX　　D. 1000Base-BX

（5）通常 VLAN 在交换机上的实现方法包括（　　）。

A. 基于网卡型号划分 VLAN　　　B. 基于端口划分 VLAN

C. 基于 MAC 地址划分 VLAN　　　D. 基于网络层划分 VLAN

（6）可以使用直通双绞线跳线的情况有（　　）。

A. 两台计算机直接连接　　　　　B. 计算机与交换机连接

C. 两台交换机级连　　　　　　　D. 三台计算机串联

（7）二层交换机的特性是（　　）。

A. 在同一时刻可进行多个端口对之间的数据传输

B. 每一个端口都可视为独立的网段

C. 具有判断网络地址和选择路径的功能

D. 连接其上的网络设备独自享有全部的带宽

3. 问答题

（1）千兆位以太网有哪几种组网方式？分别使用何种传输介质？

（2）典型的分层网络模型将网络分成了哪些层次？简述每个层次的功能。

（3）按照网络体系的分层结构可以把交换机分为哪些类型？

（4）二层交换机主要有哪几种存储介质？分别用来存储什么内容？

（5）网络设备的连接访问方式主要有哪几种？

（6）什么是广播域？

（7）什么是 VLAN？简述在局域网中划分 VLAN 的作用。

（8）试比较静态 VLAN 和动态 VLAN 的优缺点。

4. 技能题

【内容及操作要求】

使用一台 Cisco 2960 交换机连接 10 台 PC，采用 100Base-TX 组网技术组建小型办公网络，网络连接后完成以下操作：

➢ 配置交换机的主机名为"SW2960"，为交换机设置控制台口令和特权模式口令。

➢ 禁用交换机未连接计算机的接口。

➢ 将网络中的 PC 分为 3 个 VLAN，其中 VLAN 100 中 3 台 PC、VLAN 200 中 4 台 PC、VLAN 300 中 3 台 PC。

➢ 为网络中的设备设置 IP 地址信息，并使用 ping 命令测试 PC 之间的连通性。

【准备工作】

10 台安装 Windows 操作系统的 PC；1 台 Cisco 2960 交换机；15～25m 长的双绞线；RJ-45 连接器 20～25 个；RJ-45 压线钳；尖嘴钳；简易线缆测试仪；Console 线缆和相应的适配器；组建网络所需的其他设备。

【考核时限】

90min。

工作单元 4

规划与分配 IP 地址

　　不同类型的局域网之间是不能直接通信的，主要原因是其所传送的数据帧的格式不同。IP 协议可以把各种不同格式的数据帧统一转换成 IP 数据包，从而实现了各种局域网在网络层的互通。TCP/IP 给网络中的每台计算机及相关设备都规定了一个唯一的网络层地址，以识别主机，方便通信。TCP/IP 目前有 Internet 协议版本 4（TCP/IPv4）和 Internet 协议版本 6（TCP/IPv6）两个版本，其分别规定了 IPv4 和 IPv6 两种版本的网络层地址。本单元的主要目标是熟悉 IPv4 地址的相关知识，掌握规划和分配 IPv4 地址的方法；了解 IPv6 地址的基本知识和设置方法。

任务 4.1　规划和分配 IPv4 地址

任务目的

（1）理解 IPv4 地址的概念和分类；

（2）理解子网掩码的作用；

（3）理解 IPv4 地址的分配原则；

（4）掌握在网络中规划与分配 IPv4 地址的方法。

工作环境与条件

（1）安装好 Windows 操作系统的 PC；

（2）网络模拟和建模工具 Cisco Packet Tracer。

相关知识

　　连在某个网络上的两台计算机之间在相互通信时，在它们所传送的数据包里都会含有某些附加信息，这些附加信息中会包含发送数据的计算机的地址和接收数据的计算机的地址，从而对网络当中的计算机进行识别，以方便通信。计算机网络中使用的地址主要包含 MAC 地址和 IP 地址。MAC 地址是数据链路层使用的地址，是固化在网卡上，无法改变的；而且在实际使用过程中，某一个地域的网络中可能会有来自很多厂家的网卡，这些网卡的 MAC 地址没有任何的规律。因此如果在大型网络中，把 MAC 地址作为网络的单一寻址依据，则需要建立庞大的 MAC 地址与计算机所在位置的映射表，这势必影响网络的传输速度。所以，在某一个局域网内，只使用 MAC 地址进行寻址是可行的，而在大规模网络的寻址中必须使用网络层的 IP 地址。目前网络主要使用 IPv4 和 IPv6 两种版本的网络层地址，IPv4 地址的使用仍然非常广泛。

　　【注意】习惯上人们所说的 IP 地址是 IPv4 地址，除特别声明外，本书中所说的 IP 地址主要指 IPv4 地址。

4.1.1　IPv4 地址的结构和分类

1. IPv4 地址的结构

　　IPv4 地址在网络层提供了一种统一的地址格式，在统一管理下进行分配，保证每一个地址对应于网络上的一台主机，屏蔽了 MAC 地址之间的差异，保证网络的互联互通。根据 TCP/IPv4 协议的规定，IPv4 地址由 32 位二进制数组成，而且在网络上是唯一的。例如，某台计算机的 IPv4 地址为：11001010 01100110 10000110 01000100。很明显，这些数字对于人来说不太好记忆。人们为了方便记忆，就将组成 IPv4 地址的 32 位二进制数分成四段，每段

8 位，中间用小数点隔开，然后将每八位二进制转换成十进制数，这样上述计算机的 IPv4 地址就变成了：202.102.134.68。显然这里每一个十进制数不会超过 255。

2. IPv4 地址的分类

IPv4 地址与日常生活中的电话号码很相像，例如有一个电话号码为 0532-83643624，该号码中的前四位表示该电话是属于哪个地区的，后面的数字表示该地区的某个电话号码。与之类似，IPv4 地址也可以分成两部分，一部分用以标明具体的网络段，即网络标识（net-id）；另一部分用以标明具体的主机，即主机标识（host-id）。同一个网段上的所有主机都使用相同的网络标识，网络上的每个主机都有一个主机标识与其对应。由于网络中包含的主机数量不同，于是人们根据网络规模的大小，把 IPv4 地址的 32 位地址信息设成五种定位的划分方式，分别对应为 A 类、B 类、C 类、D 类、E 类地址，如图 4-1 所示。

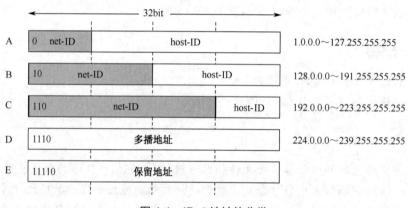

图 4-1　IPv4 地址的分类

（1）A 类 IPv4 地址

A 类 IPv4 地址由 1 个字节的网络标识和 3 个字节的主机标识组成，IPv4 地址的最高位必须是"0"。A 类 IPv4 地址中的网络标识长度为 7 位，主机标识的长度为 24 位。A 类网络地址数量较少，可以用于主机数达 1600 多万台的大型网络。

（2）B 类 IPv4 地址

B 类 IPv4 地址由 2 个字节的网络标识和 2 个字节的主机标识组成，IPv4 地址的最高位必须是"10"。B 类 IPv4 地址中的网络标识长度为 14 位，主机标识的长度为 16 位。B 类网络地址适用于中等规模的网络，每个网络所能容纳的主机数为 6 万多台。

（3）C 类 IPv4 地址

C 类 IPv4 地址由 3 个字节的网络标识和 1 个字节的主机标识组成，IPv4 地址的最高位必须是"110"。C 类 IPv4 地址中的网络标识长度为 21 位，主机标识的长度为 8 位。C 类网络地址数量较多，适用于小规模的网络，每个网络最多只能包含 254 台主机。

（4）D 类 IPv4 地址

D 类 IPv4 地址第 1 个字节以"1110"开始，它是一个专门保留的地址，并不指向特定的网络，目前这一类地址被用于组播。组播地址用来一次寻址一组主机，它标识共享同一协议的一组主机。

（5）E 类 IPv4 地址

E 类 IPv4 地址以"11110"开始，为保留地址。

在这五类 IPv4 地址中常用的是 A 类、B 类和 C 类，其地址空间的情况如表 4-1 所示。

表 4-1   IPv4 地址空间容量

	第一个字节（十进制）	网络地址数	网络主机数	主 机 总 数
A 类网络	1～127	126	16,777,214	2,113,928,964
B 类网络	128～191	16,382	65,534	1,073,577,988
C 类网络	192～223	2,097,152	254	532,676,608
总计		2,113,660	16,843,002	3,720,183,560

4.1.2 特殊的 IPv4 地址

1. 特殊用途的 IPv4 地址

有一些 IPv4 地址是具有特殊用途的，通常不能分配给具体的设备，在使用时需要特别注意，表 4-2 列出了常见的一些具有特殊用途的 IPv4 地址。

表 4-2   特殊用途的 IPv4 地址

net-id	host-id	源 地 址	目 的 地 址	代表的意思
0	0	可以	不可	本网络的本主机
0	host-id	可以	不可	本网络的某个主机
net-id	0	不可	不可	某网络
全 1	全 1	不可	可以	本网络内广播（路由器不转发）
net-id	全 1	不可	可以	对 net-id 内的所有主机广播
127	任何数	可以	可以	用作本地软件环回测试

2. 私有 IPv4 地址

私有 IPv4 地址是和公有 IPv4 地址相对的，是只能在局域网中使用的 IPv4 地址，当局域网通过路由设备与广域网连接时，路由设备会自动将该地址段的信号隔离在局域网内部，而不会将其路由到公有网络中，所以即使在两个局域网中使用相同的私有 IPv4 地址，彼此之间也不会发生冲突。当然，使用私有 IPv4 地址的计算机也可以通过局域网访问 Internet，不过需要借助地址映射或代理服务器才能完成。私有 IPv4 地址包括以下地址段：

（1）10.0.0.0/8

10.0.0.0/8 私有网络是 A 类网络，24 位可分配的地址空间（24 位主机标识），允许的有效地址范围从 10.0.0.1 至 10.255.255.254。

（2）172.16.0.0/12

172.16.0.0/12 私有网络可以被认为是 B 类网络，20 位可分配的地址空间（20 位主机标识），允许的有效地址范围从 172.16.0.1 至 172.31.255.254。

（3）192.168.0.0/16

192.168.0.0/16 私有网络可以被认为是 C 类网络，16 位可分配的地址空间（16 位主机标识），允许的有效地址范围从 192.168.0.1 至 192.168.255.254。

4.1.3　子网掩码

1．子网掩码的作用

通常在设置 IPv4 地址的时候，必须同时设置子网掩码，子网掩码不能单独存在，它必须结合 IPv4 地址一起使用。子网掩码只有一个作用，就是将某个 IPv4 地址划分成网络标识和主机标识两部分。这对于采用 TCP/IP 协议的网络来说非常重要，只有通过子网掩码，才能表明一台主机所在的网段（广播域）与其他网段的关系，使网络正常工作。

与 IPv4 地址相同，子网掩码的长度也是 32 位，左边是网络位，用二进制数字"1"表示；右边是主机位，用二进制数字"0"表示，如图 4-2 所示为 IPv4 地址"168.10.20.160"与其子网掩码"255.255.255.0"的二进制对应关系。其中，子网掩码中的"1"有 24 个，代表与其对应的 IPv4 地址左边 24 位是网络标识；子网掩码中的"0"有 8 个，代表与其对应的 IPv4 地址右边 8 位是主机标识。默认情况下 A 类网络的子网掩码为 255.0.0.0；B 类网络为 255.255.0.0；C 类网络地址为：255.255.255.0。

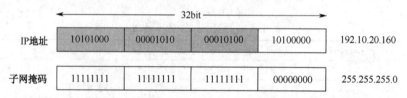

图 4-2　IPv4 地址与子网掩码二进制比较

子网掩码是用来判断任意两台计算机的 IPv4 地址是否属于同一网段（广播域）的根据。最为简单的理解就是两台计算机各自的 IPv4 地址与子网掩码进行 AND 运算后，如果得出的结果是相同的，则说明这两台计算机是处于同一个网段的，可以直接进行通信。例如某网络中有两台主机，主机 1 要把数据包发送给主机 2：

主机 1：IPv4 地址 192.168.0.1，子网掩码 255.255.255.0 。转化为二进制进行运算：

IPv4 地址：11000000.10101000.00000000.00000001；

子网掩码：11111111.11111111.11111111.00000000；

AND 运算：11000000.10101000.00000000.00000000；

转化为十进制后为：192.168.0.0。

主机 2：IPv4 地址 192.168.0.254，子网掩码 255.255.255.0。转化为二进制进行运算：

IPv4 地址：11000000.10101000.00000000.11111110；

子网掩码：11111111.11111111.11111111.00000000；

AND 运算：11000000.10101000.00000000.00000000；

转化为十进制后为：192.168.0.0。

主机 1 通过运算后，得到的运算结果相同，标明主机 2 与其在同一网段，可以通过相关协议（如 ARP）把数据包直接发送；如果运算结果不同，表明主机 2 在远程网络上，那么主机 1 会将数据包发送给所在网段的路由器（网关），由路由器将数据包发送到其他网络，直至到达目的地。

2．划分子网

标准的 IPv4 地址分为两极结构，即每个 IPv4 地址都分为网络标识和主机标识两部分，但这种结构在实际网络应用中存在着以下不足：

> IPv4 地址空间的利用率有时很低，如某网段有 10 台主机，要分配 IPv4 地址，必须选择 C 类的地址，而一个 C 类地址段一共有 254 个可以分配的 IPv4 地址，这样有 244 个地址就被浪费掉了。

> 给每一个物理网络分配一个网络标识会使路由表变得太大，影响网络性能。

> 两级的 IPv4 地址不够灵活，很难针对不同的网络需求进行规划和管理。

解决这些问题的办法是，在 IPv4 地址中就增加了一个"子网标识字段"，使两级的 IPv4 地址变成三级的 IPv4 地址。这种做法叫作划分子网，或子网寻址或子网路由选择。

也可以使用下面的等式来表示三级 IPv4 地址：

IPv4 地址::= {<网络标识>,<子网标识>,<主机标识>}。

下面通过一个 B 类地址子网划分的实例来说明划分子网的方法。例如某区域网络申请到了 B 类地址如 169.12.0.0/16，该地址中的前 16 位是固定的，后 16 位可供用户自己支配。网络管理员可以将这 16 位分成两部分，一部分作为子网标识，另一部分作为主机标识，作为子网标识的位数可以从 1 到 14，如果子网标识的位数为 m，则该网络一共可以划分为 2^m 个子网，与之对应主机标识的位数为 16−m，每个子网中可以容纳 $2^{16-m}-2$ 个主机（注意主机标识不能全为"1"，也不能全为"0"）。表 4-3 列出了 B 类地址的子网划分选择。

表 4-3　B 类地址的子网划分选择

子网标识的位数	子 网 掩 码	子 网 数	主机数/子网
1	255.255.128.0	2	32766
2	255.255.192.0	4	16382
3	255.255.224.0	8	8190
4	255.255.240.0	16	4094
5	255.255.248.0	32	2046
6	255.255.252.0	64	1022
7	255.255.254.0	128	510
8	255.255.255.0	256	254
9	255.255.255.128	512	126
10	255.255.255.192	1024	62
11	255.255.255.224	2048	30
12	255.255.255.240	4096	14
13	255.255.255.248	8192	6
14	255.255.255.252	16382	2

由上表可以看出，当用子网掩码进行了子网划分之后，整个 B 类网络中可以容纳的主机数量即可以分配给主机的 IPv4 地址数量减少了，因此划分子网是以牺牲可用 IPv4 地址的数量为代价的。

4.1.4　IPv4 地址的分配方法

在规划好 IPv4 地址之后，需要将 IPv4 地址分配给网络中的计算机和相关设备，目前 IPv4

地址的分配方法主要有以下几种：

1. 静态分配 IPv4 地址

静态分配 IPv4 地址就是将 IPv4 地址及相关信息设置到每台计算机和相关设备中，计算机及相关设备在每次启动时从自己的存储设备获得的 IPv4 地址及相关信息始终不变。

2. 使用 DHCP 分配 IPv4 地址

DHCP（Dynamic Host Configuration Protocol，动态主机配置协议）专门设计用于使客户机可以从服务器接收 IPv4 地址及相关信息。DHCP 采用客户机/服务器模式，网络中有一台 DHCP 服务器，每个客户机选择"自动获得 IPv4 地址"，就可以得到 DHCP 提供的 IPv4 地址。通常客户机与 DHCP 服务器要在同一个广播域中。要实现 DHCP 服务，必须分别完成 DHCP 服务器和客户机的设置。

3. 自动专用寻址

如果网络中没有 DHCP 服务器，但是客户机还选择了"自动获得 IPv4 地址"，那么操作系统会自动为客户机分配一个 IPv4 地址，该地址为 169.254.0.0/16（地址范围 169.254.0.0 至 169.254.255.255）中的一个地址。

【注意】 如果 DHCP 客户机使用自动专用寻址配置了它的网络接口，客户机会在后台每隔 5 分钟查找一次 DHCP 服务器。如果后来找到了 DHCP 服务器，客户端会放弃它的自动配置信息，然后使用 DHCP 服务器提供的地址来更新配置。

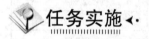 任务实施◄·

在如图 4-3 所示的网络中，公司总部的 PC 通过交换机连接到路由器 R1 的快速以太网接口 F0/0，分支机构的 PC 通过交换机连接到路由器 R2 的快速以太网接口 F0/0，路由器 R1、R2 通过各自的串行接口 S1/0 直接相连。请根据实际需求，为该网络中的相关设备规划与分配 IPv4 地址。

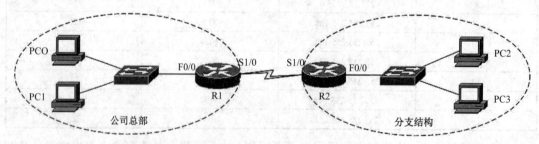

图 4-3 规划和分配 IPv4 地址示例

▶ **实训 1 无子网的 IPv4 地址分配**

在计算机网络中分配 IPv4 地址一般应遵循以下原则：

➢ 通常计算机和路由器的接口需要分配 IPv4 地址。

➢ 处于同一个广播域（网段）的主机或路由器的 IPv4 地址的网络标识必须相同。

➢ 用交换机互联的网络是同一个广播域，如果在交换机上使用了虚拟局域网技术，那么不同的 VLAN 是不同的广播域。

➢ 路由器不同的接口连接的是不同的广播域，路由器依靠路由表，连接不同广播域。

➢ 路由器总是拥有两个或两个以上的 IPv4 地址，并且 IPv4 地址的网络标识不同。

在如图 4-3 所示的网络中，如果可用的 IPv4 地址段为 192.168.1.0/24、192.168.2.0/24 和 192.168.3.0/24，则在不划分子网的情况下为该网络中的相关设备分配 IPv4 地址的基本方法为：

（1）如图 4-3 所示的网络共包括了 3 个广播域（网段），各广播域通过路由器互联。

（2）每个网段 IPv4 地址的网络标识不同，所以可以为公司总部网段选择 192.168.1.0/24 的 IPv4 地址段，为分支机构网段选择 192.168.2.0/24 的 IPv4 地址段，路由器之间网段选择 192.168.3.0/24 的 IPv4 地址段。

（3）各相关设备的 IP 地址设置如表 4-4 所示。

表 4-4　规划和分配 IPv4 地址示例中的 TCP/IP 参数（无子网）

设　备	接　口	IP 地址	子网掩码	默认网关
PC0	NIC	192.168.1.1	255.255.255.0	192.168.1.254
PC1	NIC	192.168.1.2	255.255.255.0	192.168.1.254
PC2	NIC	192.168.2.1	255.255.255.0	192.168.2.254
PC3	NIC	192.168.2.2	255.255.255.0	192.168.2.254
Router0	F0/0	192.168.1.254	255.255.255.0	
	S1/0	192.168.3.1	255.255.255.0	
Router1	F0/0	192.168.2.254	255.255.255.0	
	S1/0	192.168.3.2	255.255.255.0	

【注意】 192.168.1.0/24 为 CIDR（无类型域间选路）地址，CIDR 地址中包含标准的 32 位 IPv4 地址和有关网络标识部分位数的信息，表示方法为：A.B.C.D / n（A.B.C.D 为 IPv4 地址，n 表示网络标识的位数）。另外，IPv4 地址的分配只要符合地址分配原则即可，地址段及具体地址的选择可以根据情况灵活掌握。

▶ **实训 2　用子网掩码划分子网**

用子网掩码划分子网的一般步骤如下：

（1）确定子网的数量 m，每个子网应包括尽可能多的主机地址，当 m 满足公式 $2^n \geq m \geq 2^{n-1}$ 时，n 就是子网标识的位数。

（2）按照 IPv4 地址的类型写出其默认子网掩码。

（3）将默认子网掩码中主机标识的前 n 位对应的位置置 1，其余位置置 0。

（4）写出各子网的子网标识和相应的 IPv4 地址。

在如图 4-3 所示的网络中，如果可用的 IPv4 地址段为 192.168.1.0/24，则在划分子网的情况下为该网络中的相关设备分配 IPv4 地址的基本方法为：

（1）如图 4-3 所示的网络需要划分 3 个子网，$2^2 \geq 3 \geq 2^{2-1}$，子网标识的位数为 2，主机标识的位数为 6，每个子网可以有 $2^6-2=62$ 台主机。

（2）192.168.1.0/24 地址段默认的子网掩码为 255.255.255.0，其二进制形式为 11111111. 11111111.11111111.00000000。将默认子网掩码中相应的子网标识位置 1 后，其二进制形式为

11111111.11111111.11111111.11000000，转换成十进制为 255.255.255.192。

（3）192.168.1.0 的二进制形式为 11000000.10101000.00000001.00000000，第 1 个可用子网网络标识的二进制形式为 11000000.10101000.00000001.00000000，转换为十进制为 192.168.1.0；该子网可分配给主机的第一个 IPv4 地址的二进制形式为 11000000.10101000.00000001.00000001，转换为十进制为 192.168.1.1；最后一个 IPv4 地址的二进制形式为 11000000.10101000.00000001.00111110，转换为十进制为 192.168.1.62；广播地址的二进制形式为 11000000.10101000.00000001.00111111，转换为十进制为 192.168.1.63。第 2 个可用子网网络标识的二进制形式为 11000000.10101000.00000001.01000000，转换为十进制为 192.168.1.64；该子网可分配给主机的第一个 IPv4 地址的二进制形式为 11000000.10101000.00000001.01000001，转换为十进制为 192.168.1.65；最后一个 IPv4 地址的二进制形式为 11000000.10101000.00000001.01111110，转换为十进制为 192.168.1.126；广播地址的二进制形式为 11000000.10101000.00000001.01111111，转换为十进制为 192.168.1.127。最后一个可用子网网络标识的二进制形式为 11000000.10101000.00000001.11000000，转换为十进制为 192.168.1.192；该子网可分配给主机的第一个 IPv4 地址的二进制形式为 11000000.10101000.00000001.11000000，转换为十进制为 192.168.1.193；最后一个 IPv4 地址的二进制形式为 11000000.10101000.00000001.11111110，转换为十进制为 192.168.1.254；广播地址的二进制形式为 11000000.10101000.00000001.11111111，转换为十进制为 192.168.1.255。

（4）各相关设备的 IP 地址设置如表 4-5 所示。

表 4-5　规划和分配 IPv4 地址示例中的 TCP/IP 参数（划分子网）

设　　备	接　　口	IP 地　址	子 网 掩 码	默认网关
PC0	NIC	192.168.1.1	255.255.255.192	192.168.1.62
PC1	NIC	192.168.1.2	255.255.255.192	192.168.1.62
PC2	NIC	192.168.1.65	255.255.255.192	192.168.1.126
PC3	NIC	192.168.1.66	255.255.255.192	192.168.1.126
Router0	F0/0	192.168.1.62	255.255.255.192	
	S1/0	192.168.1.129	255.255.255.192	
Router1	F0/0	192.168.1.126	255.255.255.192	
	S1/0	192.168.1.130	255.255.255.192	

▶ 实训 3　使用 VLSM 细分子网

在传统的用子网掩码划分子网的过程中，子网标识的位数是确定的，每个子网的可用地址数量也相同。当每个子网中的主机数量大致相同时，这种划分方法是适当的。然而在如图 4-3 所示的网络中，两台路由器之间的链路所在子网只需要 2 个 IPv4 地址，在传统的子网划分方法中，该子网的其他地址将被限制在该地址段中，不能被网络的其他主机使用。这不但浪费了大量未使用的地址，还减少了可用子网的数量，从而限制了网络的扩展。

VLSM（Variable Length Subnet Mask，可变长子网掩码）允许一个网络可以使用不同大小的子网掩码，从而对 IPv4 地址空间进行灵活的子网划分。通过该技术，网络管理员可以通过不同的子网掩码把网络分割为不同大小的部分，更好的避免 IPv4 地址的浪费。

在如图 4-3 所示的网络中，如果公司总部需要 58 个主机地址、分支机构需要 20 个主机地址，网络可用的 IPv4 地址段为 192.168.2.0/24，可以利用 VLSM 为该网络中的相关设备分配 IPv4 地址，尽量避免地址的浪费。利用 VLSM 分配 IPv4 地址始终应从最大的地址需求着手，可按照以下步骤对该网络中的 IPv4 地址进行分配。

（1）该网络的最大地址需求为公司总部，共需 58 个主机地址，IPv4 地址的主机标识至少应为 6 位（2^6-2≥58≥2^5-2）才能满足该地址需求。此时子网标识为 2 位，通过子网划分可将网络分为 4 个子网，网络标识分别为 192.168.2.0/26、192.168.2.64/26、192.168.2.128/26、192.168.2.192/26。

（2）该网络的分支机构只需要 20 个主机地址，如果给其分配的子网与总部相同，显然会造成地址的浪费。由于 2^5-2≥20≥2^4-2，因此 IPv4 地址的主机标识只需要 5 位就可以满足分支机构的要求，此时子网标识为 3 位。如果公司总部已经选择了 192.168.2.0/26 地址段，那么应该从下一个地址段 192.168.2.64 着手分配该机构的地址段。其对应的网络标识应为 192.168.2.64/27，该地址段共有 2^5-2 共 30 个可用的 IPv4 地址，第一个可分配的地址为 192.168.2.65/27，最后一个可分配的地址为 192.168.2.94/27，广播地址为 192.168.2.95/27。

（3）该网络两台路由器之间的串口链路只需要 2 个主机地址，由于 2^2-2≥2≥2^1-2，因此 IPv4 地址的主机标识只需要 2 位就可以满足路由器之间串口链路的要求，此时子网标识为 6 位。由于公司总部已经选择了 192.168.2.0/26 地址段，分支机构选择了 192.168.2.64/27 地址段，那么应该从下一个地址段 192.168.2.96 着手分配该机构的地址段。其对应的网络标识应为 192.168.2.96/30，该地址段共有 2^2-2 共 2 个可用的 IPv4 地址，分别为 192.168.2.97/30 和 192.168.2.98/30。

（4）各相关设备的 IP 地址设置如表 4-6 所示。

表 4-6　规划和分配 IPv4 地址示例中的 TCP/IP 参数（VLSM）

设　备	接　口	IP 地　址	子网掩码	默认网关
PC0	NIC	192.168.2.1	255.255.255.192	192.168.2.62
PC1	NIC	192.168.2.2	255.255.255.192	192.168.2.62
PC2	NIC	192.168.2.65	255.255.255.224	192.168.2.94
PC3	NIC	192.168.2.66	255.255.255.224	192.168.2.94
Router0	F0/0	192.168.2.62	255.255.255.192	
	S1/0	192.168.2.97	255.255.255.252	
Router1	F0/0	192.168.2.94	255.255.255.224	
	S1/0	192.168.2.98	255.255.255.252	

【注意】由于 VLSM 可以使网络特定的区域使用连续的 IPv4 地址段，从而可轻松地对网络进行汇总，最大限度地减少路由选择协议通告的路由更新，降低路由器的处理负担。因此即使在 IPv4 地址资源非常充足的情况下，也会使用 VLSM 的方式进行编址。

任务 4.2　设置 IPv6 地址

任务目的

（1）了解 IPv6 的特点；

（2）了解 IPv6 地址表示方法和类型；

（3）了解 IPv6 地址的配置方法。

工作环境与 条件

（1）安装好 Windows 操作系统的 PC；

（2）组建网络的其他设备（也可以使用 Cisco Packet Tracer 等网络模拟和建模工具）。

相关 知识

4.2.1 IPv6 的新特性

IPv4 协议的最大问题是网络地址资源有限，目前 IPv4 地址已被分配完毕。虽然利用 NAT 技术可以缓解 IPv4 地址短缺的问题，但也会破坏端到端应用模型，影响网络性能并阻碍网络安全的实现，在这种情况下，IPv6 应运而生。与 IPv4 相比，IPv6 主要有以下新特性：

➤ 巨大的地址空间。IPv4 中规定地址长度为 32，理论上最多有 2^{32} 个地址；而 IPv6 中规定地址的长度为 128，理论上最多有 2^{128} 个地址。

➤ 数据处理效率提高。IPv6 使用了新的数据报头格式。IPv6 报头分为基本头部和扩展头部，基本头部长度固定，去掉了 IPv4 数据报头中的报头长度、标识符、特征位、片段偏移等诸多字段，一些可选的字段被移到扩展报头中。因此路由器在处理 IPv6 数据报头时无需处理不必要的信息，极大提高了路由效率。另外，IPv6 数据报头的所有字段均为 64 位对齐，可以充分利用新一代的 64 位处理器。

➤ 良好的扩展性。由于 IPv6 增加了扩展报头，因此 IPv6 可以很方便的实现功能扩展，IPv4 数据报头中的选项最多可支持 40 个字节，而 IPv6 扩展报头的长度只受到 IPv6 数据包长度的制约。

➤ 路由选择效率提高。IPv6 的地址分配一开始就遵循聚类的原则，这使得路由器能在路由表中用一条记录表示一片子网，大大减小了路由器中路由表的长度，提高了路由器转发数据包的速度。

➤ 支持自动配置和即插即用。在 IPv6 中，主机支持 IPv6 地址的无状态自动配置。也就是说 IPv6 节点可以根据本地链路上相邻的 IPv6 路由器发布的网络信息，自动配置 IPv6 地址和默认路由。这种方式不需要人工干预，也不需要架设 DHCP 服务器，简单易行，减低了网络成本，从而使移动电话、家用电器等终端也可以方便的接入 Internet。

➤ 更好的服务质量。IPv6 数据报头使用了流量类型字段，传输路径上的各个节点可以利用该字段来区分和识别数据流的类型和优先级。另外，IPv6 数据报头中还增加了流标签字段，该字段使得路由器不需要读取数据包的内层信息，就可以区分不同的数据流，实现对 QoS 的支持。IPv6 还通过提供永久连接、防止服务中断等方法来改善服务质量。

➤ 内在的安全机制。IPv4 本身不具有安全性，它通过叠加 IPSec 等安全协议来保证安全。IPv6 将 IPSec 协议作为其自身的完整组成部分，从而具有内在的安全机制，可以实现端到端的安全服务。

➢ 全新的邻居发现协议。IPv6 中的 ND（Neighbor Discovery 邻居发现）协议使用了全新的报文结构和报文交互流程，实现并优化了 IPv4 中的地址解析、ICMP 路由器发现、ICMP 重定向等功能，还提供了无状态地址自动配置功能。

➢ 增强了对移动 IP 的支持：IPv6 采用了路由扩展报头和目的地址扩展报头，使其具有内置的移动性。

➢ 增强的组播支持。IPv6 中没有广播地址，广播地址的功能被组播地址所替代。

4.2.2 IPv6 地址的表示

1. IPv6 地址的文本格式

IPv6 地址的长度是 128 位，可以使用以下 3 种格式将其表示为文本字符串。

（1）冒号十六进制格式。

这是 IPv6 地址的首选格式，格式为 n:n:n:n:n:n:n:n。每个 n 由 4 位十六进制数组成，对应 16 位二进制数。例如：3FFE:FFFF:7654:FEDA:1245:0098:3210:0002。

【注意】IPv6 地址的每一段中的前导 0 是可以去掉的，但至少每段中应有一个数字。例如可以将上例的 IPv6 地址表示为 3FFE:FFFF:7654:FEDA:1245:98:3210:2。

（2）压缩格式

在 IPv6 地址的冒号十六进制格式中，经常会出现一个或多个段内的各位全为 0 的情况，为了简化对这些地址的写入，可以使用压缩格式。在压缩格式中，一个或多个各位全为 0 的段可以用双冒号符号（::）表示。此符号只能在地址中出现一次。例如，未指定地址 0:0:0:0:0:0:0:0 的压缩形式为::；环回地址 0:0:0:0:0:0:0:1 的压缩形式为::1；单播地址 3FFE:FFFF:0:0:8:800:20C4:0 的压缩形式为 3FFE:FFFF::8:800:20C4:0。

【注意】使用压缩格式时，不能将一个段内有效的 0 压缩掉。例如，不能将 FF02:40:0:0:0:0:0:6 表示为 FF02:4::6，而应表示为 FF02:40::6。

（3）内嵌 IPv4 地址的格式

这种格式组合了 IPv4 和 IPv6 地址，是 IPv4 向 IPv6 过渡过程中使用的一种特殊表示方法。具体地址格式为 n:n:n:n:n:n:d.d.d.d，其中每个 n 由 4 位十六进制数组成，对应 16 位二进制数；每个 d 都表示 IPv4 地址的十进制值，对应 8 位二进制数。内嵌 IPv4 地址的 IPv6 地址主要有以下两种：

➢ IPv4 兼容 IPv6 地址，例如 0:0:0:0:0:0:192.168.1.100 或::192.168.1.100。

➢ IPv4 映射 IPv6 地址，例如 0:0:0:0:0:FFFF:192.168.1.100 或::FFFF:192.168.1.100。

2. IPv6 地址前缀

IPv6 中的地址前缀（Format Prefix，FP）类似于 IPv4 中的网络标识。IPv6 前缀通常用来作为路由和子网的标识，但在某些情况下仅仅用来表示 IPv6 地址的类型，例如 IPv6 地址前缀 "FE80::" 表示该地址是一个链路本地地址。在 IPv6 地址表示中，表示地址前缀的方法与 IPv4 中的 CIDR 表示方法相同，即用 "IPv6 地址/前缀长度" 来表示，例如，若某 IPv6 地址为 3FFE:FFFF:0:CD30:0:0:0:5/64，则该地址的前缀是 3FFE:FFFF:0:CD30。

3. URL 中的 IPv6 地址表示

在 IPv4 中，对于一个 URL，当需要使用 IP 地址加端口号的方式来访问资源时，可以采用形如 "http://51.151.52.63:8080/cn/index.asp" 的表示形式。由于 IPv6 地址中含有 ":"，因此为了避免歧义，当 URL 中含有 IPv6 地址时应使用 "[]" 将其包含起来，表示形式为 "http://[2000:1::1234:EF]:8080/cn/index.asp"。

4.2.3 IPv6 地址的类型

与 IPv4 地址类似，IPv6 地址可以分为单播地址、组播地址和任播地址等类型。

1. 单播地址

单播地址是只能分配给一个节点上的一个接口的地址，也就是说寻址到单播地址的数据包最终会被发送到唯一的接口。和 IPv4 单播地址类似，IPv6 单播地址通常可分为子网前缀和接口标识两部分，子网前缀用于表示接口所属的网段，接口标识用以区分连接在同一链路的不同接口。根据作用范围，IPv6 单播地址可分为链路本地地址（Link-local Address）、站点本地地址（Site-local Address）、可聚合全球单播地址（Aggregatable Global Unicast Address）等类型。

【注意】在 IPv6 网络中，节点指任何运行 IPv6 的设备；链路指以路由器为边界的一个或多个局域网段；站点指由路由器连接起来的两个或多个子网。

（1）可聚合全球单播地址

可聚合全球单播地址类似于 IPv4 中可以应用于 Internet 的公有地址，该类地址由 IANA（互联网地址分配机构）统一分配，可以在 Internet 中使用。可聚合全球单播地址的结构如图 4-4 所示，各字段的含义如下：

	n bits	m bits	128-n-m bits
001	global routing prefix	subnet ID	interface ID

图 4-4　可聚合全球单播地址的结构

> ➢ Global Routing Prefix（全球可路由前缀）。该部分的前 3 位固定为 001，其余部分由 IANA 的下属组织分配给 ISP 或其他机构。该部分有严格的等级结构，可区分不同的地区、不同等级的机构，以便于路由聚合。
> ➢ Subnet ID（子网 ID）。用于标识全球可路由前缀所代表的站点内的子网。
> ➢ Interface ID（接口 ID）。用于标识链路上的不同接口，可以手动配置也可由设备随机生成。

【注意】可聚合全球单播地址的前 3 位固定为 001，该部分地址可表示为 2000::/3。根据 RFC3177 的建议，全球可路由前缀（包括前 3 位）的长度最长为 48 位（可以以 16 位为段进行分配）；子网 ID 的长度应为固定 16 位（IPv6 地址左起的第 49～64 位）；接口 ID 的长度应为固定的 64 位。

（2）链路本地地址

当一个节点启用 IPv6 协议时，该节点的每个接口会自动配置一个链路本地地址。这种机制可以使得连接到同一链路的 IPv6 节点不需要做任何配置就可以通信。链路本地地址的结构如图 4-5 所示。由图可知，链路本地地址使用了特定的链路本地前缀 FE80::/64，其接口

ID 的长度为固定 64 位。链路本地地址在实际的网络应用中是受到限制的，只能在连接到同一本地链路的节点之间使用，通常用于邻居发现、动态路由等需在邻居节点进行通信的协议。

10 bits	54 bits	64 bits
1111111010	0	interface ID

图 4-5　链路本地地址的结构

【注意】链路本地地址的接口 ID 通常会使用 IEEE EUI-64 接口 ID。EUI-64 接口 ID 是通过接口的 MAC 地址映射转换而来的，可以保证其唯一性。

（3）站点本地地址

站点本地地址是另一种应用范围受到限制的地址，只能在一个站点（由某些链路组成的网络）内使用。站点本地地址类似于 IPv4 中的私有地址，任何没有申请到可聚合全球单播地址的机构都可以使用站点本地地址。站点本地地址的结构如图 4-6 所示。由图可知，站点本地地址的前 48 位总是固定的，其前缀为 FEC0::/48；站点本地地址的接口 ID 为固定的 64 位；在接口 ID 和 48 位固定前缀之间有 16 位的子网 ID，可以在站点内划分子网。

【注意】站点本地地址不是自动生成的，需要手工指定。另外在 RFC4291 中，站点本地地址已经不再使用，该地址段已被 IANA 收回。

10 bits	38 bits	16 bits	64 bits
1111111011	0	subnet ID	interface ID

图 4-6　站点本地地址的结构

（4）唯一本地地址

为了替代站点本地地址的功能，又使这样的地址具有唯一性，避免产生像 IPv4 私有地址泄漏到公网而造成的问题，RFC4291 定义了唯一本地地址（Unique-local Address）。唯一本地地址的结构如图 4-7 所示，各字段的含义如下：

7 bits		40 bits	16 bits	64 bits
1111110	L	global ID	subnet ID	interface ID

图 4-7　唯一本地地址的结构

➢ 固定前缀。前 7 位固定为 1111110，即固定前缀为 FC00::/7。
➢ L。表示地址的范围，取值为 1 则表示本地范围。
➢ Global ID。全球唯一前缀，随机方式生成。
➢ Subnet ID。划分子网时使用的子网 ID。

唯一本地地址主要具有以下特性：

➢ 该地址与 ISP 分配的地址无关，任何人都可以随意使用。
➢ 该地址具有固定前缀，边界路由器很容易对其过滤。
➢ 该地址具有全球唯一前缀（有可能出现重复但概率极低），一旦出现路由泄漏，不会与 Internet 路由产生冲突。

➢ 可用于构建 VPN。

➢ 上层协议可将其作为全球单播地址来对待，简化了处理流程。

（5）特殊地址

特殊地址主要包括未指定地址和环回地址。

➢ 未指定地址。该地址为 0:0:0:0:0:0:0:0（::），主要用来表示某个地址不可用，主要在数据包未指定源地址时使用，该地址不能用于目的地址。

➢ 环回地址。该地址为 0:0:0:0:0:0:0:1（::1），与 IPv4 地址中的 127.0.0.1 的功能相同，只在节点内部有效。

2. 组播地址

（1）组播地址的结构

组播是指一个源节点发送的数据包能够被特定的多个目的节点收到。在 IPv6 网络中组播地址由固定的前缀 FF::/8 来标识，其地址结构如图 4-8 所示，各字段的含义如下：

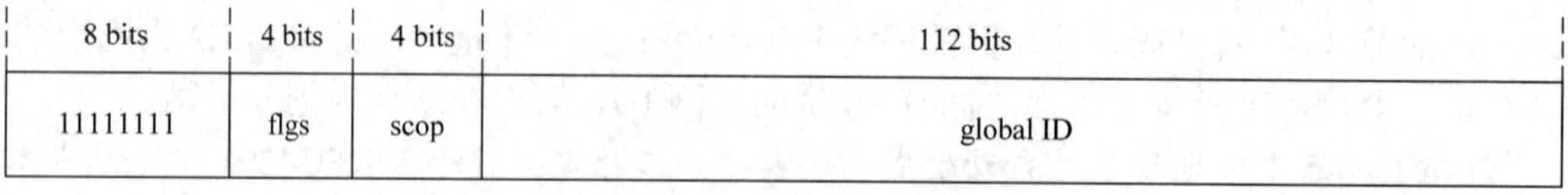
8 bits
4 bits
4 bits
112 bits
11111111
flgs
scop
global ID

图 4-8　组播地址的结构

➢ 固定前缀。前 8 位固定为 11111111，即固定前缀为 FF::/8。

➢ Flags（标志）。目前只使用了最后一位（前 3 位置 0），当该位为 0 时表示当前组播地址为 IANA 分配的永久地址；当该位为 1 时表示当前组播地址为临时组播地址。

➢ Scop（范围）。用来限制组播数据流的发送范围。该字段为 0001 时为节点本地范围；该字段为 0010 时为链路本地范围；该字段为 0011 时为站点本地范围；该字段为 1110 时为全球范围。

➢ Group ID（组 ID）。该字段用以标识组播组。

（2）被请求节点组播地址

被请求节点组播地址是一种具有特殊用途的地址，主要用来代替 IPv4 中的广播地址，其使用范围为链路本地，用于重复地址检测和获取邻居节点的物理地址。被请求节点组播地址由前缀 FF02::1:FF00::/104 和单播地址的最后 24 位组成，如图 4-9 所示。对于节点或路由器接口上配置的每个单播地址和任播地址，都会自动启用一个对应的被请求节点组播地址。

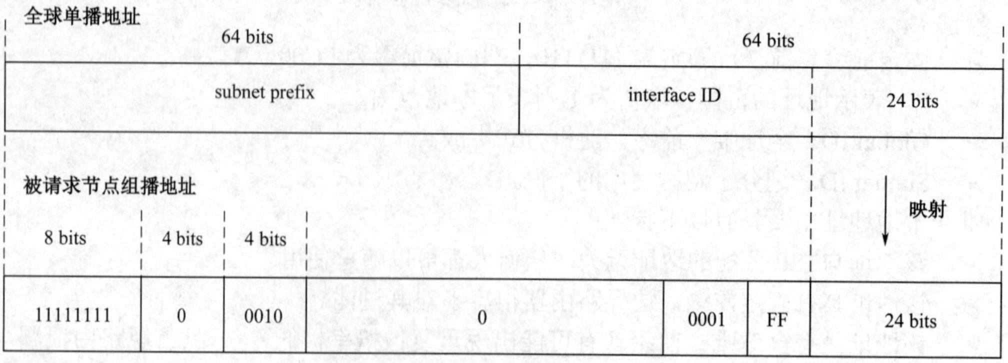
全球单播地址
64 bits
64 bits
subnet prefix
interface ID
24 bits
被请求节点组播地址
映射
8 bits
4 bits
4 bits
11111111
0
0010
0
0001
FF
24 bits

图 4-9　被请求节点组播地址的结构

（3）众所周知的组播地址

与 IPv4 类似，IPv6 有一些众所周知（Well-known）的组播地址，这些地址具有特殊的含义，表 4-7 列出了部分众所周知的组播地址。

表 4-7　部分众所周知的组播地址

组　播　地　址	范　　围	含　　义
FF01::1	节点	在本地接口范围的所有节点
FF01::2	节点	在本地接口范围的所有路由器
FF02::1	链路本地	在本地链路范围的所有节点
FF02::1	链路本地	在本地链路范围的所有路由器
FF02::5	链路本地	在本地链路范围的所有 OSPF 路由器
FF05::2	站点	在一个站点范围内的所有路由器

3．任播地址

任播地址是 IPv6 特有的地址类型，用来标识一组属于不同节点的网络接口。任播地址适合于"One-to-One-of-Many"的通信场合，接收方只要是一组接口的任意一个即可。例如对于移动用户就可以利用任播地址，根据其所在地理位置的不同，与距离最近的接收站进行通信。任播地址是从单播地址空间中分配的，使用单播地址格式，仅通过地址本身，节点无法区分其是任播地址还是单播地址，因此必须对任播地址进行明确配置。

【注意】任播地址仅被用作目的地址，且仅分配给路由器。

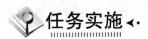

任务实施

▶ 实训 1　配置链路本地地址

如果计算机安装的是 Windows Server 2012 R2 系统，则在默认情况下会自动安装 IPv6 协议并配置链路本地地址。可在"命令提示符"窗口中输入"ipconfig"或"ipconfig /all"命令查看其配置信息，如图 4-10 所示。由图可知，该计算机链路本地地址为"fe80::6d1b:3df9: ced1:b6a4%12"，其中"%12"为该网络连接在 IPv6 协议中对应的索引号。

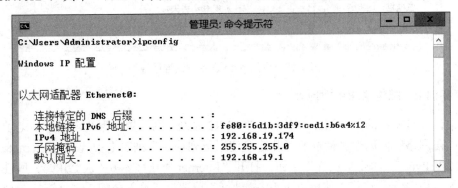

图 4-10　查看计算机的链路本地地址

【注意】若系统未安装 IPv6 协议，则应先安装该协议，协议安装后会自动配置链路本地地址。

在安装 IPv6 协议后，Windows 系统会创建一些逻辑接口。可以在"命令提示符"窗口中输入"netsh"命令进入 netsh 界面，进入"interface ipv6"上下文后利用"show interface"命令查看系统接口的信息，如图 4-11 所示。

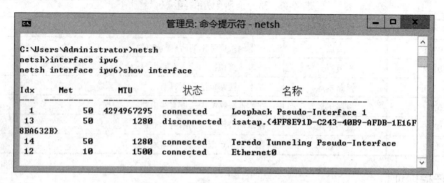

图 4-11　查看计算机的逻辑接口

【注意】netsh 是一个用来查看和配置网络参数的工具。可以在"netsh interface ipv6"提示符下利用"show address 12"命令查看"Ethernet0"接口的详细地址信息；也可以利用"add address 12 fe80::2"为该接口手动增加一个链路本地地址。netsh 其他的相关命令及使用方法请查阅 Windows 帮助文件。

若两台计算机都安装了 IPv6 协议并配置了链路本地地址，那么可以在计算机上利用 ping 命令测试其与另一台计算机的连通性，如图 4-12 所示。需要注意的是，计算机上可能有多个链路本地地址，因此在运行 ping 命令时，如果目的地址为链路本地地址，则需要在地址后加"%接口索引号"，以告之系统发出数据包的源地址。

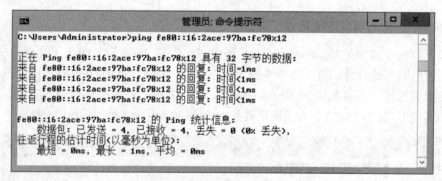

图 4-12　利用 ping 命令测试连通性

▶ 实训 2　配置全球单播地址

如果计算机安装的是 Windows Server 2012 R2 系统，则配置可聚合全球单播地址的操作过程为：在网络连接属性对话框的"此连接使用下列项目"列表框中选择"Internet 协议版本 6（TCP/IPv6）"，单击"属性"按钮，打开"Internet 协议版本 6（TCP/IPv6）属性"对话框，如图 4-13 所示。选择"使用以下 IPv6 地址"单选框，输入分配该网络连接的全球单播地址和前缀，单击"确定"按钮即可。

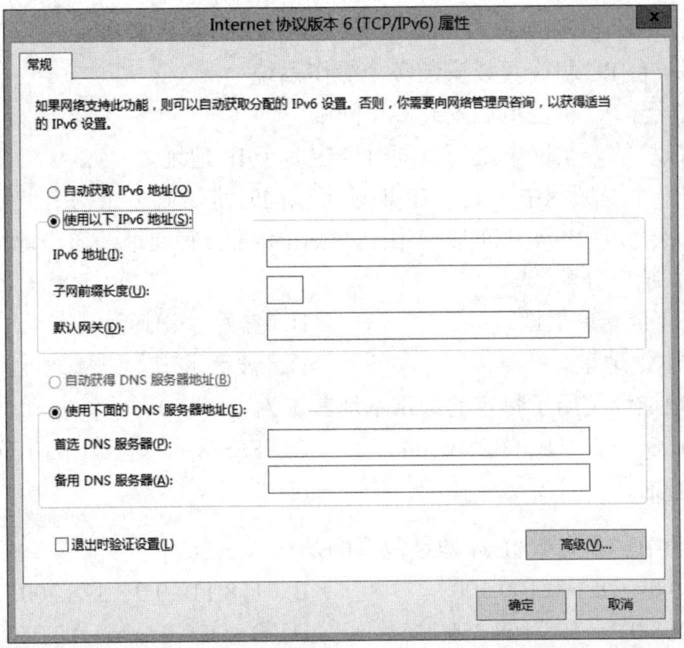

图 4-13　"Internet 协议版本 6（TCP/IPv6）属性"对话框

【注意】同一网段的计算机其全球单播地址的前缀部分应相同。另外，也可以在"netsh interface ipv6"提示符下利用"add address 12 2000:aaaa::1"命令设置全球单播地址。

若两台计算机都配置了全球单播地址，那么可以在计算机上利用 ping 命令测试其与另一台计算机的连通性。需要注意的是，由于使用的是全球单播地址，因此在运行 ping 命令时只指明目的地址即可。

习 题 4

1．单项选择题

（1）IPv4 地址的长度为（　　　）。

　　A．32 位　　　　　B．48 位　　　　　C．64 位　　　　　D．128 位

（2）IPv6 地址的长度为（　　　）。

　　A．32 位　　　　　B．48 位　　　　　C．64 位　　　　　D．128 位

（3）IPv4 地址的第一个字节的最高位是 0，则表示其为（　　　）。

　　A．A 类地址　　　B．B 类地址　　　C．C 类地址　　　D．D 类地址

（4）　IPv4 地址中，所有主机标识部分为"1"的地址是（　　　）。

　　A．单播传送地址　　　　　　　　　B．双播传送地址

　　C．组播地址　　　　　　　　　　　D．广播地址

（5）以下网络地址中属于私有 IPv4 地址的是（　　　）。

　　A．192.178.32.0　　　　　　　　　B．128.168.32.0

　　C．172.15.32.0　　　　　　　　　　D．192.168.32.0

（6）下列说法中不正确的是（　　）。

A．在同一台 PC 机上可以安装多个操作系统

B．在同一台 PC 机上可以安装多个网卡

C．在 PC 机的一个网卡上可以同时绑定多个 IP 地址

D．在同一个局域网中，一个 IP 地址可以同时绑定到多个网卡上

（7）（　　）类似于 IPv4 中可以应用于 Internet 的公有地址，该类地址由 IANA（互联网地址分配机构）统一分配。

A．可聚合全球单播地址　　　　　　B．链路本地地址

C．站点本地地址　　　　　　　　　D．被请求节点组播地址

（8）链路本地地址使用了特定的链路本地前缀为（　　）。

A．2000::/3　　　B．FE80::/64　　　C．FF::/8　　　　D．FC00::/7

2．多项选择题

（1）下面选项中属于有效 IPv4 地址范围的是（　　）。

A．18.0.0.0～18.100.100.100　　　B．178.110.0.0～178.200.0.0

C．195.168.0.0～195.168.255.255　　D．256.0.0.0～256.0.0.256

（2）在 Windows 的网络属性配置中，可以设置（　　）的地址。

A．DNS 服务器　　B．默认网关　　　C．集线器　　　　D．二层交换机

（3）IPv6 地址可以分为（　　）等类型。

A．单播地址　　　　B．组播地址　　　C．任播地址　　　D．广播地址

（4）以下关于子网掩码说法正确的是（　　）。

A．通常在设置 IPv4 地址的时候，必须同时设置子网掩码

B．在不设置 IPv4 地址的时候可以单独设子网掩码

C．子网掩码是将某个 IPv4 地址划分成网络标识和主机标识两部分

D．B 类 IPv4 地址默认的子网掩码为 255.255.255.0

（5）与 IPv4 相比，以下属于 IPv6 具有的新特性的是（　　）。

A．巨大的地址空间

B．数据处理效率提高

C．支持自动配置和即插即用

D．内在的安全机制

3．问答题

（1）简述 IP 地址的作用。

（2）IP 协议中规定的特殊 IP 地址有哪些？各有什么用途？

（3）网络中为什么会使用私有 IP 地址？私有 IP 地址主要包括哪些地址段？

（4）简述子网掩码的作用。

（5）IP 地址的分配方法主要有哪几种？

（6）通常可以使用哪些格式将 IPv6 地址表示为文本字符串？

4．技能题

（1）阅读说明后回答问题

【说明】某一网络地址段 192.168.75.0 中有 5 台主机 A、B、C、D 和 E，它们的 IPv4 地址和子网掩码如表 4-8 所示。

表 4-8　主机的 IPv4 地址和子网掩码

主　　机	IPv4　地　址	子　网　掩　码
A	192.168.75.18	255.255.255.240
B	192.168.75.146	255.255.255.240
C	192.168.75.158	255.255.255.240
D	192.168.75.161	255.255.255.240
E	192.168.75.173	255.255.255.240

【问题 1】这 5 台主机分别属于几个网段？哪些主机位于同一网段？利用哪些设备或技术可以实现网段的划分？

【问题 2】主机 D 的网络地址是多少？

【问题 3】若要加入第 6 台主机 F，使它能与主机 A 属于同一网段，其可分配的 IPv4 地址范围是什么？

【问题 4】若在网络中加入另一台主机，其 IPv4 地址设为 192.168.75.164，子网掩码为 255.255.255.240，它的本网段广播地址是多少？有哪些主机能够收到它面向本网段发送的广播包？

（2）规划和分配 IPv4 地址

【内容及操作要求】

在如图 4-14 所示的网络中，网络 A、网络 B 和网络 C 通过各自路由器的串行接口直接相连，各网络中未划分虚拟局域网。网络 A 需要 54 个主机地址，网络 B 需要 25 个主机地址，网络 C 需要 18 个主机地址，如果可用的 IPv4 地址段为 200.200.200.0/24，请为该网络中的相关设备分配 IPv4 地址，尽量减少 IPv4 地址的浪费。

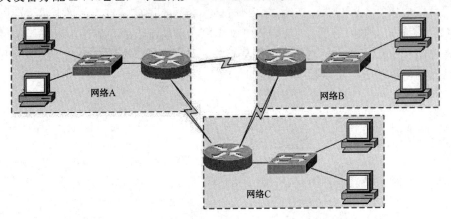

图 4-14　规划和分配 IPv4 地址操作练习

【考核时限】

25min。

工作单元 5

实现网际互联

　　在默认情况下，使用二层交换机连接的所有计算机属于一个广播域，网络规模不能太大。虽然通过 VLAN 技术可以实现广播域的隔离，但不同 VLAN 的主机之间并不能进行通信。随着计算机网络规模的不断扩大，在组建网络时必须实现不同广播域之间的互联。而网际互联必须在 OSI 参考模型的网络层，借助 IP 协议实现。目前常用的可用于实现网际互联的设备主要有路由器和三层交换机。本单元的主要目标是理解 IP 路由的概念，学会查看和阅读路由表。认识路由器和三层交换机并了解其基本配置方法。

任务 5.1　查看计算机路由表

任务目的

（1）理解路由的基本原理；
（2）理解路由表的结构和作用；
（3）熟悉在 Windows 系统中查看和设置计算机路由表的方法；
（4）熟悉在 Windows 系统中测试计算机之间的路由的方法。

工作环境与条件

（1）安装 Windows 操作系统的 PC；
（2）能够接入 Internet 的网络环境。

相关知识

在通常的术语中，路由就是在不同广播域（网段）之间转发数据包的过程。对于基于 TCP/IP 的网络，路由是网际协议（IP）与其他网络协议结合使用提供的在不同网段主机之间转发数据包的能力，这个基于 IP 协议传送数据包的过程叫作 IP 路由。路由选择是 TCP/IP 协议中非常重要的功能，它确定了到达目的主机的最佳路径，是 TCP/IP 协议得到广泛使用的主要原因。

5.1.1　路由的基本原理

当一个网段中的主机发送 IP 数据包给同一网段的另一台主机时，它直接把 IP 数据包送到网络上，对方就能收到。但当要送给不同网段的主机时，发送方需要选择一个能够到达目的网段的路由器，把 IP 数据包发送给该路由器，由路由器负责完成数据包的转发。如果没有找到这样的路由器，主机就要把 IP 数据包送给一个被称为默认网关（default gateway）的路由上。默认网关是每台主机上的一个配置参数，它是与主机连接在同一网段的某路由器接口的 IP 地址。

路由器通常会有多个接口，不同的接口会连接不同的网段。路由器在转发 IP 数据包时，会根据 IP 数据包的目的 IP 地址的网络标识部分，选择合适的转发接口。同主机一样，路由器也要判断该转发接口所连接的是否是目的网段，如果是，就直接把数据包通过接口送到目的主机，否则，也要选择下一个路由器来转发数据包。路由器也有自己的默认网关，用来传送不知道该由哪个接口转发的 IP 数据包。通过这样不断的转发传送，IP 数据包最终将送到目的主机，送不到目的地的 IP 数据包将被网络丢弃。

在如图 5-1 所示的网络中，主机 A 和主机 B 连接在相同的网段，它们之间可以直接通信。而如果主机 A 要与主机 C 通信的话，那么主机 A 就必须将 IP 数据包传送到最近的路由器或者主机 A 的默认网关上，然后由路由器将 IP 数据包转发给另一台路由器，直到到达与主机 C 连接在同一网段的路由器，最后由该路由器将 IP 数据包交给主机 C。

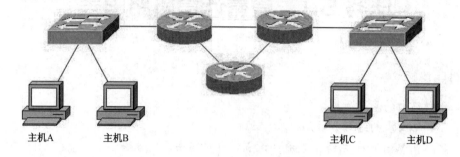

图 5-1　路由器连接的网络

【注意】通常在路由设置时只需为一个网段指定一个路由器，而不必为每个主机都指定路由器，这是 IP 路由选择机制的基本属性，这样做可以极大地缩小路由表的规模。

5.1.2　路由表

路由器的主要工作是为经过路由器的每个数据包寻找一条最佳传输路径，并将该数据有效地传送到目的站点。由此可见，选择最佳路径的策略即路由算法是路由器的关键所在。为了完成这项工作，在路由器中保存着载有各种传输路径相关数据的路由表（Routing Table），供路由选择时使用，表中包含的信息决定了数据转发的策略。路由表可以是由管理员固定设置好的，也可以由系统动态修改。

路由表由多个路由表项组成，路由表中的每一项都被看作是一条路由，路由表项可以分为以下几种类型：

➤ 网络路由。提供到 IP 网络中特定网段（特定网络标识）的路由。

➤ 主机路由。提供到特定 IP 地址（包括网络标识和主机标识）的路由，通常用于将自定义路由创建到特定主机以控制或优化网络通信。

➤ 默认路由。如果在路由表中没有找到其他路由，则使用默认路由。

路由表中的每个路由表项主要由以下信息字段组成：

➤ 目的地址。目标网段的网络标识或目的主机的 IP 地址。

➤ 网络掩码。与目的地址相对应的网络掩码。

➤ 下一跳 IP 地址：数据包转发的地址，即数据包应传送的下一个路由器的 IP 地址。对于主机或路由器直接连接的网络，该字段可能是本主机或路由器连接到该网络的接口地址。

➤ 转发接口。将数据包转发到目的地址时所使用的路由器接口，该字段可以是一个接口号或其他类型的逻辑标识符。

【注意】不同设备路由表中的信息字段并不相同。在 Cisco 设备的路由表中还会包含路由信息的来源（直连路由、静态路由或动态路由）、管理距离（路由的可信度）、量度值（路由的可到达性）、路由的存活时间等信息字段。

IP 路由选择主要完成以下功能：

➢ 搜索路由表，寻找能与目的 IP 地址完全匹配的表项，如果找到，则把 IP 数据包由该表项指定的接口转发，发送给指定的下一个路由器或直接连接的网络接口。

➢ 搜索路由表，寻找能与目的 IP 地址网络标识匹配的表项，如果找到，则把 IP 数据包由该表项指定的接口转发，发送给指定的下一个路由器或直接连接的网络接口。若存在多个表项，则选用网络掩码最长的那条路由。

➢ 按照路由表的默认路由转发数据。

在如图 5-2 所示的网络中，路由器 Router0、Router1、Router2 连接了 3 个不同的网段。路由器 Router1 的 F0/0 接口（IP 地址为 192.168.2.254/24）与网段 2 直接相连；S1/0 接口（IP 地址为 10.1.2.2/30）与路由器 Router0 的 S1/0 接口（IP 地址为 10.1.1.1/30）相连；S1/1 接口（IP 地址为 10.1.2.1/30）与路由器 Router2 的 S1/0 接口（IP 地址为 10.1.2.2/30）相连。由路由器 Router1 的路由表可知，当 IP 数据包的目的地址在网络标识为 192.168.2.0/24 的网段时，路由器 Router1 将把该数据包从 F0/0 接口转发，而且该网段与路由器直接相连；当 IP 数据包的目的地址在网络标识为 192.168.1.0/24 的网段时，路由器 Router1 将把该数据包从 S1/0 接口转发，发送给路由器 Router0 的 S1/0 接口，由路由器 Router0 负责下一步的转发；当 IP 数据包的目的地址在网络标识为 192.168.3.0/24 的网段时，路由器 Router1 将把该数据包从 S1/1 接口转发，发送给路由器 Router2 的 S1/0 接口，由路由器 Router2 负责下一步的转发。路由器 Router1 路由表中的最后一项为默认路由，当 IP 数据包的目的地址不在路由表中时，路由器 Router1 将按该表项转发 IP 数据包。

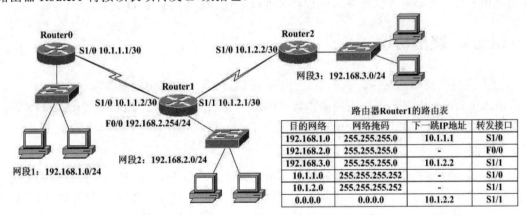

图 5-2　IP 路由选择示例

5.1.3　路由的生成方式

路由表中路由的生成方式有以下几种。

1. 直连路由

直连路由是路由器自动添加的直连网段的路由。由于直连路由反映的是路由器各接口直接连接的网段，因此具有较高的可信度。

2. 静态路由

静态路由是由管理员手工配置的路由信息。当网络的拓扑结构或链路的状态发生变化时，管理员需要手工修改路由表中相关的静态路由。静态路由在默认情况下是私有的，不会传递给其他的路由器。当然，管理员也可以通过对路由器进行设置使之共享。静态路由一般适用于比较简单的网络环境，在这样的环境中，管理员可以清楚地了解网络的拓扑结构，便于设置正确的路由信息。使用静态路由的另一个好处是网络安全保密性高，动态路由因为需要路由器之间频繁地交换各自的路由信息，而对路由信息的分析可以揭示网络的拓扑结构和网络地址等信息，因此出于安全方面的考虑也可以采用静态路由。

大型和复杂的网络环境通常不宜采用静态路由。一方面，管理员很难全面了解整个网络的拓扑结构；另一方面，当网络的拓扑结构和链路状态发生变化时，路由器中的静态路由信息需要大范围地调整，这一工作的难度和复杂程度非常高。

3. 动态路由

动态路由是各个路由器之间通过相互连接的网段，利用路由协议动态地相互交换各自的路由信息，然后按照一定的算法优化出来的路由。而且这些路由信息可以在一定时间间隙里不断更新，以适应不断变化的网络，随时获得最优的路由效果。例如当网络拓扑结构发生变化，或网络某个节点或链路发生故障时，与之相邻的路由器会重新计算路由，并向外发送新的路由更新新息，这些信息会发送至其他的路由器，引发所有路由器重新计算路由，调整其路由表，以适应网络的变化。动态路由可以大大减轻大型网络的管理负担，但其对路由器的性能要求较高，会占用网络的带宽，可能产生路由循环，也存在一定的安全隐患。

【注意】在同一路由器中，可以同时配置静态路由和一种或多种动态路由。它们各自维护的路由表之间可能会发生冲突，这种冲突可以通过配置各路由表的可信度来解决。

5.1.4 路由协议

为了实现高效动态路由，人们制定了多种路由协议，如路由信息协议（RIP，Routing Information Protocol）、内部网关路由协议（IGRP，Interior Gateway Routing Protocol）、开放最短路径优先协议（OSPF，Open Shortest Path First）等。

1. RIP

RIP 是一种分布式的基于距离矢量的路由选择协议，是 Internet 的标准内部网关协议，最大优点是简单。RIP 要求网络中的每个路由器都要维护从它自己到每个目的网络的距离记录。对于距离，RIP 有如下定义：路由器到与其直接连接的网络距离定义为1；路由器到与其非直接连接的网络距离定义为所经过的路由器数加 1。RIP 认为好的路由就是距离最短的路由。RIP 允许一条路由最多包含 15 个路由器，即距离最大值为 16，由此可见 RIP 只适合于小型互联网络。

如图 5-3～如图 5-5 展示了在一个使用 RIP 的自治系统内，各路由器是如何完善和更新各自路由表的。

➢ 在未启动 RIP 的初始状态下，路由器将首先发现与其自身直连的网络，并将直连路由添加到路由表中。路由表的初始状况，如图 5-3 所示。路由器启动 RIP 后，每个配置了RIP的接口都会发送请求消息，要求所有RIP邻居路由器发送完整的路由表。

图 5-3　RIP 的启动和运行过程（1）

➤ 路由器收到邻居路由器的响应消息后会检查更新，从中找出新信息，任何当前路由表中没有的路由都将被添加到路由表中。在如图 5-3 所示的网络中，路由器 Router0 会将 192.168.1.0 网络的更新从 S1/0 接口发出，将 192.168.2.0 网络的更新从 F0/0 接口发出，同时 Router0 会接收来自路由器 Router1 并且跳数为 1 的 192.168.3.0 网络的更新，并将该网络信息添加到路由表中。路由器 Router1、Router2 也将进行类似的更新过程，更新后的路由表如图 5-4 所示。

图 5-4　RIP 的启动和运行过程（2）

➤ 通过第一轮交换更新后，每台路由器都将获知其邻居路由器的直连网络，其路由表也随之变化。路由器随后将从所有启用了 RIP 的接口发出包含其自身路由表的触发更新，以便邻居路由器能够获知新路由。每台路由器再次检查更新并从中找出新信息。通过不断的交换更新，各路由器会获得所有网络的信息，形成最终路由表，如图 5-5 所示。

图 5-5　RIP 的启动和运行过程（3）

2. OSPF

OSPF 路由协议是一种典型的链路状态路由协议，一般用于一个自治系统内。自治系统是指一组通过统一的路由政策或路由协议互相交换路由信息的网络。在自治系统内，所有的 OSPF 路由器都维护一个相同的描述自治系统结构的数据库，该数据库中存放的是自治系统相应链路的状态信息，OSPF 路由器正是通过这个数据库计算出其 OSPF 路由表的。

作为一种链路状态的路由协议，OSPF 将链路状态广播数据包传送给在某一区域内的所有路由器，这一点与 RIP 不同。运行 RIP 的路由器是将部分或全部的路由表传递给与其相邻的路由器。OSPF 的链路状态数据库能较快地进行更新，使各个路由器能及时更新其路由表，这是 OSPF 的主要优点。

 **任务实施**

▶ **实训 1　查看 Windows 路由表**

计算机本身也存在着路由表，根据路由表进行 IP 数据包的传输。在 Windows 系统中可以使用 "route print" 命令查看计算机的路由表。在 Windows Server 2012 R2 系统中的操作步骤为：在传统桌面模式中右击左下角的 "开始" 图标，在弹出的快捷菜单中单击 "命令提示符"，进入 "命令提示符" 环境。在打开的 "命令提示符" 窗口中，输入 "route print" 命令，此时将显示本地计算机的路由表，如图 5-6 所示。

```
                          管理员：命令提示符              □  ×

C:\Users\Administrator>route print

接口列表
12...00 0c 29 06 ef 5f ......Intel(R) 82574L 千兆网络连接
 1...........................Software Loopback Interface 1
13...00 00 00 00 00 00 00 e0 Microsoft ISATAP Adapter
14...00 00 00 00 00 00 00 e0 Teredo Tunneling Pseudo-Interface

===========================================================================
IPv4 路由表
===========================================================================
活动路由：
网络目标         网络掩码          网关            接口         跃点数
        0.0.0.0          0.0.0.0      192.168.1.1     192.168.1.7     10
      127.0.0.0        255.0.0.0         在链路上       127.0.0.1    306
      127.0.0.1  255.255.255.255         在链路上       127.0.0.1    306
127.255.255.255  255.255.255.255         在链路上       127.0.0.1    306
    192.168.1.0    255.255.255.0         在链路上     192.168.1.7    266
    192.168.1.7  255.255.255.255         在链路上     192.168.1.7    266
  192.168.1.255  255.255.255.255         在链路上     192.168.1.7    266
      224.0.0.0        240.0.0.0         在链路上       127.0.0.1    306
      224.0.0.0        240.0.0.0         在链路上     192.168.1.7    266
255.255.255.255  255.255.255.255         在链路上       127.0.0.1    306
255.255.255.255  255.255.255.255         在链路上     192.168.1.7    266
===========================================================================
永久路由：
无
```

图 5-6　使用 "route print" 命令查看本地计算机路由表

【注意】根据 IP 协议的版本，IP 路由表可分为 IPv4 路由表和 IPv6 路由表，本单元内容只涉及 IPv4 路由表。

▶ **实训 2　测试主机之间的路由**

在 Windows 系统中可以使用 tracert 命令测试计算机之间的路由。tracert 是路由跟踪实用程序，可以探测显示数据包从本地计算机传递到目标主机经过了哪些路由器的中转，以及经过每个路由器所需的时间。如果数据包不能传递到目标主机，tracert 命令将显示成功转发数据包的最后一个路由器。

在 Windows Server 2012 R2 系统中使用 tracert 命令测试主机之间路由的操作步骤为：打开 "命令提示符" 窗口，在该窗口中输入 "tracert 目标 IP 地址或域名" 命令。如图 5-7 显示了 tracert 命令的运行过程。

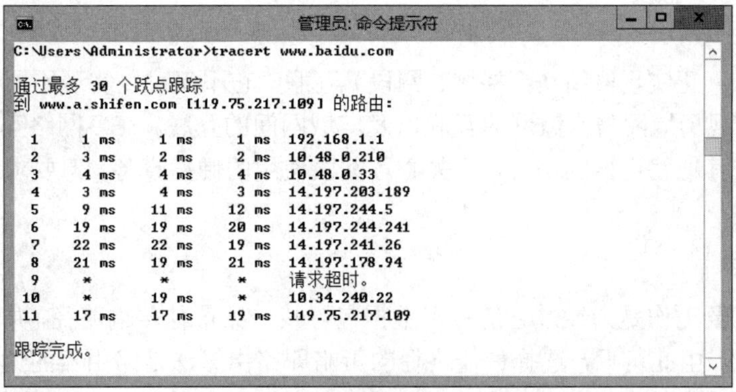

图 5-7 tracert 命令的运行过程

【注意】与 ping 命令类似，tracert 命令也是一个基于 ICMP 的网络程序。目前很多的设备都可能拒绝 ICMP 数据包的传输，因此在利用 tracert 命令测试路由时，应对测试结果进行综合考虑。

任务 5.2 认识和配置路由器

任务目的

（1）理解路由器的作用；

（2）熟悉路由器的类型和用途；

（3）了解路由器的基本配置操作与相关的配置命令。

工作环境与条件

（1）路由器和交换机（本部分以 Cisco 系列产品为例，也可选用其他品牌型号的产品或使用 Cisco Packet Tracer 等网络模拟和建模工具）；

（2）Console 线缆和相应的适配器；

（3）安装 Windows 操作系统的 PC；

（4）组建网络所需的其他设备。

相关知识

路由器（Router）工作于网络层，是 Internet 的主要节点设备，具有判断网络地址和选择路径的功能，它能在多网络互联环境中，建立灵活的连接，可用完全不同的数据分组和介质访问方法连接各种子网。

5.2.1 路由器的作用

路由器的主要作用有以下几个方面：

1. 网络的互联

路由器可以真正实现网络（广播域、网段）互联，它不仅可以实现不同类型局域网的互联，而且可以实现局域网与广域网的互联以及广域网间的互联。在多网络互联环境中，路由器只接受源站或其他路由器的信息，不关心各网段使用的硬件设备，但要求运行与网络层协议相一致的软件。

2. 路径选择

路由器的主要工作是为经过它的每个数据包寻找一条最佳传输路径，并将该数据有效地传送到目的站点。由此可见，选择最佳路径的策略即路由算法是路由器的关键所在。为了完成这项工作，在路由器中保存着载有各种传输路径相关数据的路由表，供路由选择时使用。

3. 转发验证

路由器具有包过滤和访问列表功能，可以限制在某些方向上数据包的转发，从而提供了一种安全措施。这有助于防止一些安全隐患，如防止外部主机伪装作内部主机通过路由器建立对话。

4. 拆包/打包

路由器在转发数据包的过程中，为了便于在网络间传送数据包，可按照预定的规则把大的数据包分解成适当大小的数据包，到达目的地后再把分解的数据包封装成原有形式。

5. 网络隔离

路由器可以根据网络标识、数据类型等来监控、拦截和过滤信息，因此路由器具有更强的网络隔离能力。这种隔离能力不仅可以避免广播风暴，而且有利于提高网络的安全性。目前许多网络安全管理工作是在路由器上实现的，如可以在路由器上实现防火墙技术。

6. 流量控制

路由器有很强的流量控制能力，可以采用优化的路由算法来均衡网络负载，从而有效地控制拥塞，避免因拥塞而使网络性能下降。

5.2.2 路由器的分类

1. 按功能分类

路由器从功能上可以分为通用路由器和专用路由器。通用路由器在网络系统中最为常见，以实现一般的路由和转发功能为主，通过选配相应的模块和软件，也可以实现专用路由器的功能。专用路由器是为了实现某些特定的功能而对其软件、硬件、接口等作了专门设计。其中较常用的有 VPN 路由器、访问路由器、语音网关路由器等。

2. 按结构分类

从结构上，路由器可以分为模块化和固定配置两类。模块化路由器的特点是功能强大、支持的模块多样、配置灵活，可以通过配置不同的模块满足不同规模的要求，此类产品价格较贵。模块化路由器又分为三种，一种是处理器和网络接口均设计为模块化；第二种是处理器是固定配置（随机箱一起提供），网络接口为模块设计；第三种是处理器和部分常用接口为固定配置，其他接口为模块化。固定配置的路由器常见于低端产品，其特点是体积小、性能一般、价格低、易于安装调试。

【**注意**】为了连接不同类型的网络设备，路由器的接口类型较多，除控制台接口和辅助接口外，其余物理接口可分为局域网接口和广域网接口两种类型。常见的局域网接口包括以太网接口、快速以太网接口、千兆位以太网接口等；常见的广域网接口包括异步串口、ISDN、BRI（Basic Rate Interface，基本传输速率接口）、xDSL 等。

3. 按在网络中所处的位置分类

按在网络中所处的位置，可以把路由器分为以下类型。

- ➤ 接入路由器。也称宽带路由器，是指处于分支机构处的路由器，用于连接家庭或 ISP 内的小型企业客户。
- ➤ 企业级路由器。处于用户的网络中心位置，对外接入公共网络，对下连接各分支机构。该类路由器能够提供大量的接口且支持 QoS，能有效地支持广播和组播，支持 IP、IPX 等多种协议，还支持防火墙、包过滤、VLAN 以及大量的管理和安全策略。
- ➤ 电信骨干路由器。一般常用于城域网，承担大吞吐量的网络服务。骨干路由器必须保证其速度和可靠性，通常都支持热备份、双电源、双数据通路等技术。

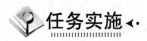

任务实施

在如图 5-8 所示的网络中，交换机 Switch0 和 Switch1 分别与路由器 Router0 的 F0/0、F0/1 快速以太网接口相连，请为该网络中的设备分配 IP 地址信息并进行基本配置，实现网络的连通。

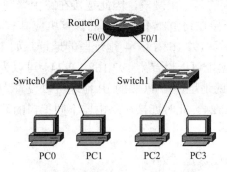

图 5-8　认识和配置路由器示例

▶ **实训 1　认识路由器**

（1）根据实际条件，现场考察典型办公网络、校园网或企业网，记录该网络中使用的路由器的品牌、型号及相关技术参数，查看路由器各接口的连接与使用情况。

（2）访问路由器主流厂商的网站（如 Cisco、H3C），查看该厂商生产的路由器产品，记录其型号、价格及相关技术参数。

▶ **实训 2　配置路由器基本信息**

路由器的基本配置命令与交换机相同，这里不再赘述。以下给出在如图 5-8 所示网络中，对路由器 Router0 的部分基本配置命令：

```
Router>enable
Router#configure terminal
Router(config)#hostname RT0
RT0(config)#enable secret abcdef123+
RT0(config)#line console 0
RT0(config-line)#password con123456+
RT0(config-line)#login
RT0(config-line)#end
RT0#show version
RT0#show running-config
```

【注意】Cisco 路由器开机后，如果在 NVRAM 中没有找到启动配置文件（如刚刚出厂的路由器），而且没有配置为在网络上进行查找，此时系统会提示用户选择进入 Setup 模式，也称为系统配置对话（System Configuration Dialog）模式。在 Setup 模式下，系统会显示配置对话的提示问题，并在很多问题后面的方括号内显示默认的答案，用户按回车键就能使用这些默认值。通过 Setup 模式可以为无法从其他途径找到配置文件的路由器快速建立一个最小配置。

▶ **实训 3　配置以太网接口**

在如图 5-8 所示的网络中，交换机 Switch0 和 Switch1 分别与路由器 Router0 的 F0/0、F0/1 快速以太网接口相连。由于路由器的每个接口连接的是一个网段，并可以作为相应网段的网关，因此要实现网络的连通，必须对路由器相关接口进行配置，基本操作方法为：

1. 为计算机分配 IP 地址

路由器的每个接口连接的是一个网段，因此连接在路由器同一接口的计算机的 IP 地址应具有相同的网络标识，连接在路由器不同接口的计算机应具有不同的网络标识。可以为路由器 F0/0 接口所连网段选择 192.168.1.0/24 地址段的地址，如 PC0 的 IP 地址可以设置为192.168.1.1/24，PC1 的 IP 地址可以设置为 192.168.1.2/24。可以为路由器 F0/1 接口所连网段选择 192.168.2.0/24 地址段的地址，如 PC2 的 IP 地址可以设置为 192.168.2.1/24，PC3 的 IP 地址可以设置为 192.168.2.2/24。此时连接在路由器不同接口的计算机之间是不能通信的。

2. 配置路由器接口

在路由器 Router0 上的配置过程为：

```
RT0(config)#interface fa 0/0
RT0(config-if)#ip address 192.168.1.254 255.255.255.0
    //配置路由器F0/0接口的IP地址为192.168.1.254，子网掩码为255.255.255.0
RT0(config-if)#no shutdown
RT0(config-if)#interface fa 0/1
RT0(config-if)#ip address 192.168.2.254 255.255.255.0
RT0(config-if)#no shutdown
```

【注意】与交换机类似，也可以对路由器以太网接口的通信模式、传输速度等进行配置。

3. 为各计算机设置默认网关

路由器接口的 IP 地址是其对应网段的默认网关，因此 PC0 和 PC1 的默认网关应设为

192.168.1.254，PC3 和 PC4 的默认网关应设为 192.168.2.254，此时连接在路由器不同接口的计算机之间就可以相互通信了。

▶ **实训 4　利用单臂路由实现 VLAN 互联**

对于没有路由功能的二层交换机，若要实现 VLAN 间的相互通信，可借助外部的路由器实现。由于路由器的以太网接口数量较少（2～4 个），因此通常采用单臂路由解决方案。在单臂路由解决方案中，路由器只需要一个以太网接口和交换机连接，交换机的接口需设置为 Trunk 模式，而在路由器上应创建多个子接口和不同的 VLAN 连接。

【**注意**】子接口是路由器物理接口上的逻辑接口。

在如图 5-8 所示的网络中，PC2 和 PC3 分别连接在交换机 Switch1 的 F0/1 和 F0/2 接口，交换机 Switch1 通过 F0/24 接口与路由器 F0/1 接口相连。若在交换机 Switch1 的 F0/3 和 F0/4 接口增加 2 台计算机 PC4 和 PC5，现要求在交换机 Switch1 上创建 2 个 VLAN，使 PC2 和 PC3 属于一个 VLAN，PC4 和 PC5 属于另一个 VLAN，并利用路由器实现 VLAN 间的相互通信。基本操作方法为：

1. 在交换机上划分 VLAN

在交换机 Switch1 上的配置过程为：

```
SW1#vlan database
SW1(vlan)#vlan 2 name VLAN2
SW1(vlan)#vlan 3 name VLAN3
SW1(vlan)#exit
SW1#configure terminal
SW1(config)#interface fa 0/1
SW1(config-if)#switchport access vlan 2
SW1(config-if)#interface fa 0/2
SW1(config-if)#switchport access vlan 2
SW1(config-if)#interface fa 0/3
SW1(config-if)#switchport access vlan 3
SW1(config-if)#interface fa 0/4
SW1(config-if)#switchport access vlan 3
SW1(config-if)#interface fa 0/24
SW1(config-if)#switchport mode trunk
```

2. 为各计算机分配 IP 地址

因为每个 VLAN 是一个网段，因此同一个 VLAN 中计算机的 IP 地址应具有相同的网络标识，不同 VLAN 中的计算机应具有不同的网络标识。可以为 VLAN2 中的计算机选择 192.168.2.0/24 地址段的地址，如 PC2 的 IP 地址可以设置为 192.168.2.1/24，PC3 的 IP 地址可以设置为 192.168.2.2/24。可以为 VLAN3 中的计算机选择 192.168.3.0/24 地址段的地址，如 PC4 的 IP 地址可以设置为 192.168.3.1/24，PC5 的 IP 地址可以设置为 192.168.3.2/24。此时处在不同 VLAN 中的计算机是不能通信的。

3. 配置路由器子接口

在路由器 Router0 上的配置过程为：

```
RT0(config)#interface fa 0/1          //选择配置路由器的Fa0/1端口
```

```
RT0(config)#no ip address              //删除原来设置的IP地址
RT0(config-if)#no shutdown
RT0(config-if)#interface fa 0/1.1         //创建子接口
RT0(config-subif)#encapsulation dot1q 2
    //指明子接口承载VLAN2的流量，并定义封装类型
RT0(config-subif)#ip address 192.168.2.254 255.255.255.0
    //配置子接口的IP地址为192.168.2.254/24，该子接口为VLAN2的网关
RT0(config-subif)#interface fa 0/1.2
RT0(config-subif)#encapsulation dot1q 3
RT0(config-subif)#ip address 192.168.3.254 255.255.255.0
    //配置子接口的IP地址为192.168.3.254/24，该子接口为VLAN3的网关
RT0(config-subif)#end
RT0#show ip route              //查看路由表
```

4．为各计算机设置默认网关

路由器的子接口是其对应 VLAN 的默认网关，因此 VLAN2 中的计算机的默认网关应设为 192.168.2.254，VLAN3 中的计算机的默认网关应设为 192.168.3.254。此时处在不同 VLAN 中的计算机就可以通信了。

任务 5.3　认识和配置三层交换机

任务目的

（1）理解三层交换机的作用；
（2）了解三层交换机的基本配置操作与相关配置命令。

工作环境与条件

（1）交换机（本部分以 Cisco 系列产品为例，也可选用其他品牌型号的产品或使用 Cisco Packet Tracer 等网络模拟和建模工具）；
（2）Console 线缆和相应的适配器；
（3）安装 Windows 操作系统的 PC；
（4）组建网络所需的其他设备。

相关知识

5.3.1　三层交换机的作用

出于安全和管理方便的考虑，特别是为了减少广播风暴的危害，必须把大型局域网按功能或地域等因素划分为一个个小的广播域，各广播域之间的通信需要经过路由器，在网络层完成转发。然而由于路由器的接口数量有限，而且路由速度较慢，因此如果单纯使用路由器

来实现广播域间的访问，必将使网络的规模和访问速度受到限制。正是基于上述情况三层交换机应运而生，三层交换机是指具备网络层路由功能的交换机，其接口可以实现基于网络层寻址的分组转发，每个网络层接口都定义了一个单独的广播域，在为接口配置好 IP 协议后，该接口就成为连接该接口的同一个广播域内其他设备和主机的网关。

三层交换机的主要作用是加快大型局域网内部的数据交换，其所具有的路由功能也是为这一目的服务的。三层交换机在对第一个数据包进行路由后，将会产生 MAC 地址与 IP 地址的映射表，当同样的数据包再次通过时，将根据该映射表直接进行交换，从而消除了路由器进行路由选择而造成的网络延迟，提高了数据包的转发效率。

为了执行三层交换，交换机必须具备三层交换处理器，并运行三层 IOS 操作系统。交换机的三层交换处理器可以是一个独立的模块或功能卡，也可以直接集成到交换机的硬件中。对于高档三层交换机一般采用模块或卡，比如 RSM（Route Switch Module，路由交换模块）、RSFC（Route Switch Feature Card，多层交换特性卡）等。

三层交换机可以实现路由器的部分功能。但是路由器一般是通过微处理器执行数据包交换（软件实现路由），而三层交换机主要通过硬件执行数据包交换，因此与三层交换机相比，路由器的功能更强大，像 NAT、VPN 等功能仍无法被三层交换机完全替代。而且三层交换机还不具备同时处理多个协议的能力，不能实现异构网络的互联。另外，路由器通常还具有传输层网络管理能力，这也是三层交换机所不具备的。因此三层交换机并不等于路由器，也不可能完全取代路由器。在企业网络的构建中，通常处于同一网络中的各网段的互联，可以使用三层交换机来代替路由器，但若要实现企业网络与城域网或 Internet 的互联，则路由器是不可缺少的。

5.3.2 三层交换机的分类

据处理数据方式的不同，可以将三层交换机分为纯硬件的三层交换机和基于软件的三层交换机两种类型。

1. 纯硬件的三层交换机

纯硬件的三层交换机采用 ASIC 芯片，利用硬件方式进行路由表的查找和刷新。这种类型的交换机技术复杂、成本高，但是性能好，带负载能力强。其基本工作过程为：交换机接收数据后，将首先在二层交换芯片中查找相应的目的 MAC 地址，如果查到，则进行二层转发，否则将数据送至三层引擎；在三层引擎中，ASIC 芯片根据相应的目的 IP 地址查找路由表信息，然后发送 ARP 数据包到目的主机，得到该主机的 MAC 地址，将 MAC 地址发到二层芯片，由二层芯片转发该数据包。

2. 基于软件的三层交换机

基于软件的三层交换机通过 CPU 利用软件方式查找路由表。这种类型的交换机技术较简单，但由于低价 CPU 处理速度较慢，因此不适合作为核心交换机使用。其基本工作过程为：当交换机接收数据后，将首先在二层交换芯片中查找相应的目的 MAC 地址，如果查到则进行二层转发，否则将数据送至 CPU；CPU 根据相应的目的 IP 地址查找路由表信息，然后发送 ARP 数据包到目的主机，得到该主机的 MAC 地址，将 MAC 地址发到二层芯片，由二层芯片转发该数据包。

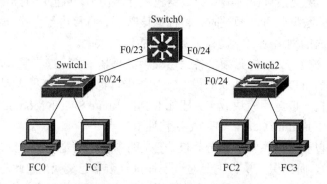

任务实施

在如图 5-9 所示的网络中，两台二层交换机 Switch1 和 Switch2 分别通过其 F0/24 接口与三层交换机 Switch0 的 F0/23 和 F0/24 接口相连。请对该网络进行配置，利用三层交换机实现网段的划分和互联。

图 5-9 认识和配置三层交换机示例

▶ 实训 1 认识三层交换机

（1）根据实际条件，现场考察典型办公网络、校园网或企业网，记录该网络中使用的三层交换机的品牌、型号及相关技术参数，查看三层交换机各接口的连接与使用情况。

（2）访问路由器主流厂商的网站（如 Cisco、H3C），查看该厂商生产的三层交换机产品，记录其型号、价格及相关技术参数。

▶ 实训 2 配置三层交换机接口

三层交换机的基本配置方法与二层交换机相同，这里不再赘述。对于三层交换机应重点注意其接口配置。三层交换机的接口，既可用作数据链路层的交换端口，也可用作网络层的路由端口。如果作为交换端口，则其功能与配置方法与二层交换机的接口相同。如果作为路由端口，则应为其配置 IP 地址，该地址将成为其所连广播域内其他二层接入交换机和计算机的网关地址。在如图 5-9 所示的网络中，如果使三层交换机 Swicth0 的 F0/23 和 F0/24 接口作为网络层的路由端口，则即可将该网络划分为 2 个网段，三层交换机可以像路由器一样实现网段的划分与互联。基本操作方法为：

1. 为各计算机分配 IP 地址

三层交换机的接口作为路由端口时，其功能与路由器接口相同。连接在三层交换机同一路由端口的计算机的 IP 地址应具有相同的网络标识，连接在不同路由端口的计算机应具有不同的网络标识。因此可以为三层交换机 Swicth0 的 F0/23 接口所连网段选择 192.168.1.0/24 地址段的地址，为三层交换机 Swicth0 的 F0/24 接口所连网段选择 192.168.2.0/24 地址段的地址。

2. 配置三层交换机接口

在三层交换机 Swtich0 上的配置过程为：

```
Switch(config)#hostname L3SW
L3SW(config)#interface fa 0/23
```

```
L3SW(config-if)#no switchport
```
//将接口设置为路由端口，默认为交换端口，可以使用"switchport"命令将交换机
接口设置为交换端口
```
    L3SW(config-if)#ip address 192.168.1.254 255.255.255.0
    L3SW(config-if)#no shutdown
    L3SW(config-if)#interface fa 0/24
    L3SW(config-if)#no switchport
    L3SW(config-if)#ip address 192.168.2.254 255.255.255.0
    L3SW(config-if)#no shutdown
    L3SW(config-if)#exit
    L3SW(config)#ip routing    //开启三层交换机路由功能
```

3. 为各计算机设置默认网关

三层交换机路由端口的 IP 地址是其对应广播域的默认网关，因此 PC0 和 PC1 的默认网关应设为 192.168.1.254，PC2 和 PC3 的默认网关应设为 192.168.2.254，此时连接在不同路由端口的计算机就可以通信了。

▶ **实训 3　三层交换机的 VLAN 配置**

与二层交换机相同，在三层交换机上同样可以创建 VLAN，作为交换端口的三层交换机接口可以加到不同的 VLAN 中，从而实现基于接口的 VLAN 划分。由于三层交换机具有网络层的路由功能，因此在三层交换机上可以为每个 VLAN 创建逻辑接口并设置 IP 地址，实现各 VLAN 间的路由。在如图 5-10 所示的网络中，PC0～PC3 分别连接在三层交换机 Switch0 的 F0/1～F0/4 接口，现要求在交换机 Switch0 上创建 2 个 VLAN，使 PC0 和 PC1 属于一个 VLAN，PC2 和 PC3 属于另一个 VLAN，并实现 VLAN 间的相互通信。基本操作方法为：

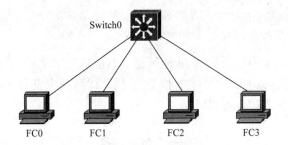

Switch0

FC0　　　FC1　　　FC2　　　FC3

图 5-10　三层交换机的 VLAN 配置示例

1. 为各计算机分配 IP 地址

由于不同的 VLAN 是不同的网段，因此属于同一 VLAN 的计算机的 IP 地址应具有相同的网络标识，属于不同 VLAN 的计算机应具有不同的网络标识。因此可以为 PC0 和 PC1 所在 VLAN 选择 192.168.10.0/24 地址段的地址，为 PC2 和 PC3 所在 VLAN 选择 192.168.20.0/24 地址段的地址。

2. 创建 VLAN

在三层交换机 Swtich0 上的配置过程为：
```
    L3SW#vlan database
```

```
L3SW(vlan)#vlan 10 name VLAN10
L3SW(vlan)#vlan 20 name VLAN20
```

3. 将交换机的端口加入 VLAN

在三层交换机 Swtich0 上的配置过程为：

```
L3SW(config)#interface fa 0/1
L3SW(config-if)#switchport
L3SW(config-if)#switchport access vlan 10
L3SW(config-if)#interface fa 0/2
L3SW(config-if)#switchport
L3SW(config-if)#switchport access vlan 10
L3SW(config-if)#interface fa 0/3
L3SW(config-if)#switchport
L3SW(config-if)#switchport access vlan 20
L3SW(config-if)#interface fa 0/4
L3SW(config-if)#switchport
L3SW(config-if)#switchport access vlan 20
```

4. 配置 VLAN 间路由

在三层交换机 Swtich0 上的配置过程为：

```
L3SW(config)#interface vlan 10
L3SW(config-if)#ip address 192.168.10.254 255.255.255.0
L3SW(config-if)#no shutdown
L3SW(config-if)#interface vlan 20
L3SW(config-if)#ip address 192.168.20.254 255.255.255.0
L3SW(config-if)#no shutdown
L3SW(config-if)#exit
L3SW(config)#ip routing
```

5. 为各计算机设置默认网关

三层交换机各 VLAN 逻辑接口的 IP 地址是其对应广播域的默认网关，因此 PC0 和 PC1 的默认网关应设为 192.168.10.254，PC2 和 PC3 的默认网关应设为 192.168.20.254，此时属于不同 VLAN 的计算机之间就可以通信了。

习 题 5

1. 单项选择题

（1）（　　）是工作在网络层上、实现子网之间转发数据的设备。

A. 中继器　　　　　B. 网桥　　　　　C. 交换机　　　　　D. 路由器

（2）以下（　　）的路由表项要由网络管理员手动配置。

A. 静态路由　　　　　　　　　　B. 直连路由

C. 动态路由　　　　　　　　　　D. 静态路由与动态路由

（3）对于 RIP 协议，可以到达目标网络的跳数（所经过路由器的个数）最多为（　　）。

A. 12　　　　　　B. 15　　　　　　C. 16　　　　　　D. 没有限制

（4）下面正确描述了路由协议的是（　　　）。

    A．允许数据包在主机间传送的一种协议

    B．定义数据包中域的格式和用法的一种方法

    C．通过执行一个算法来完成路由选择的一种协议

    D．指定 MAC 地址和 IP 地址捆绑的方式和时间的一种协议

（5）路由器转发 IP 分组时，主要是根据 IP 地址的（　　　）进行转发的。

    A．主机标识　　　　B．网络标识　　　　C．整个 IP 地址　　　D．对应的 MAC 地址

（6）如果要在路由器的 FastEthernet0/0 快速以太网端口上划分两个子端口，并分别设置 IP 地址，则创建子端口的配置命令为：

    A．interface FastEthernet0/0/1　　　　B．interface FastEthernet0/1

    C．interface FastEthernet0/0.1　　　　D．interface FastEthernet0/0-12. 多项选择题

2．多项选择题

（1）路由器最基本的功能是（　　　）。

    A．路由选择　　　B．缓存数据　　　C．数据转发　　　D．防止病毒

（2）下列属于路由器的主要特点的是（　　　）。

    A．较强的异种网络互连能力　　　　B．较强流量控制

    C．较好的安全性和可管理维护性　　D．隔离能力较强

（3）与动态路由协议相比，静态路由协议所具有的优点有（　　　）。

    A．高效　　　　B．简单　　　　C．可靠　　　　D．占用网络带宽少

（4）下列协议属于路由协议的是（　　　）。

    A．RIP　　　　B．BGP　　　　C．OSPF　　　　D．NAT

（5）下列对于路由器的"默认网关"描述正确的是（　　　）。

    A．是优先被使用的路由　　　　B．用来传送不知道往哪儿送的 IP 分组

    C．是一种特殊的静态路由　　　D．是一种特殊的动态路由

（6）与静态路由协议相比，动态路由协议所具有的优点有（　　　）。

    A．简单　　　　B．占用网络带宽多

    C．路由器能自动发现网络拓扑变化　　D．路由器能自动计算新的路由

（7）以下关于三层交换机的说法正确的是（　　　）。

    A．三层交换机的主要作用是加快大型局域网内部的数据交换

    B．三层交换机可以实现路由器的部分功能

    C．三层交换机还不具备同时处理多个协议的能力

    D．三层交换机可以实现异构网络的互联 3. 问答题

3．问答题

（1）简述路由表的结构和作用。

（2）简述静态路由与动态路由的区别。

（3）简述路由器的作用。

（4）按在网络中所处的位置，可以把路由器分为哪些类型？

（5）简述三层交换机和二层交换机的区别。

（6）简述三层交换机和路由器的区别。

4. 技能题

（1）利用路由器实现网际互联

【内容及操作要求】

在如图 5-11 所示的网络中，交换机 Switch0 和 Switch1 分别通过其 F0/24 接口与路由器 Router0 的 F0/0 与 F0/1 接口相连。现要求将交换机 Switch0 连接的计算机划分为 3 个 VLAN，其中 F0/1～F0/10 接口连接的计算机属于一个 VLAN，F0/11～F0/16 接口连接的计算机属于一个 VLAN，其他接口连接的计算机属于一个 VLAN。请构建该网络并为网络中的所有设备分配 IP 地址，实现全网的连通。

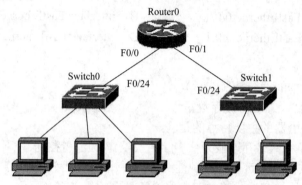

图 5-11　利用路由器实现网际互联操作练习

【准备工作】

2 台 Cisco 2960 系列交换机；1 台 Cisco 2811 系列路由器；5 台安装 Windows 操作系统的计算机；Console 线缆及其适配器若干；制作好的双绞线跳线若干；组建网络所需的其他设备。

【考核时限】

45min。

（2）利用三层交换机实现网际互联

【内容及操作要求】

在如图 5-12 所示的网络中，二层交换机 Switch1、Switch2 和 Switch3 分别通过其 F0/24 接口与三层交换机 Switch0 的 F0/22、F0/23 和 F0/24 接口相连。现要求将该网络划分为 4 个网段，其中各二层交换机连接的计算机分别属于一个网段，直接连接在三层交换机 Switch0 上的计算机属于另一个网段。请对网络中的相关设备进行配置并实现网络的连通。

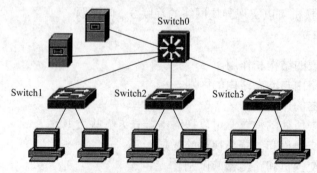

图 5-12　利用三层交换机实现网际互联

【准备工作】

3 台 Cisco 2960 系列交换机；1 台 Cisco 3560 系列交换机；8 台安装 Windows 操作系统的计算机；Console 线缆及其适配器若干；制作好的双绞线跳线若干；组建网络所需的其他设备。

【考核时限】

55min。

工作单元 6

接入 Internet

　　广域网通常使用电信运营商建立和经营的网络，它的地理范围大，可以跨越国界到达世界上任何地方。电信运营商将其网络分次（拨号线路）或分块（租用专线）出租给用户以收取服务费用。个人计算机或局域网接入 Internet 时，必须通过广域网的转接。采用何种接入技术从很大程度上决定了局域网与外部网络进行通信的速度。本单元的主要目标是了解常见的接入技术，能够利用光纤以太网等常见接入技术实现个人计算机或小型局域网与 Internet 的连接。

任务 6.1 选择接入技术

任务 目的

（1）了解广域网的设备和标准；

（2）了解接入网的基本知识；

（3）了解常用的接入技术。

工作环境与 条件

（1）安装 Windows 操作系统的 PC；

（2）能够接入 Internet 的网络环境。

相关 知识

6.1.1 广域网设备

广域网主要实现大范围内的远距离数据通信，因此广域网在网络特性和技术实现上与局域网存在明显的差异。广域网中的设备多种多样。通常把放置在用户端的设备称为客户端设备（CPE，Customer Premise Equipment）或数据终端设备（DTE，Data Terminal Equipment），如路由器、终端或 PC。大多数 DTE 的数据传输能力有限，两个距离较远的 DTE 不能直接连接起来进行通信。所以，DTE 首先应使用铜缆或光纤连接到最近服务提供商的中心局 CO（Central Office）设备，再接入广域网。从 DTE 到 CO 的这段线路称为本地环路。在 DTE 和 WAN 网络之间提供接口的设备称为数据电路终端设备（DCE，Data Circuit-terminal Equipment），如 WAN 交换机或调制解调器（Modem）。DCE 将来自 DTE 的用户数据转换为广域网设备可接受的形式，提供网络内的同步服务和交换服务。DTE 和 DCE 之间的接口要遵循物理层协议，如 RS-232、X.21、V.24、V.35 和 HSSI 等。当通信线路为数字线路时，设备还需要一个信道服务单元（CSU，Channel Service Unit）和一个数据服务单元（DSU，Data Service Unit），这两个单元往往合并为同一个设备，内建于路由器的接口卡中。而当通信线路为模拟线路时，则需要使用调制解调器。常用的广域网设备如图 6-1 所示。

> 路由器。提供网际互连和用于连接 ISP 网络的 WAN 接入接口。这些接口可以是串行接口或其他类型的 WAN 接口。

> 核心路由器。驻留在广域网主干（非外围）的路由器，支持多个电信接口并能够在所有接口上同时全速转发 IP 数据包，同时还必须支持核心层中使用的路由协议。

> WAN 交换机。电信网络中使用的多端口互连设备，通常进行帧中继、ATM 或 X.25 等流量的交换。

> 调制解调器。调制模拟载波信号实现数字信息编码，还可接收调制载波信号实现对

传输的信息进行解码。

➢ 接入服务器。集中处理拨入和拨出用户通信，可以同时包含模拟和数字接口，能够同时支持数以百计的用户。

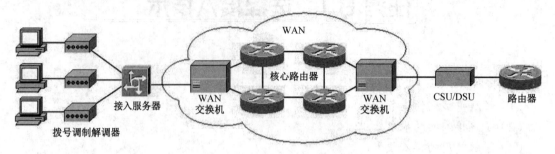

图 6-1　常用的广域网设备

6.1.2　广域网标准

广域网能够提供路由器、交换机及其所支持的局域网之间的数据包/帧交换。OSI 参考模型同样适用于广域网，但通常广域网标准只涉及物理层、数据链路层和网络层。

1. 广域网物理层标准

广域网物理层标准主要描述了如何面对广域网服务提供电气、机械、规程和功能特性，以及 DTE 和 DCE 之间的接口。通常企业网络用来与广域网连接的设备是路由器，该设备将被认为是 DTE，而与其连接的由电信运营商提供的接口则为 DCE。广域网的各种连接类型在物理层都使用同步或异步串行连接。许多物理层标准定义了 DTE 和 DCE 之间接口控制规则，如图 6-2 和表 6-1 列举了常用的广域网物理层标准及其连接器。

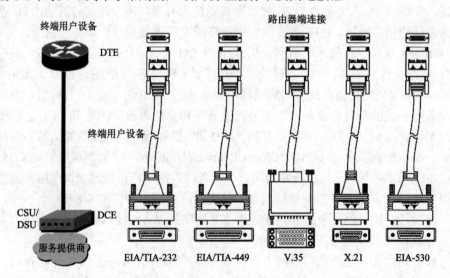

图 6-2　常用的广域网物理层标准及其连接器

表 6-1 常用的广域网物理层标准及其连接器

标　　准	描　　述
EIA/TIA-232	也称为 RS-232，使用 25 针 D 形连接器，允许以 64Kb/s 的速度短距离传输信号。
EIA/TIA-449/530	也称为 RS-422 和 RS-423，使用 36 针 D 形连接器，能够提供 2 Mb/s 的传输速度和比 EIA/TIA-232 更远的传输距离。
EIA/TIA-612/613	高速串行接口（HSSI）协议，使用 60 针 D 形连接器，服务接入速度最高可达 52 Mb/s。
V.35	用于规范网络接入设备和数据包网络之间同步通信的 ITU-T 标准，支持使用 34 针矩形连接器实现 2.048 Mb/s 的速度。
X.21	用于规范同步数字通信的 ITU-T 标准，使用 15 针 D 形连接器。

2. 广域网的数据链路层标准

广域网数据链路层定义了传输到远程站点的数据的封装格式，并描述了在单一数据路径上各系统间的帧传送方式。为确保使用正确的封装协议，必须为每个路由器的串行接口配置所用的数据链路层封装类型。封装协议的选择取决于广域网的技术和设备。常用的广域网数据链路层封装协议主要有：

> PPP（Point to Point Protocol，点对点协议）。通过同步电路和异步电路提供路由器到路由器和主机到网络的连接。PPP 可以和多种网络层协议协同工作。

> SLIP（Serial Line Internet Protocol，串行线路互连协议）：使用 TCP/IP 实现点对点串行连接的标准协议，已经基本上被 PPP 取代。

> HDLC（High-Level Data Link Control，高级数据链路控制协议）。按位访问的同步数据链路层协议，定义了同步串行链路上使用帧标识和校验和的数据封装方法。当链路两端均为 Cisco 设备时，它是点对点专用链路和电路交换连接上默认的封装类型，是同步 PPP 的基础。

> X.25/平衡式链路访问程序（LAPB）。定义 DTE 与 DCE 间如何连接的 ITU-T 标准，用于在公用数据网络上维护远程终端访问与计算机的通信，已被帧中继取代。

> 帧中继（Frame Relay）。一种高性能的分组交换式广域网协议，可以被应用于各种类型的网络接口中。由于帧中继是一种面向连接，无内在纠错机制的协议，因此适合高可靠性的数字传输设备使用。

> ATM（Asynchronous Transfer Mode，异步传输模式）。信元交换的国际标准，在定长（53 字节）的信元中能传输多种类型的服务，适于高速传输（如 SONET）。

> MPLS（Multi-Protocol Label Switching，多协议标签交换协议）。MPLS 独立于 ATM、IP 等数据链路层和网络层协议，可在任何现有基础架构上运行。MPLS 将 IP 地址映射为简单的具有固定长度的标签，用于不同的包转发和包交换技术。MPLS 可作为一种经济的解决方案，用于传输电路交换网络和分组交换网络的流量。

3. 广域网的网络层标准

网络层的主要任务是设法将源节点发出的数据包传送到目的节点，从而向传输层提供最基本的端到端的数据传送服务。常见的广域网网络层协议有 CCITT 的 X.25 协议（定义了 OSI 参考模型的下三层）和 TCP/IP 协议中的 IP 协议等。

6.1.3 Internet 与 Internet 接入网

1. Internet

Internet，中文正式译名为因特网，又叫作国际互联网。它是由使用公用语言互相通信的计算机连接而成的全球网络。1995 年 10 月 24 日，"联合网络委员会"（FNC）通过了一项关于"Internet"的决议，"联合网络委员会"认为，下述语言反映了对"Internet"这个词的定义。

Internet 指的是全球性的信息系统：

➤ 通过全球性的唯一的地址逻辑地链接在一起。这个地址是建立在"Internet 协议"（IP）或今后其他协议基础之上的。

➤ 可以通过"传输控制协议"（TCP）和"Internet 协议"（IP），或者今后其他接替的协议或与"Internet 协议"（IP）兼容的协议来进行通信。

➤ 以让公共用户或者私人用户使用高水平的服务。这种服务是建立在上述通信及相关的基础设施之上的。

"联合网络委员会"是从技术的角度来定义 Internet 的，这个定义至少揭示了三个方面的内容：首先，Internet 是全球性的；其次，Internet 上的每一台主机都需要有"地址"；最后，这些主机必须按照共同的规则（协议）连接在一起。

2. Internet 接入网

作为承载 Internet 应用的通信网，宏观上可划分为接入网和核心网两大部分。接入网（AN：Access Network）主要用来完成用户接入核心网的任务。在 ITU-T 建议 G.963 中接入网被定义为：本地交换机（即端局）与用户端设备之间的连接部分，通常包括用户线传输系统、复用设备、数字交叉连接设备和用户/网络接口设备。

在当今核心网已逐步形成以光纤线路为基础的高速信道情况下，国际权威专家把宽带综合信息接入网比做信息高速公路的"最后一英里"，并认为它是信息高速公路中难度最高、耗资最大的一部分，是信息基础建设的瓶颈。

Internet 接入网分为主干系统、配线系统和引入线 3 部分。其中主干系统为传统电缆和光缆；配线系统也可能是电缆或光缆，长度一般为几百米；而引入线通常为几米到几十米，多采用铜线。接入网的物理参考模型如图 6-3 所示。

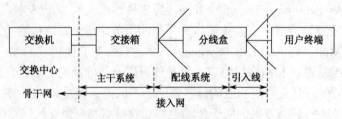

图 6-3　接入网的物理参考模型

3. ISP、ICP 和 IDC

ISP 是用户接入 Internet 的服务代理和用户访问 Internet 的入口点。ISP 就是 Internet 服务提供者，具体是指为用户提供 Internet 接入服务、为用户制定基于 Internet 的信息发布平台以及提供基于物理层技术支持的服务商，包括一般意义上所说的网络接入服务商（IAP）、网络平台服务商（IPP）和目录服务提供商（IDP）。ISP 是用户和 Internet 之间的桥梁，它位于 Internet 的边缘，用接入设备、边界网关路由器、服务器等设备来接收用户的输入并为其提供服务，用户借助 ISP 与 Internet 的连接通道便可以接入 Internet。

根据 ISP 接入 Internet 核心网的方式，可将 ISP 分为不同的层级。第 1 级 ISP 均为大型组织，其网络拥有路由器、高速数据链路及其他设备部件，包括连接各大陆的海底光缆，将这些组织各自拥有的网络主干实体连接在一起，就组建成全球性的 Internet 主干。第 2 级 ISP 也可能是跨越多个国家/地区的大型组织，但其中仅有极少数能够覆盖整个大陆或连接不同的大陆，会采取向第 1 级 ISP 付费的方式来向客户提供全球性的 Internet 接入。第 3 级 ISP 通常位于各主要城市，为客户提供本地 Internet 接入，通过向第 1 级和第 2 级 ISP 付费将其数据传送到世界其他地区。我国具有国际出口线路的四大 Internet 运营机构（CHINANET、CHINAGBN、CERNET、CASNET）在全国各地都设置了自己的 ISP 机构。CHINANET 是我国电信部门经营管理的基于 Internet 网络技术的中国公用 Internet 网，通过 CHINANET 的灵活接入方式和遍布全国各城市的接入点，可以方便地接入国际 Internet，享用 Internet 上的丰富资源和各种服务。CHINANET 由核心层、区域层和接入层组成，核心层主要提供国内高速中继通道和连接接入层，同时负责与国际 Internet 的互联；接入层主要负责提供用户端口以及各种资源服务器。

ICP（Internet Content Provider，Internet 内容提供商）指利用 ISP 线路，通过所设立的网站向广大用户综合提供信息业务和增值业务，允许用户在其域名范围内进行信息发布和信息查询的提供商。新浪、搜狐、163 等都是国内知名的 ICP。

IDC（Internet Data Center，Internet 数据中心）是电信部门利用已有的 Internet 通信线路、带宽资源，建立的标准化的电信专业级机房环境，可以为企业、政府提供服务器托管、租用以及相关增值等方面的全方位服务。IDC 的服务器托管业务主要应用于网站发布、虚拟主机和电子商务等。通过使用 IDC 的服务器托管业务，企业、政府等无需再建立自己的专门机房、铺设昂贵的通信线路，也无需高薪聘请网络工程师，即可解决自己使用网络和 Internet 的许多专业需求。

6.1.4　接入技术的选择

1. 接入技术的分类

针对不同的用户需求和不同的网络环境，ISP 提供了多种接入技术可供选择。按照传输介质的不同，可将接入网分为有线接入和无线接入两大类型，如表 6-2 所示。

表 6-2　接入技术的分类

有线接入	铜缆	PSTN 拨号：56Kb/s
		ISDN：单通道 64 Kb/s，双通道 128 Kb/s
		ADSL：下行 256 Kb/s～8Mb/s，上行 1Mb/s
		VDSL：下行 12Mb/s～52Mb/s，上行 1Mb/s～16Mb/s
	光纤	Ethernet：10/100/1000Mb/s，10Gb/s
		APON：对称 155Mb/s，非对称 622Mb/s
		EPON：1Gb/s

续表

有线接入	混合	HFC（混合光纤同轴电缆）：下行 36Mb/s，上行 10Mb/s
		PLC（电力线通信网络）：2Mb/s～100Mb/s
无线接入	固定	WLAN：2Mb/s～300Mb/s
	激光	FSO（自由空间光通信）：155Mb/s～10Gb/s
	移动	GPRS（无线分组数据系统）：171.2Kb/s

从上表可以看出，不同的接入技术需要不同的设备，能提供不同的传输速度，用户应根据实际需求选择合适的接入技术。从目前的情况来看，ISP 主要采用的宽带接入策略是在新建小区大力推行综合布线，通过以太网接入；对于用户集中的商业大楼，则采用综合数据接入设备或直接采用光纤传输设备。

2. ISP 的选择

用户能否有效的访问 Internet 与所选择的 ISP 直接相关，选择 ISP 时应注意以下方面：

（1）ISP 所在的位置

在选择 ISP 时，首先应考虑本地的 ISP，这样可以减少通信线路的费用，得到更可靠的通信线路。

（2）ISP 的性能

➢ 可靠性。ISP 能否保证用户与 Internet 的顺利连接，在连接建立后能否保证连接不中断，能否提供可靠的域名服务器、电子邮件等服务。

➢ 传输速率。ISP 能否与国家或国际 Internet 主干连接。

➢ 出口带宽。ISP 的所有用户将分享 ISP 的 Internet 连接通道，如果 ISP 的出口带宽比较窄，可能成为用户访问 Internet 的瓶颈。

（3）ISP 的服务质量

对 ISP 服务质量的衡量是多方面的，如所能提供的增值服务、技术支撑、服务经验和收费标准等。增值服务是指为用户提供接入 Internet 以外的一些服务，如根据用户的需求定制安全策略、提供域名注册服务等。技术支持除了保证一天 24 小时的连续运行外，还涉及到能否为客户提供咨询或软件升级等服务。ISP 的服务质量与其经营理念、服务历史及客户情况等有关。目前 ISP 常见的收费标准包括按传输的信息量收费、按与 ISP 建立连接的时间收费或按照包月、包年等形式收费。

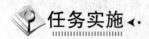 任务实施 ◂·

▷ 实训 1　了解本地家庭用户使用的接入业务

请通过 Internet 登录本地区主要 ISP 的网站或走访其营业厅，了解该 ISP 为家庭用户提供的接入业务，了解这些业务所使用的接入设备、主要技术特点和资费标准，了解使用相应接入技术访问 Internet 时的速度和质量。

▷ 实训 2　了解本地企业用户使用的接入业务

请通过 Internet 登录本地区主要 ISP 的网站或走访其营业厅，了解该 ISP 为企业用户提供的接入业务及增值服务。根据实际情况，走访本地区接入 Internet 的企业用户（如学校、网吧或其他企事业单位），了解其所使用的接入技术及相关费用，了解使用相应接入技术访问 Internet 时的速度和质量。

任务 6.2　利用光纤以太网接入 Internet

任务目的

（1）了解光纤接入的主要方式。

（2）掌握使用光纤以太网将计算机接入 Internet 的方法。

工作环境与条件

（1）已有的光纤以太网接入服务；

（2）安装 Windows 操作系统的 PC。

相关知识

6.2.1　FTTx 概述

光纤由于其大容量、保密性好、不怕干扰和雷击、重量轻等诸多优点，正在得到迅速发展和应用。主干网线路迅速光纤化，光纤在接入网中的广泛应用也是一种必然趋势。光纤接入技术实际就是在接入网中全部或部分采用光纤传输介质，构成光纤用户环路（或称光纤接入网），实现用户高性能宽带接入的一种方案。

光纤接入分为多种情况，可以表示为 FTTx，如图 6-4 所示。图中，OLT（Optical Line Terminal）称为光线路终端，ONU（Optical Network Unit）称为光网络单元。根据 ONU 位置不同，可以把光纤接入网分为 FTTC（Fiber To The Curb，光纤到路边/小区）、FTTB（Fiber To The Building，光纤到楼）和 FTTH（Fiber To The Home，光纤到户）。

1. FTTC

FTTC 主要为住宅区的用户提供服务，它将光网络单元设备放置于路边机箱，可以从光网络单元接出同轴电缆传送 CATV（有线电视）信号，也可以接出双绞线电缆传送电话信号或提供 Internet 接入服务。

2. FTTB

FTTB 可以按服务对象分为两种，一种是为公寓大厦提供服务，另一种是为商业大楼提供服务，两种服务方式都将光网络单元设置在大楼的地下室配线箱处，只是公寓大厦的光网络单元是 FTTC 的延伸，而商业大楼是为中大型企业单位提供服务，因此必须提高传输的速率，以提供高速的电子商务、视频会议等宽带服务。

3. FTTH

对于 FTTH，ITU（国际电信联盟）认为从光纤端头的光电转换器（或称为媒体转换器）到用户桌面不超过 100 米的情况才是 FTTH。FTTH 将光纤的距离延伸到终端用户家里，从而为家庭用户提供各种多种宽带服务。从本地交换机一直到用户全部为光纤连接，没有任何铜缆，也没有有源设备，是接入网的基本发展趋势。

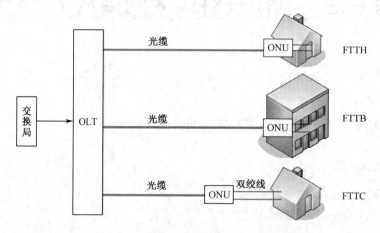

图 6-4　光纤接入方式

6.2.2　FTTx+LAN

FTTx 接入方式成本相对较高，而将 FTTx 与 LAN 结合，可以大大降低接入成本，同时也可以提供高速的用户端接入带宽。FTTx+LAN 是一种利用光纤加双绞线方式实现的宽带接入方案，采用星形（或树形）拓扑结构，小区、大厦、写字楼内采用综合布线系统，用户通过双绞线或光纤接入网络，楼道交换机和中心交换机、中心交换机和局端交换机之间通过光纤相连。用户不需要购买其他接入设备，只需一台带有网卡的 PC 即可接入 Internet，接入速率可以方便地扩展到 1Gb/s。FTTx+LAN 的稳定性高、可靠性强，可以实现远程办公、远程教学、远程医疗、VOD 点播、视频会议、VPN 等各种业务。

6.2.3　PPPoE

PPPoE（point to point protocol over Ethernet，以太网的点到点连接协议）是为了满足越来越多的宽带上网设备和越来越快的网络之间的通信而制定的标准，它基于两个被广泛接受的标准即 Ethernet 和 PPP（点对点拨号协议）。PPPoE 的实质是以太网和拨号网络之间的一个中继协议，继承了以太网的快速和 PPP 的拨号简单、用户验证、IP 分配等优势。在实际应用上，PPPoE 利用以太网的工作机理，将计算机连接到局域网，采用 RFC1483 的桥接封装方式对 PPP 数据包进行 LLC/SNAP 封装后，通过连接两端的 PVC（Permanence Virtual Circuit，固定虚拟连接）与网络中的宽带接入服务器之间建立连接，实现 PPP 的动态接入。PPPoE 可以完成基于以太网的多用户共同接入，实用方便，大大降低了网络的复杂程度。由于 PPPoE 具备以上这些特点，因此是当前宽带接入的主流接入协议。

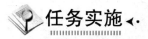

任务实施 ◂·

基于光纤的 LAN 接入方式是一种利用光纤加双绞线方式实现的宽带接入方案，其接入成本低，同时可以提供高速的用户端接入带宽，是目前最常用的用户接入方式。

▶ 实训 1　安装和连接硬件设备

对于采用 FTTx+LAN 方式接入 Internet 的用户，不需要购买其他接入设备，只需要将进入房间的双绞线电缆接入计算机网卡即可，与局域网的连接方式完全相同。

▶ 实训 2　建立 PPPoE 虚拟拨号连接

FTTx+LAN 的接入方式分为固定 IP 方式和虚拟拨号（PPPoE）方式。固定 IP 方式多面向企事业单位等拥有局域网的用户，用户有固定的 IP 地址，根据实际情况按信息点数量或带宽计收费用。用户在将 LAN 的双绞线电缆接入网卡后，需要设置相应的 IP 地址信息，不需要拨号就可以连入网络。虚拟拨号（PPPoE）方式大多面向个人用户，费用相对较低。用户无固定 IP 地址，必须到指定的机构开户并获得用户名和密码，使用专门的宽带拨号软件接入 Internet。目前大部分用户都采用虚拟拨号（PPPoE）方式。在 Windows 系统中建立 PPPoE 虚拟拨号连接的基本操作步骤为：

（1）右击"任务栏"右下角的"网络"图标，在弹出的快捷菜单中选择"打开网络和共享中心"命令，打开"网络和共享中心"窗口，如图 6-5 所示。

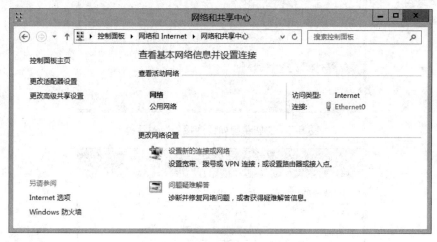

图 6-5　"网络和共享中心"窗口

（2）在"网络和共享中心"窗口单击"设置新的连接或网络"链接，打开"选择一个连接选项"对话框，如图 6-6 所示。

（3）在"选择一个连接选项"对话框中，选择"连接到 Internet"，单击"下一步"按钮，打开"您希望如何连接？"对话框，如图 6-7 所示。

（4）在"您希望如何连接？"对话框中单击"宽带（PPPoE）"链接，打开"键入你的 Internet 服务提供商（ISP）提供的信息"对话框，如图 6-8 所示。

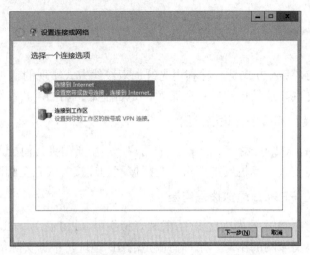

图 6-6　"选择一个连接选项"对话框

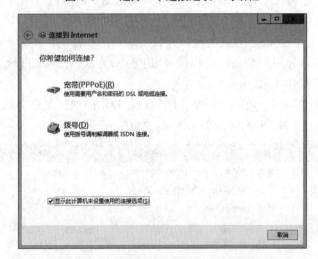

图 6-7　"您希望如何连接？"对话框

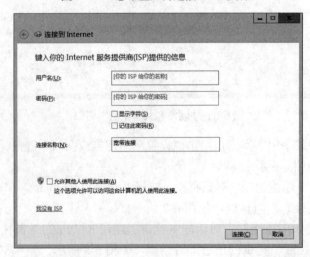

图 6-8　"键入你的 Internet 服务提供商（ISP）提供的信息"对话框

（5）在"键入你的 Internet 服务提供商（ISP）提供的信息"对话框中的"用户名"和"密码"文本框处填入申请的用户名和用户密码，单击"连接"按钮，完成设置。

【注意】PPPoE 虚拟拨号连接中的用户名、密码是区分大、小写字母的。

▶ 实训 3　访问 Internet

在 Windows 系统中，利用 PPPoE 虚拟拨号连接访问 Internet 的操作步骤为：在传统桌面模式中右击左下角的"开始"图标，在弹出的快捷菜单中单击"网络连接"命令，打开"网络连接"窗口。在"网络连接"窗口中双击所创建的宽带（PPPoE）连接，在屏幕右侧弹出的竖条菜单中选择宽带连接，单击"连接"按钮打开登录对话框，如图 6-9 所示。在登录对话框中输入用户名和密码，单击"确定"按钮，如果登录成功就可以访问 Internet 了。

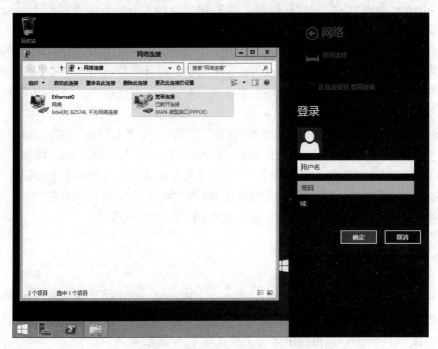

图 6-9　宽带连接的登录对话框

任务 6.3　实现 Internet 连接共享

任务目的

（1）了解实现 Internet 连接共享的主要方式；
（2）熟悉 Windows 系统自带的 Internet 连接共享的使用方法；
（3）熟悉使用代理服务器软件实现 Internet 连接共享的方法。

工作环境与条件

（1）已有的 Internet 接入服务；

（2）几台安装 Windows 操作系统的 PC；

（3）代理服务器软件；

（4）交换机及组建网络所需的其他设备。

相关 **知识**

如果一个局域网中的多台计算机需要同时接入 Internet，一般可以采取两种方式。一种方式是为每一台要接入 Internet 的计算机申请一个 IP 地址，并通过路由器将局域网与 Internet 相连，路由器与 ISP 通过专线连接，这种方式的缺点是浪费 IP 地址资源、运行费用高，所以一般不会采用。另一种方式是共享 Internet 连接，即只申请一个 IP 地址，局域网中的一台计算机与 Internet 相连，其余的计算机共享这个 IP 地址接入 Internet。要实现 Internet 连接共享可以通过硬件和软件两种方式。

➢ 硬件方式是指通过路由器、宽带路由器、无线路由器等实现 Internet 连接共享。采用硬件方式不但可以实现 Internet 连接共享，而且宽带路由器等设备都带有防火墙和路由功能，设置方便、操作简单、使用效果好。但硬件方式需要购买专门的接入设备，费用稍高。

➢ 软件方式主要是通过代理服务器类和网关类软件实现 Internet 连接共享。常用的软件有 SyGate、WinGate、CCProxy、SinforNAT、ISA 等，Windows 操作系统也内置了共享工具"Internet 连接共享"。采用软件方式虽然在方便性上不如硬件方式，而且对服务器的配置要求较高，但由于很多软件是免费或者系统自带的，并且可以对网络进行有效的管理和控制，因此也得到了广泛的应用。

6.3.1 宽带路由器方案

宽带路由器是一种常用的网络产品，它集成了路由器、防火墙、带宽控制和管理等基本功能，并内置了多端口的 10M/100Mb/s 自适应交换机，可以方便的将多台计算机连接成小型局域网并接入 Internet。宽带路由器可主要实现以下功能：

➢ 内置 PPPoE 虚拟拨号。宽带路由器内置了 PPPoE 虚拟拨号功能，可以方便的替代手工拨号接入。

➢ 内置 DHCP 服务器。宽带路由器都内置有 DHCP 服务器和交换机端口，可以为客户机自动分配 IP 地址信息。

➢ NAT 功能。宽带路由器一般利用 NAT（网络地址转换）功能以实现多用户的共享接入，内部网络用户连接 Internet 时，NAT 将用户的内部网络 IP 地址转换成一个外部公共 IP 地址，当外部网络数据返回时，NAT 则将目的地址替换成初始的内部用户地址以便内部用户接收数据。

如果采用 FTTx+LAN 方式接入 Internet，可以选择一台宽带路由器作为交换设备和 Internet 连接共享设备，如果需要，也可以通过级联交换机的方式，成倍地扩展网络接口，使用宽带路由器实现 Internet 连接共享的网络拓扑结构如图 6-10 所示。

目前有些宽带路由器可以提供多个外部接口，能够同时连接 2 个以上的 Internet 连接。利用这种宽带路由器可以把局域网内的各种传输请求，根据事先设定的负载均衡策略，分配到不同的 Internet 连接，从而实现智能化的信息动态分流，扩大整个局域网的出口带宽，起到了成倍增加带宽的作用。

图 6-10　使用宽带路由器实现 Internet 连接共享的网络拓扑结构

采用宽带路由器作为 Internet 连接共享设备，既可实现计算机之间的连接，又可有效地实现 Internet 连接共享。在该方案中，任何计算机都可以随时接入 Internet，不受其他计算机的影响，该方案适用于家庭、网吧、小型办公网络及其他中小型网络。

6.3.2　无线路由器方案

无线路由器（Wireless Router）是将无线访问接入点和宽带路由器合二为一的扩展型产品，它具备宽带路由器的所有功能，如内置多端口交换机、内置 PPPoE 虚拟拨号、支持防火墙、支持 DHCP、支持 NAT 等。利用无线路由器可以实现小型无线网络中的 Internet 连接共享，实现光纤以太网、光纤到户等的无线共享接入。

6.3.3　代理服务器方案

代理服务器（Proxy）处于客户机与服务器之间，对于服务器来说，Proxy 是客户机，对于客户机来说，Proxy 是服务器，它的作用很像现实生活中的代理服务商。在一般情况下，客户机在使用网络浏览器去连接 Internet 站点取得网络信息时，是直接访问目的站点的 Web 服务器，然后由目的站点的 Web 服务器把信息传送回来。代理服务器是介于客户机和 Web 服务器之间的另一台服务器，有了它之后，浏览器不是直接到目的站点的 Web 服务器去取回网页而是向代理服务器发出请求，信号会先送到代理服务器，由代理服务器访问目的站点的 Web 服务器取回客户机所需要的信息并传送给客户机。代理服务器主要有以下功能：

> 代理服务器可以代理 Internet 的多种服务，如 WWW、FTP、E-mail、DNS 等。
> 通常代理服务器都具有缓冲的功能，它有很大的存储空间，可以不断将新取得的数据储存到本机的存储器上，如果客户机所请求的数据在本机的存储器上已经存在而且是最新的，那么它将直接把存储器上的数据传送给客户机，这样就能显著提高访问效率。
> 代理服务器可以起到防火墙的作用。在代理服务器上可以设置相应限制，以过滤或屏蔽某些信息。另外外部服务器只知道访问来自于代理服务器，因此可以隐藏局域网内部的网络信息，从而提高局域网的安全性。
> 当客户机访问某服务器的权限受到限制时，若某代理服务器不受限制，且在客户机的访问范围之内，那么客户机就可以通过代理服务器访问目标服务器。

如果要使用代理服务器实现 Internet 连接共享，可先使用交换机组建局域网，然后将其中一台作为代理服务器。代理服务器通常应配置两个网络连接，分别连接局域网和 ISP 网络，此时其他计算机即可通过代理服务器接入 Internet。使用代理服务器实现 Internet 连接共享的网络拓扑结构如图 6-11 所示。

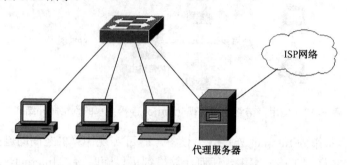

ISP网络

代理服务器

图 6-11　使用代理服务器实现 Internet 连接共享的网络拓扑结构

【注意】代理服务器上用于接入 Internet 的连接，可以是基于网卡的本地连接，也可以是基于 PPPoE 的宽带连接和基于无线网卡的无线连接。

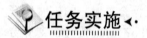
任务实施

▶ **实训 1　使用 Windows 系统自带的 Internet 连接共享**

Internet 连接共享是 Windows 98 第 2 版之后，Windows 操作系统内置的一个多机共享接入 Internet 的工具，该工具设置简单，使用方便。

1. 网络的物理连接

多台计算机通过 Windows 系统自带工具共享接入 Internet 的网络结构可参照如图 6-11 所示。所有的计算机安装 Windows 操作系统。服务器应具备两个网络连接，一个用于接入 Internet，另一个用于连接局域网交换机。客户机的网卡直接连接局域网交换机。

【注意】对于采用光纤以太网，通过 PPPoE 虚拟拨号方式接入 Internet 的用户，在进行网络物理连接时可将连接 ISP 网络的双绞线电缆接入局域网交换机的某一接口，将所有计算机的网卡连接到局域网交换机。然后，在作为服务器的计算机上创建 PPPoE 虚拟拨号连接，该连接将用于接入 Internet，而该计算机网卡对应的连接将用于与局域网内部其他计算机的通信。

2. 设置服务器

在服务器上首先应按照 ISP 的要求正确设置网络连接以能够接入 Internet，然后完成以下基本操作：

（1）在"网络连接"窗口中右击能够接入 Internet 的网络连接，在弹出的菜单中选择"属性"命令，打开其"属性"对话框，选择"共享"选项卡，如图 6-12 所示。

（2）在"共享"选项卡中勾选"允许其他网络用户通过此计算机的 Internet 连接来连接"复选框，单击"确定"按钮，此时已经在服务器上启用了 Internet 连接共享功能。

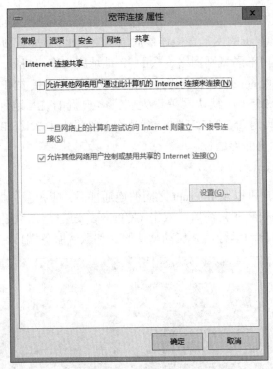

图 6-12 "共享"选项卡

启用 Internet 连接共享功能后，会对服务器的系统设置进行如下修改：

➢ 连接内部局域网的网络连接的 IP 地址信息被修改（如 IP 地址被设为 192.168.137.1，子网掩码被设为 255.255.255.0）；

➢ 创建 IP 路由；

➢ 启用 DNS 代理；

➢ 启用 DHCP 分配器（DHCP 可分配的地址范围与连接内部局域网网络连接的 IP 地址同网段，若连接内部局域网网络连接的 IP 地址被修改为 192.168.137.1，则 DHCP 可分配的地址范围为 192.168.137.2～192.168.137.254，子网掩码为 255.255.255.0）；

➢ 启动 Internet 连接共享服务；

➢ 启动自动拨号。

3. 设置客户机

在客户机上只需要为相应的局域网连接设置 IP 地址信息即可，设置时通常应采用自动获取 IP 地址的方式，设置完成后在客户机上就可以通过服务器访问 Internet 了。

▶ 实训 2　利用代理服务器软件实现 Internet 连接共享

代理服务器软件的种类很多，这里以国产代理服务器软件 CCProxy 为例，完成使用代理服务器软件实现 Internet 连接共享的设置。

1. 网络环境配置

多台计算机通过代理服务器软件 CCProxy 实现 Internet 连接共享的网络拓扑结构也可参照如图 6-11 所示。服务器应具备两个网络连接，一个用于接入 Internet，应按照 ISP 的要求正确设置网络连接以能够接入 Internet；另一个用于连接局域网交换机，应按照局域网的要求配置 IP 地址信息。客户机的网卡直接连接局域网交换机，应按照局域网的要求配置 IP 地址信息。服务器上连接内部局域网网络连接的 IP 地址应与客户机同一地址段，IP 地址信息可按照下面的方法进行配置：服务器上连接内部局域网网络连接的 IP 地址设为 192.168.0.1，子网掩码设为 255.255.255.0，默认网关设为空；客户机的 IP 地址可设为 192.168.0.2～192.168.0.254；子网掩码为 255.255.255.0；默认网关可设为 192.168.0.1。设置完成后，可使用 ping 命令测试局域网内的连通性。

2. 设置服务器

在确保服务器和客户机以及 Internet 之间的连通性后，应在服务器上完成 CCProxy 的安装和设置。CCProxy 的安装非常简单，双击 CCProxy 安装文件，按照向导提示操作即可，安装完成后 CCProxy 将自动运行，并启动默认服务和默认服务端口，如图 6-13 所示。

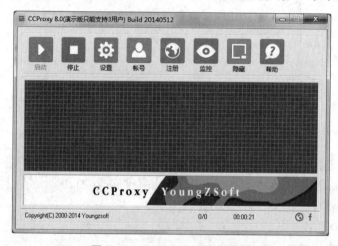

图 6-13　CCProxy 运行主界面

在 CCProxy 运行主界面中单击"设置"按钮，可以看到 CCProxy 启动的默认服务和默认服务端口，如图 6-14 所示。

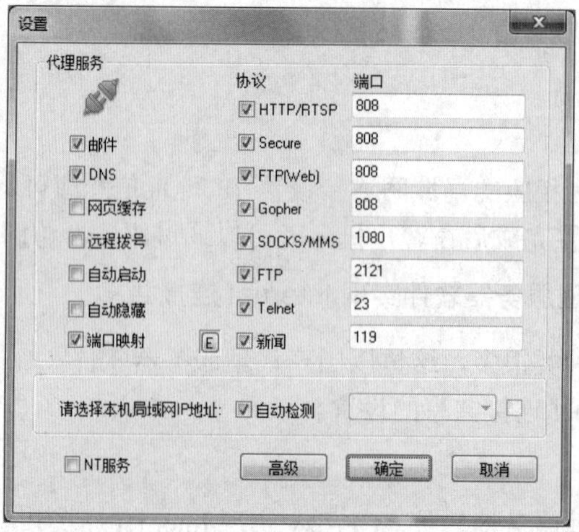

图 6-14　CCProxy 启动的默认服务和默认服务端口

如果在 CCProxy 启动时没有出现任何错误信息，那么就可以直接设置客户机实现 Internet 的共享连接。当然如果想对客户机进行相应的控制和管理功能，可以对 CCProxy 进行相关的设置，具体设置方法请参考相关用户手册。

3. 设置客户机

在确认客户机与服务器能够互相访问的前提下，可以对客户机的相关软件进行设置以通过代理服务器访问 Internet。如果在客户机上需要使用 Internet Explorer 访问 Internet，则设置方法为：

（1）打开 Internet Explorer，单击"工具"按钮，在弹出的菜单中选择"Internet 选项"命令。在打开的"Internet 选项"对话框中选择"连接"选项卡。

（2）在"连接"选项卡中单击"局域网设置"按钮，打开"局域网（LAN）设置"对话框，在"代理服务器"中勾选"为 LAN 使用代理服务器（这些设置不用于拨号或 VPN 连接）"复选框，如图 6-15 所示。

（3）在"局域网（LAN）设置"对话框中单击"高级"按钮，打开"代理设置"对话框，如图 6-16 所示。在该对话框中可输入各相关服务要使用的代理服务器地址和端口，应按照服务器的 IP 地址及 CCProxy 启动的服务端口进行设置。设置完成后，单击"确定"按钮完成设置。

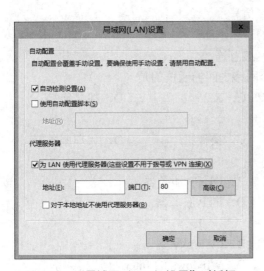

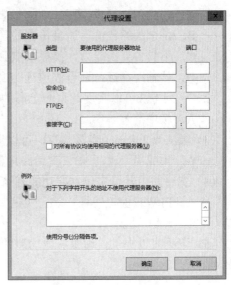

图 6-15   "局域网（LAN）设置"对话框   图 6-16   "代理设置"对话框

【注意】客户机其他软件的设置方法可参考相关用户手册，这里不再赘述。

1. 单项选择题

（1）（   ）独立于第二层和第三层协议，它提供了一种方式，将 IP 地址映射为简单的具有固定长度的标签，用于不同的包转发和包交换技术。

A．ATM   B．DDH   C．MPLS   D．SDH

（2）ISP 的意思是（   ）。

     A．域名服务器   B．互联网服务提供商

     C．FTP 服务协议   D．Web 服务器

（3）"PPPoE" 的意思是（   ）。

     A．Point to Point Pad out Ethernet

     B．Pulsed Pinch Plasma over Electromagnetic

     C．Point to Point Protocol over Ethernet

     D．Precision Plan Position over Ethernet

（4）新浪、搜狐、163、21CN 等都是国内知名的（   ）。

     A．ISP   B．ICP   C．IDC   D．IIS

（5）（   ）将光纤的距离延伸到终端用户家里，从而为家庭用户提供各种多种宽带服务。

     A．FTTB   B．FTTC   C．FTTD   D．FTTH

2．多项选择题

（1）DDN 的特点包括（   ）。

     A．可为用户提供不同速率的数字专线

     B．是永久的传输信道且传输的是数字信号

     C．不具备交换能力，仅提供点到点的专用链路

     D．传输距离远，适合高速远距离的网络互连

（2）下列方法可以实现北京和上海的两个网络之间的通信的是（   ）。

     A．帧中继   B．Hub   C．X.25   D．拨号连接

（3）要实现 Internet 连接共享，可以通过（   ）。

     A．集线器   B．宽带路由器   C．交换机   D．代理服务器

（4）宽带路由器可实现主要功能有（   ）。

     A．PPPoE 虚拟拨号   B．DHCP 服务器

     C．NAT 功能   D．FTP 服务器

（5）下列可以提供代理服务器功能的软件有（   ）。

     A．SyGate   B．CCProxy

     C．ISA   D．Windows 的 Internet 连接共享

3．问答题

（1）常见的广域网设备有哪些？

（2）常用的广域网数据链路层封装协议主要有哪些？

（3）什么是 Internet？

（4）什么是 ISP？选择 ISP 时应注意哪些方面的问题？

（5）根据 ONU 位置不同，光纤接入网可以分为哪些类型？

（6）什么是 PPPoE？

（7）什么是宽带路由器？它可以提供哪些基本功能？

（8）什么是代理服务器？它可以提供哪些基本功能？

4. 技能题

【内容及操作要求】

利用交换机连接计算机组建网络，利用代理服务器软件使所有计算机能够通过一个网络连接访问 Internet。

【准备工作】

3 台安装 Windows 操作系统的计算机；能将 1 台计算机接入 Internet 的设备；交换机及组建网络所需的其他设备。

【考核时限】

40min。

工作单元 7

组建小型无线网络

对用户移动接入网络的支持是目前计算机网络建设的基本需求，实现这种移动性的基础架构有许多，但在在家庭及企业网络环境中最重要的是 WLAN（Wireless Local Area Network，无线局域网）。无线局域网已经成为计算机网络建设的重要组成部分，是有线网络的必要补充。本单元的主要目标是了解常用的无线局域网技术和设备；熟悉无线局域网的组网方法；能够利用相关设备组建小型无线网络。

任务 7.1 认识无线局域网

任务目的

（1）了解常用的无线局域网技术标准；
（2）认识组建无线局域网所需的常用设备。

工作环境与条件

（1）能够接入 Internet 的 PC；
（2）典型的无线局域网组网案例。

相关知识

无线局域网是计算机网络与无线通信技术相结合的产物。简单地说，无线局域网就是在不采用传统电缆线的同时，提供有线局域网的所有功能。即无线局域网采用的传输介质不是双绞线或者光纤，而是无线电波。无线局域网能够减少网络布线的工作量，适用于不便于架设线缆的网络环境，可以满足用户自由接入网络的需求，已经成为计算机网络建设的基本组成部分。

7.1.1 无线局域网的技术标准

最早的无线局域网产品运行在 900MHz 的频段上，速度大约只有 1～2Mb/s。1992 年，工作在 2.4GHz 频段上的产品问世，之后的大多数无线局域网产品也都在此频段上运行。无线局域网常用的技术标准有 IEEE802.11 系列标准、家用射频工作组提出的 HomeRF、欧洲的 HiperLAN2 协议以及 Bluetooth（蓝牙）等，其中 IEEE 802.11 系列标准应用最为广泛，已经成为目前事实上占主导地位的无线局域网标准。

【注意】常说的 WLAN 指的就是符合 IEEE802.11 系列标准的无线局域网技术。

1997 年 6 月，IEEE 推出了第一代无线局域网标准——IEEE802.11。该标准定义了物理层和介质访问控制子层（MAC）的协议规范，速度大约有 1～2Mb/s。任何 LAN 应用、网络操作系统或协议在遵守 IEEE802.11 标准的 WLAN 上运行时，就像它们运行在以太网上一样。为了支持更高的数据传输速度，IEEE802.11 系列标准定义了多样的物理层标准，主要包括 IEEE802.11b、IEEE802.11a、IEEE802.11g 和 IEEE802.11n。

1. IEEE802.11b

IEEE802.11b 标准对 IEEE 802.11 标准进行了修改和补充，规定无线局域网的工作频段为 2.4GHz～2.4835GHz，一般采用直接系列扩频（Direct Sequence Spread Spectrum；DSSS）和补偿编码键控（Complementary Code Keying；CCK）调制技术，在数据传输速率方面可以根据实际情况在 11 Mb/s、5.5 Mb/s、2 Mb/s、1 Mb/s 的不同速率间自动切换。

【注意】通常符合 IEEE802.11 标准的产品都可以在移动时根据其与无线接入点的距离自动进行速率切换，而且在进行速率切换时不会丢失连接，也无需用户干预。

2. IEEE802.11a

IEEE802.11a 标准规定无线局域网的工作频段为 5.15～5.825GHz，采用正交频分复用（Orthogonal Frequency Division Multiplexing；OFDM）的独特扩频技术，数据传输速率可达到 54 Mb/s。IEEE802.11a 与工作在 2.4GHz 频率上的 IEEE802.11b 标准互不兼容。

【注意】符合 IEEE802.11a 标准的产品在移动时能够根据距离自动将 54 Mb/s 的传输速率切换到 48 Mb/s、36 Mb/s、24 Mb/s、18 Mb/s、12 Mb/s、9 Mb/s、6 Mb/s。

3. IEEE802.11g

IEEE802.11g 标准可以视作对 IEEE802.11b 标准的升级，该标准仍然采用 2.4GHz 频段，数据传输速率可达到 54Mb/s。IEEE 802.11g 支持 2 种调制方式，包括 IEEE 802.11a 中采用的 OFDM 与 IEEE802.11b 中采用的 CCK。IEEE802.11g 标准与 IEEE802.11b 标准完全兼容，遵循这两种标准的无线设备之间可相互访问。

4. IEEE802.11n

IEEE802.11n 标准可以工作在 2.4GHz 和 5GHz 两个频段，实现与 IEEE802.11b/g 以及 IEEE802.11a 标准的向下兼容。IEEE802.11n 标准使用 MIMO（multiple-input multiple-output，多输入多输出）天线技术和 OFDM 技术，其数据传输速率可达 300Mb/s 以上，理论传输速率最高可达 600Mb/s。

7.1.2　无线局域网的硬件设备

组建无线局域网的硬件设备主要包括：无线网卡、无线访问接入点、无线路由器和天线等，几乎所有的无线网络产品中都自含无线发射/接收功能。

1. 无线网卡

无线网卡在无线局域网中的作用相当于有线网卡在有线局域网中的作用。无线网卡主要包括 NIC（网卡）单元、扩频通信机和天线三个功能模块。NIC 单元属于数据链路层，由它负责建立主机与物理层之间的连接；扩频通信机与物理层建立了对应关系，它通过天线实现无线电信号的接收与发射。按无线网卡的接口类型可分为适用于台式机的 PCI 接口的无线网卡和适用于笔记本电脑的 PCMCIA 接口的无线网卡，另外还有在台式机和笔记本电脑均可采用的 USB 接口的无线网卡。

【注意】目前很多计算机的主板都集成了无线网卡，无需单独购买。

2. 无线访问接入点

无线访问接入点（Access Point，AP）是在无线局域网环境中进行数据发送和接收的集中设备，相当于有线网络中的集线器，如图 7-1 所示。通常，一个 AP 能够在几十至几百米的范围内连接多个无线用户。AP 可以通过标准的以太网电缆与传统的有线网络相连，从而可以作为无线网络和有线网络的连接点。AP 还可以执行一些安全功能，可以为无线客户端及通过无线网络传输的数据进行认证和加密。由于无线电波在传播过程中会不断衰减，导致AP的通信范围被限定在一定的范围内，这个范围被称作蜂窝。如果采用多个 AP，并使它们的蜂窝互相有一定范围的重合，当用户在整个无线局域网覆盖区域内移动时，无线网卡能够自动发现附近信号强度最大的 AP，并通过这个 AP 收发数据，保持不间断的网络连接，这种方式被称为无线漫游。

3. 无线路由器

无线路由器实际上是 AP 与宽带路由器的结合，借助于无线路由器，可实现无线网络中的 Internet 连接共享。

4. 天线

天线（Antenna）的功能是将信号源发送的信号传送至远处。天线一般有定向性和全向性之分，前者较适合于长距离使用，而后者则较适合区域性的使用。例如若要将第一栋建筑物内的无线网络的范围扩展到 1km 甚至更远距离以外的第二栋建筑物，可选用的一种方法是在每栋建筑物上安装一个定向天线，天线的方向互相对准，第一栋建筑物的天线经过 AP连到有线网络上，第二栋建筑物的天线接到第二栋建筑物的 AP 上，如此无线网络就可以接通相距较远的两个或多个建筑物。如图 7-2 所示为一款可用于室外的壁挂定向天线。

图 7-1　无线访问接入点　　　　　　　　图 7-2　壁挂定向天线

【注意】Wi-Fi 联盟是一个非盈利性且独立于厂商之外的组织，它将基于 IEEE 802.11 协议标准的技术品牌化。一台基于 802.11 协议标准的设备，需要经历严格的测试才能获得 Wi-Fi认证，所有获得 Wi-Fi 认证的设备之间可进行交互，不管其是否为同一厂商生产。

任务实施

▶ **实训 1　分析无线局域网使用的技术标准**

请根据实际条件，选择一项无线局域网的具体应用实例，根据所学的知识，分析该网络所采用的技术标准。

▶ **实训 2　认识常用的无线局域网设备**

（1）请根据实际条件，选择一项无线局域网的具体应用实例，根据所学的知识，了解并熟悉该网络使用的无线局域网设备，列出该网络所使用的无线局域网设备的品牌、型号和主要性能指标。

（2）访问主流无线局域网设备厂商的网站，查看该厂商生产的无线局域网设备产品，记录其型号、价格以及相关技术参数。

任务 7.2　组建 BSS 无线局域网

任务目的

（1）了解无线局域网的组网模式；

（2）熟悉单一 BSS 结构无线局域网的组网方法。

工作环境与条件

（1）无线路由器（本部分以 Cisco 系列产品为例，也可选用其他品牌型号的产品或使用 Cisco Packet Tracer 等网络模拟和建模工具）；

（2）安装 Windows 操作系统的 PC（带有无线网卡）；

（3）组建网络所需的其他设备。

相关知识

7.2.1　无线局域网的组网模式

将各种无线局域网设备结合在一起使用，就可以组建出多层次、无线与有线并存的计算机网络。在 IEEE 802.11 标准中，一组无线设备被称为服务集（Service Set），这些设备的服务集标识（Service Set Identifier，SSID）必须相同。服务集标识是一个文本字符串，包含在发送的数据帧中，如果发送方和接收方的 SSID 相同，这两台设备将能够通信。

1. BSS 组网模式

BSS 组网模式包含一个接入点（AP），负责集中控制一组无线设备的接入。要使用无线网络的无线客户端都必须向 AP 申请成员资格，客户端必须具备匹配的 SSID、兼容的 WLAN 标准、相应的身份验证凭证等才被允许加入。若 AP 没有连接有线网络，则可将该 BSS 称为独立基本服务集（Independent Basic Service Set，IBSS）；若 AP 连接到有线网络，则可将其称为基础结构 BSS，如图 7-3 所示。若不使用 AP，安装无线网卡的计算机之间直接进行无线通信，则被称作临时性网络（Ad-hoc Network）。

【注意】在无线客户端与 AP 关联后，所有来自和去往该客户端的数据都必须经过 AP，而在 Ad-hoc Network 中，所有客户端相互之间可以直接通信。

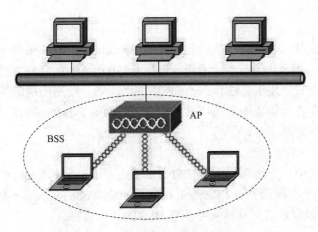

图 7-3　基础结构 BSS 组网模式

2. ESS 组网模式

基础结构 BSS 虽然可以实现有线和无线网络的连接，但无线客户端的移动性将被限制在其对应 AP 的信号覆盖范围内。扩展服务集（Extended Service Set，ESS）通过有线网络将多个 AP 连接起来，不同 AP 可以使用不同的信道。无线客户端使用同一个 SSID 在 ESS 所覆盖的区域内进行实体移动时，将自动连接到干扰最小、连接效果最好的 AP。ESS 组网模式如图 7-4 所示。

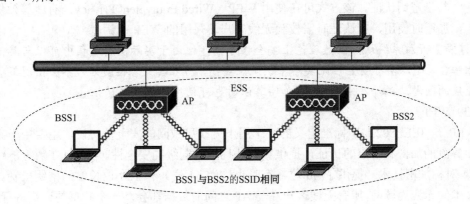

图 7-4　ESS 组网模式

7.2.2　无线局域网的用户接入

基于 IEEE802.11 协议的 WLAN 设备的大部分无线功能都是建立在 MAC 子层上的。无线客户端接入到 IEEE802.11 无线网络主要包括以下过程。

➢　无线客户端扫描（Scanning）发现附近存在的 BSS。

➢　无线客户端选择 BSS 后，向其 AP 发起认证（Authentication）过程。

➢　无线客户端通过认证后，发起关联（Association）过程。

➢　通过关联后，无线客户端和 AP 之间的链路已建立，可相互收发数据。

1. 扫描

无线客户端扫描发现 BSS 有被动扫描和主动扫描两种方式。

（1）被动扫描

在 AP 上设置 SSID 信息后，AP 会定期发送 Beacon 帧。Beacon 帧中会包含该 AP 所属的 BSS 的基本信息以及 AP 的基本能力级，包括 BSSID（AP 的 MAC 地址）、SSID、支持的速率、支持的认证方式，加密算法、Beacons 帧发送间隔、使用的信道等。在被动扫描模式中，无线客户端会在各个信道间不断切换，侦听所收到的 Beacon 帧并记录其信息，以此来发现周围存在的无线网络服务。

（2）主动扫描

在主动扫描模式中，无线客户端会在每个信道上发送 Probe Request 帧以请求需要连接的无线接入服务，AP 在收到 Probe Request 帧后会回应 Probe Response 帧，其包含的信息和 Beacon 帧类似，无线客户端可从该帧中获取 BSS 的基本信息。

【注意】如果 AP 发送的 Beacon 帧中隐藏了 SSID 信息，则应使用主动扫描方式。

2. 认证（Authentication）

（1）认证方式

IEEE802.11 的 MAC 子层主要支持两种认证方式：

> 开放系统认证。无线客户端以 MAC 地址为身份证明，要求网络 MAC 地址必须是唯一的，这几乎等同于不需要认证，没有任何安全防护能力。在这种认证方式下，通常应采用 MAC 地址过滤、RADIUS 等其他方法来保证用户接入的安全性。

> 共享密钥认证。该方式可在使用 WEP（Wired Equivalent Privacy，有线等效保密）加密时使用，在认证时需校验无线客户端采用的 WEP 密钥。

【注意】开放系统认证虽然理论上安全性不高，但由于实际使用过程中可以与其他认证方法相结合，所以实际安全性比共享密钥认证要高，另外其兼容性更好，不会出现某些产品无法连接的问题。另外在采用 WEP 加密算法时也可使用开放系统认证。

（2）WEP

WEP 是 IEEE802.11b 标准定义的一个用于无线局域网的安全性协议，主要用于无线局域网业务流的加密和节点的认证，提供和有线局域网同级的安全性。WEP 在数据链路层采用 RC4 对称加密技术，提供了 40 位（有时也称为 64 位）和 128 位长度的密钥机制。使用了该技术的无线局域网，所有无线客户端与 AP 之间的数据都会以一个共享的密钥进行加密。WEP 的问题在于其加密密钥为静态密钥，加密方式存在缺陷，而且需要为每台无线设备分别设置密钥，部署起来比较麻烦，因此不适合用于安全等级要求较高的无线网络。

【注意】在使用 WEP 时应尽量采用 128 位长度的密钥，同时也要定期更新密钥。如果设备支持动态 WEP 功能，最好应用动态 WEP。

（3）IEEE 802.11i、WPA 和 WPA2

IEEE 802.11i 定义了无线局域网核心安全标准，该标准提供了强大的加密、认证和密钥管理措施。该标准包括了两个增强型加密协议，用以对 WEP 中的已知问题进行弥补。

> TKIP（暂时密钥集成协议）。该协议通过添加 PPK（单一封包密钥）、MIC（消息完整性检查）和广播密钥循环等措施增加了安全性。

> AES-CCMP（高级加密标准）。它是基于"AES 加密算法的计数器模式及密码块链消息认证码"的协议。其中 CCM 可以保障数据隐私，CCMP 的组件 CBG-MAC（密码块链消息认证码）可以保障数据完整性并提供身份认证。AES 是 RC4 算法更强

健的替代者。

WPA（Wi-Fi Protected Access，Wi-Fi 网络安全存取）是 Wi-Fi 联盟制定的安全解决方案，它能够解决已知的 WEP 脆弱性问题，并且能够对已知的无线局域网攻击提供防护。WPA 使用基于 RC4 算法的 TKIP 来进行加密，并且使用预共享密钥（PSK）和 IEEE 802.1x/EAP 来进行认证。PSK 认证是通过检查无线客户端和 AP 是否拥有同一个密码或密码短语来实现的，如果客户端的密码和 AP 的密码相匹配，客户端就会得到认证。

WPA2 是获得 IEEE802.11 标准批准的 Wi-Fi 联盟交互实施方案。WPA2 使用 AES-CCMP 实现了强大的加密功能，也支持 PSK 和 IEEE 802.1x/EAP 的认证方式。

WPA 和 WPA 2 有两种工作模式，以满足不同类型的市场需求。

➢ 个人模式。个人模式可以通过 PSK 认证无线产品。需要手动将预共享密钥配置在 AP 和无线客户端上，无需使用认证服务器。该模式适用于 SOHO 环境。

➢ 企业模式。企业模式可以通过 PSK 和 IEEE 802.1x/EAP 认证无线产品。在使用 IEEE 802.1x 模式进行认证、密钥管理和集中管理用户证书时，需要添加使用 RADIUS 协议的 AAA 服务器。该模式适用于企业环境。

【注意】WEP、WPA 和 WPA 在实现认证的同时，也可实现数据的加密传输，从而保证 WLAN 的安全。IPSec、SSH 等也可用作保护无线局域网流量的安全措施。

3. 关联（association）

无线客户端在通过认证后会发送 Association Request 帧，AP 收到该帧后将对客户端的关联请求进行处理，关联成功后会向客户端发送回应的 Association Response 帧，该帧中将含有关联标识符（Association ID，AID）。无线客户端与 AP 建立关联后，其数据的收发就只能和该 AP 进行。

任务实施

请组建如图 7-5 所示的网络并对其进行配置，通过一台无线路由器实现所有计算机之间的连通和 Internet 接入，并保证无线接入的安全。

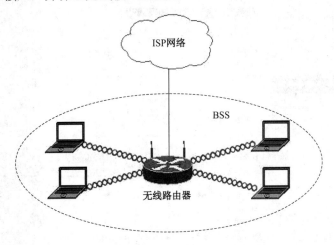

图 7-5 组建 BSS 无线局域网示例

▶ 实训 1　设置无线路由器

Cisco Linksys 无线路由器在默认情况下将广播其 SSID 并具有 DHCP 功能，无线客户端可直接接入网络。可在 Cisco Linksys 无线路由器上完成以下设置：

1. 连接并登录无线路由器

Cisco Linksys 无线路由器有 1 个 Internet 接口、1 个 LAN 接口和 4 个 Ethernet 接口。其中，Internet 接口用来与其他网络相连；Ethernet 接口可提供有线接入，其所连接的客户端与无线接入的客户端处于同一网段；LAN 接口就是该网段的网关。在如图 7-5 所示的网络中应将连接 ISP 网络的线缆接入无线路由器的 Internet 接口，将一台计算机通过双绞线跳线与无线路由器的 Ethernet 接口相连。连接完成后在计算机上完成以下操作：

> ➢　为该计算机设置 IP 地址相关信息。在本例中可设置其 IP 地址为 192.168.0.254，子网掩码为 255.255.255.0，默认网关为 192.168.0.1。
> ➢　在计算机上启动浏览器，在浏览器的地址栏输入无线路由器的默认 IP 地址，输入相应的用户名和密码后，即可打开无线路由器 Web 配置主页面。

【注意】默认情况下，Linksys 无线路由器的 IP 地址为 192.168.0.1/24，DHCP 地址范围为 192.168.0.100 ~ 192.168.0.149，不同厂家的产品其默认 IP 地址、用户名及密码并不相同，配置前请认真阅读其技术手册。

2. 设置 IP 地址及相关信息

在无线路由器配置主页面中，单击"Setup"链接，打开基本设置页面，如图 7-6 所示。在该页面的"Internet Setup"中，选择"Internet Connection type"为"PPPoE"，输入相应的用户名和密码。

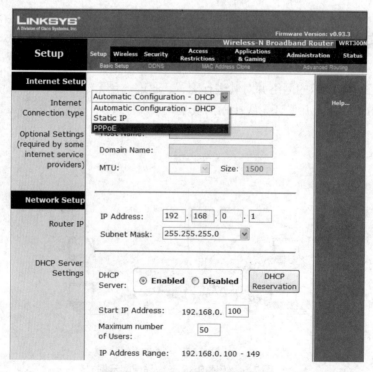

图 7-6　无线路由器基本配置页面

3．无线连接基本配置

在无线路由器配置主页面中，单击"Wireless"链接，打开无线连接基本配置页面，如图 7-7 所示。在该页面中可以对无线连接的网络模式、SSID、带宽、信道等进行设置。为了实现无线接入的安全，应选择不使用默认的 SSID 并禁用 SSID 广播。具体设置方法非常简单，只需在无线连接基本配置页面的"Network Name（SSID）"文本框中输入新的 SSID，并将"SSID Broadcast"设置为"Disabled"，单击"Save Setting"按钮即可。

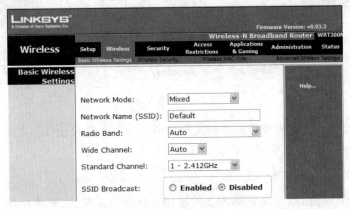

图 7-7　无线连接基本配置页面

4．设置 WEP

在 Linksys 无线路由器上设置 WEP 的方法为：在无线连接基本配置页面单击"Wireless Security"链接，打开无线网络安全设置页面。在"Security Mode"中选择"WEP"，在"Encryption"中选择"104/128-Bit（26 Hex digits）"，在"Key1"文本框中输入 WEP 密钥，单击"Save Setting"按钮完成设置，如图 7-8 所示。

图 7-8　设置 WEP

【注意】如果选择了 128 位长度的密钥，则在输入密钥时应输入 26 个 0～9 和 A～F 之间的字符，如果选择了 64 位长度的密钥，则应输入 10 个 0～9 和 A～F 之间的字符。

5．设置 WPA

在 Linksys 无线路由器上设置 WPA 的操作方法为：在无线网络安全设置页面的"Security

Mode"中选择"WPA Personal"，在"Encryption"中选择"TKIP"，在"Passphrase"文本框中输入密码短语，单击"Save Setting"按钮完成设置，如图 7-9 所示。

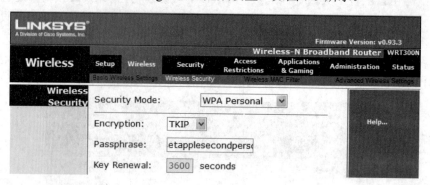

图 7-9　设置 WPA

【注意】在功能上，密码短语同密码是一样的，为了加强安全性，密码短语通常比密码要长，一般应使用 4 到 5 个单词，长度在 8 至 63 个字符之间。

6. 设置 WPA2

在 Linksys 无线路由器上设置 WPA2 的操作方法与设置 WPA 基本相同，这里不再赘述。

【注意】限于篇幅，以上只完成了 Linksys 无线路由器的基本设置，其他设置请查阅产品说明书或相关技术手册。

▶ **实训 2　设置无线客户端**

在无线路由器进行了基本安全设置后，无线客户端要连入网络应完成以下操作：在传统桌面模式中单击右下角的网络连接图标，在屏幕右侧弹出的竖条菜单的 WLAN 部分中会出现本地计算机发现的可用网络的 SSID。选择相应的 SSID，单击"连接"按钮，若该网络设置了认证，则需要正确输入网络安全密钥后接入无线网络。

【注意】若无线路由器禁用了 SSID 广播，则当在传统桌面模式中单击右下角的网络连接图标，在屏幕右侧弹出的竖条菜单的 WLAN 部分的最后会出现"隐藏网络"，单击"隐藏网络"，输入相应的 SSID 和网络安全密钥后，即可接入无线网络。

习　题　7

1. 单项选择题

（1）目前的 WLAN 产品主要工作在（　　　）频段。

　　A. 2.2GHz　　　　　B. 2.4GHz　　　　　C. 2.6GHz　　　　　D. 2.8GHz

（2）（　　　）是一种利用红外线进行点对点通信的技术。

　　A. 802.11　　　　　B. HomeRF　　　　　C. 蓝牙　　　　　D. IrDA

（3）（　　　）是在无线局域网环境中进行数据发送和接收的集中设备，相当于有线网络中的集线器。

　　A. 无线网卡　　　　B. AP　　　　　　　C. 天线　　　　　D. 蓝牙

（4）借助于（   ）可实现无线网络中的 Internet 连接共享，实现 ADSL、Cable Modem 和小区宽带的无线共享接入。

    A．无线网卡   B．AP   C．天线   D．无线路由器

2. 多项选择题

（1）目前的 WLAN 产品所采用的技术标准主要包括（   ）。

    A．802.11   B．HomeRF   C．蓝牙   D．IrDA

（2）组建无线局域网的硬件设备主要包括（   ）。

    A．无线网卡   B．AP   C．天线   D．无线路由器

（3）通过（   ）等无线设备还可以把无线局域网和有线网络连接起来，并允许用户有效的共享网络资源。

    A．无线网卡   B．AP   C．天线   D．无线路由器

（4）无线网卡主要包括（   ）三个功能模块。

    A．NIC 单元   B．扩频通信机   C．天线   D．AP

（5）按无线网卡的总线类型可分为（   ）。

    A．PCI 接口的网卡   B．USB 接口的网卡

    C．PCI-E 16X 接口的网卡   D．PCMCIA 接口的网卡

3. 问答题

（1）常用的 IEEE802.11 系列标准有哪些？

（2）简述 IEEE802.11g 标准的功能特点。

（3）什么是 AP？其主要作用是什么？

（4）简述 BSS 组网模式和 ESS 组网模式的主要差别。

（5）无线客户端接入到 IEEE802.11 无线网络主要包括哪些过程？

（6）IEEE802.11 的 MAC 子层主要支持两种认证方式？这两种认证方式各有什么特点？

（7）什么是 WPA？WPA 和 WPA 2 有哪两种工作模式？

4. 技能题

【内容及操作要求】

请利用无线路由器将安装无线网卡的计算机组网并完成以下配置：

➢   将 SSID 设置为 Student，并禁用 SSID 广播。

➢   在网络中设置 WPA2 验证。

➢   使所有计算机能够通过一个网络连接访问 Internet。

【准备工作】

1 台无线路由器；3 台安装无线网卡的计算机；能将 1 台计算机接入 Internet 的设备；组建网络所需的其他设备。

【考核时限】

30min。

工作单元 8

配置常用网络服务

　　组建计算机网络的主要目的是实现网络资源的共享，满足用户的各种应用需求。因此在实现了计算机之间的互连互通之后，必须通过网络操作系统和相应软件，配置各种网络服务，以满足用户的不同应用需求。本单元的主要目标是熟悉在 Windows Server 2012 R2 系统环境下设置文件和打印机共享、DHCP 服务器、DNS 服务器、Web 服务器、FTP 服务器的基本方法，能够独立完成常用网络服务的基本配置。

任务 8.1 设置文件共享

任务目的

（1）理解工作组网络的结构和特点；

（2）掌握本地用户账户的设置方法；

（3）掌握共享文件夹的创建和访问方法。

工作环境与条件

（1）安装 Windows Server 2012 R2 操作系统的计算机；

（2）安装 Windows 8 或其他 Windows 操作系统的计算机；

（3）能够正常运行的网络环境（也可使用 VMware Workstation 等虚拟机软件）。

相关知识

8.1.1 工作组网络

Windows 操作系统支持两种网络管理模式：

➢ 工作组。分布式的管理模式，适用于小型的网络；

➢ 域。集中式的管理模式，适用于较大型的网络。

工作组是由一群用网络连接在一起的计算机组成，如图 8-1 所示。在工作组网络中，每台计算机的地位平等，各自管理自己的资源。工作组结构的网络具备以下特性：

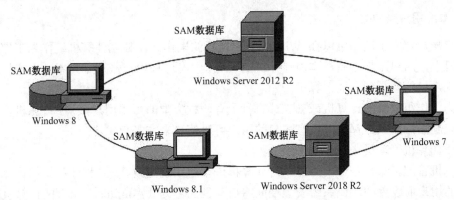

图 8-1 工作组结构的网络

➢ 网络上的每台计算机都有自己的本地安全数据库，称为"SAM（Security Accounts Manager，安全账户管理器）数据库"。如果用户要访问每台计算机的资源，那么必须在每台计算机的 SAM 数据库内创建该用户的账户，并获取相应的权限。

> 工作组内不一定要有服务器级的计算机，也就是说所有计算机都安装 Windows 8 系统，也可以构建一个工作组结构的网络。

> 在工作组网络中，每台计算机都可以方便地将自己的本地资源共享给他人使用。工作组网络中的资源管理是分散的，通常可以通过启用目的计算机上的 Guest 账户或为使用资源的用户创建一个专用账户的方式来实现对资源的管理。

> 在计算机数量不多的情况下（如 10～20 台），可以采用工作组结构的网络。

8.1.2　计算机名与工作组名

1. 计算机名

计算机名是用于识别网络上的计算机的。要连接到网络，每台计算机都应有唯一的名称。在 Windows 系统中计算机名最多为 15 个字符，不能含有空格和"；："＜＞*＋＝\｜？，"等专用字符。

2. NetBIOS 名

NetBIOS 名是用于标识网络上的 NetBIOS 资源的地址，该地址包含 16 个字符，前 15 个字符代表计算机的名字，第 16 个字符表示服务；对于不满 15 个字符的计算机名称，系统会补上空格。系统启动时，系统将根据用户的计算机名称，注册一个唯一的 NetBIOS 名称。当用户通过 NetBIOS 名称访问本地计算机时，系统可将 NetBIOS 名称解析为 IP 地址，之后计算机之间使用 IP 地址相互访问。

3. 工作组名

工作组名是用于标识网络上的工作组的，同一工作组的计算机应设置相同的工作组名。

8.1.3　本地用户账户和组

1. 本地用户账户

用户账户定义了用户可以在 Windows 中执行的操作。在独立计算机或作为工作组成员的计算机上，用户账户存储在本地计算机的 SAM 中，这种用户账户称为本地用户账户。本地用户账户只能登录到本地计算机。

作为工作组成员的计算机或独立计算机上有两种类型的可用用户账户：计算机管理员账户和受限制账户，在计算机上没有账户的用户可以使用来宾账户。

（1）计算机管理员账户

计算机管理员账户是专门为可以对计算机进行全系统更改、安装程序和访问计算机上所有文件的用户而设置的。在系统安装期间将自动创建名为"Administrator"的计算机管理员账户。计算机管理员账户具有以下特征：

> 可以创建和删除计算机上的用户账户。

> 可以更改其他用户账户的账户名、密码和账户类型。

> 无法将自己的账户类型更改为受限制账户类型，除非在该计算机上有其他的计算机

管理员账户，这样可以确保计算机上总是至少有一个计算机管理员账户。

（2）受限制账户

如果需要禁止某些用户更改大多数计算机设置和删除重要文件，则需要为其设置受限制账户。受限制账户具有以下特征：

➤ 无法安装软件或硬件，但可以访问已经安装在计算机上的程序。

➤ 可以创建、更改或删除本账户的密码。

➤ 无法更改其账户名或者账户类型。

➤ 对于使用受限制账户的用户，某些程序可能无法正常工作。

（3）来宾账户

来宾账户供那些在计算机上没有用户账户的用户使用。系统安装时会自动创建名为"Guest"的来宾账户，并将其设置为禁用。来宾账户具有以下特征：

➤ 无法安装软件或硬件，但可以访问已经安装在计算机上的程序。

➤ 无法更改来宾账户类型。

2．本地组账户

组账户通常简称为组，一般指同类用户账户的集合。一个用户账户可以同时加入多个组，当用户账户加入到一个组以后，该用户会继承该组所拥有的权限。因此使用组账户可以简化网络的管理工作。在独立计算机或作为工作组成员的计算机上创建的组都是本地组，使用本地组可以实现对本地计算机资源的访问控制。在系统安装过程中会自动创建一些本地组账户，这些组账户称为内置组，不同的内置组会有不同的默认访问权限。表 8-1 列出了 Windows Server 20012 R2 操作系统的部分内置组。

表 8-1　Windows Server 2012 R2 操作系统的部分内置组

组　　名	描　述　信　息
Administrators	具有完全控制权限，并且可以向其他用户分配用户权利和访问控制权限。
Backup Operators	加入该组的成员可以备份和还原服务器上的所有文件。
Guests	拥有一个在登录时创建的临时配置文件，在注销时该配置文件将被删除。
Network Configuration Operators	可以执行常规的网络配置功能，如更改 TCP/IP 设置等，但不可以更改驱动程序和服务，不可以配置网络服务器。
Power Users	拥有有限的管理权限。
Remote Desktop Users	可以从远程计算机使用远程桌面连接来登录。
Users	可以执行常见任务，如运行应用程序、使用本地和网络打印机以及锁定服务器等，不能共享目录或创建本地打印机。

8.1.4　共享文件夹

共享资源是指可以由其他设备或程序使用的任何设备、数据或程序。对于 Windows 操作系统，共享资源指所有可用于用户通过网络访问的资源，包括文件夹、文件、打印机、命名管道等。文件共享是一个典型的客户机/服务器工作模式，Windows 操作系统在实现文件共享之前，必须在网络连接属性中添加网络组件"Microsoft 网络的文件和打印共享"以及"Microsoft 网络客户端"，其中网络组件"Microsoft 网络的文件和打印共享"提供服务器功能，"Microsoft 网络客户端"提供客户机功能。

1. 共享文件夹的访问过程

在登录共享服务器之前，客户机首先要确定目标服务器上的协议，端口，组件能是否齐备，服务是否启动，在一切都合乎要求后，开始用户的身份验证过程，如果顺利通过身份验证，服务器会检查本地的安全策略与授权，看本次访问是否允许，如果允许，会进一步检查用户希望访问的共享资源的权限设置是否允许用户进行想要的操作，在通过这一系列检查后，客户机才能最终访问到目标资源。

2. 共享权限

（1）共享权限的类型

当用户将计算机内的文件夹设为"共享文件夹"后，拥有适当共享权限的用户就可以通过网络访问该文件夹内的文件、子文件夹等数据。表 8-2 列出共享权限的类型与其所具备的访问能力，系统默认设置为所有用户具有"读取"权限。

表 8-2　共享权限的类型与其所具备的访问能力

共 享 权 限	具备的访问能力
读取（默认权限，被分配给 Everyone 组）	查看该共享文件夹内的文件名称、子文件夹名称 查看文件内的数据，运行程序 遍历子文件夹
更改（包括读取权限）	向该共享文件夹内添加文件、子文件夹 修改文件内的数据 删除文件与子文件夹
完全控制（包括更改权限）	修改权限（只适用于 NTFS 卷的文件或文件夹） 取得所有权（只适用于 NTFS 卷的文件或文件夹）

【注意】共享文件夹权限仅对通过网络访问的用户有约束力，如果用户是从本地登录，则不会受该权限的约束。

（2）用户的有效权限

如果用户同时属于多个组，而每个组分别对某个共享资源拥有不同的权限，此时用户的有效权限将遵循以下规则：

➢ 权限具有累加性。用户对共享文件夹的有效权限是其所有共享权限来源的总和。

➢ "拒绝"权限会覆盖其他权限。虽然用户对某个共享文件夹的有效权限是其所有权限来源的总和，但是只要有一个权限被设为拒绝访问，则用户最后的权限将是"拒绝访问"。

8.1.5　公用文件夹

在 Windows Server 2012 R2 系统中，磁盘内的文件在经过设置权限后，每位登录用户只能访问有相应访问权限的文件。如果这些用户要相互共享文件的话，可以开放权限，也可以利用系统提供的公用文件夹。所有用户都可以在传统桌面模式中单击"文件资源管理器"图标，在"文件资源管理器"窗口中依次选择"这台电脑"→"本地磁盘 C"→"用户"→"公用"打开公用文件夹，如图 8-2 所示。由图可知，公用文件夹内默认已经建立了公用视频、公用图片、公用文档、公用下载与公用音乐等文件夹，用户只要把要共享的文件复制到适当的文件夹即可，也可以在公用文件夹内新建更多的文件夹。

图 8-2　公用文件夹

如果要使用户可以通过网络访问公用文件夹，可在"网络和共享中心"窗口中，单击"更改高级共享设置"链接，在"高级共享设置"窗口选择"所有网络"，将"公用文件夹共享"设置为"启用共享以便可以访问网络的用户可以读取和写入公用文件夹中的文件"，如图 8-3 所示。

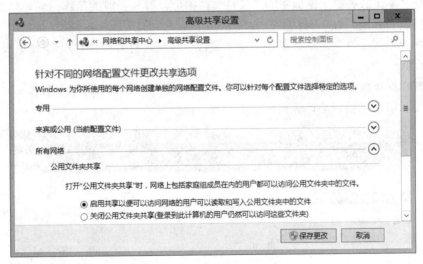

图 8-3　"高级共享设置"窗口

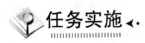 **任务实施**

▶ **实训 1　将计算机加入到工作组**

要组建工作组网络，只要将网络中的计算机加入到工作组即可，同一工作组的计算机应当具有相同的工作组名。将计算机加入到工作组的操作步骤为：

（1）在传统桌面模式中单击"服务器管理器"图标，打开"服务器管理器"窗口，如图 8-4 所示。

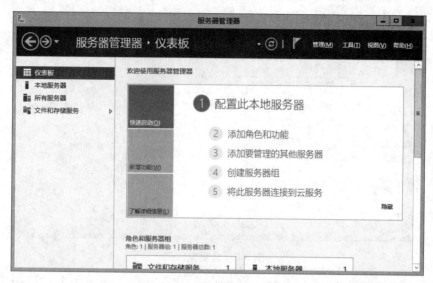

图 8-4　"服务器管理器"窗口

（2）"服务器管理器"窗口的"仪表板"中单击"配置此本地服务器"链接，打开"本地服务器"窗口，如图 8-5 所示。

（3）在"本地服务器"窗口中的"属性"栏中可以看到当前的工作组名，单击工作组名的链接，打开"系统属性"对话框，如图 8-6 所示。

（4）在"系统属性"对话框中，单击"更改"按钮，打开"计算机名/域更改"对话框，如图 8-7 所示。

（5）在"计算机名/域更改"对话框中，输入相应的计算机名和工作组名，单击"确定"按钮，按提示信息重新启动计算机后完成设置。

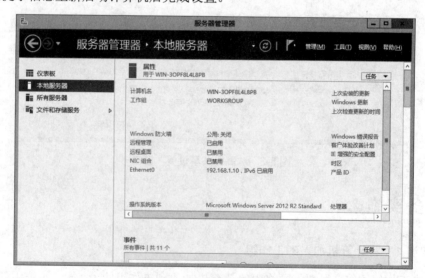

图 8-5　"本地服务器"窗口

图 8-6 "系统属性"对话框

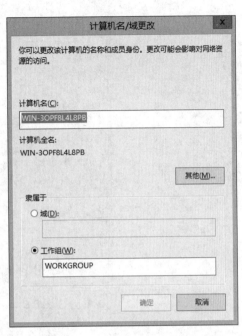

图 8-7 "计算机名/域更改"对话框

▶ **实训 2 设置本地用户账户**

1. 创建本地用户账户

创建本地用户账户的操作步骤为:

（1）在服务器管理器的"本地服务器"窗口中，单击"属性"栏右侧的"任务"，在弹出的菜单中选择"计算机管理"命令，打开"计算机管理"窗口。

（2）在"计算机管理"窗口的左侧窗格，依次选择"本地用户和组"→"用户"，在中间窗格可以看到当前计算机已经创建的本地用户，如图 8-8 所示。

（3）在"计算机管理"窗口的左侧窗格右击"用户"，在弹出的菜单中选择"新用户"命令，打开"新用户"对话框，如图 8-9 所示。

（4）在"新用户"对话框中，输入用户名称、描述、密码等相关信息，密码相关选项的描述如表 8-3 所示。单击"创建"按钮，即可完成对本地用户账户的创建。

图 8-8 "计算机管理"窗口

图 8-9 "新用户"对话框

表 8-3 密码相关选项描述

选 项	描 述
用户下次登录时须更改密码	要求用户下次登录计算机时必须修改该密码。
用户不能更改密码	不允许用户修改密码，通常用于多个用户共同使用一个用户账户的情况，如 Guest 账户。
密码永不过期	密码永久有效，通常用于系统的服务账户或应用程序所使用的用户账户。
账户已禁用	禁用用户账户

2. 设置用户账户的属性

在如图 8-8 所示窗口的中间窗格中，双击一个用户账户，将显示"用户属性"对话框，如图 8-10 所示。

（1）设置"常规"选项卡

在该选项卡中可以设置与用户账户相关的基本信息，如全名、描述、密码选项等。如果用户账户被禁用或被系统锁定，管理员可以在此解除禁用或解除锁定。

（2）设置"隶属于"选项卡

在"隶属于"选项卡中，可以查看该用户账户所属的本地组，如图 8-11 所示。对于新增的用户账户在默认情况下将加入到 Users 组中，如果要使用户具有其他组的权限，可以将其加到相应的组中。例如，若要使用户"zhangsan"具有管理员的权限，可将其加入本地组"Administrators"，操作步骤为：单击"隶属于"选项卡的添加按钮，打开"选择组"对话框。在"输入对象名称来选择"文本框中输入组的名称"Administrators"，如需要检查输入的名称是否正确，可单击"检查名称"按钮。如果不希望手动输入组名称，可单击"高级"按钮，再单击"立即查找"按钮，在"搜索结果"列表中选择相应的组即可。

3. 删除和重命名用户账户

当用户不需要使用某个用户账户时，可以将其删除，删除账户会导致所有与其相关信息的丢失。要删除某用户账户只需在如图 8-8 所示窗口的中间窗格中，右击该用户账户，在弹出的快捷菜单中选择"删除"命令。此时会弹出如图 8-12 所示的警告框，单击"是"按钮，删除用户账户。

图 8-10 "用户属性"对话框

图 8-11 "隶属于"选项卡

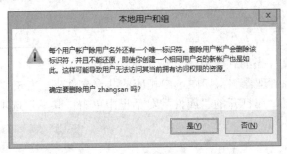

图 8-12 删除用户账户时的警告框

【注意】由于每个用户账户都有唯一标识符 SID 号，SID 号在新增账户时由系统自动产生，不同账户的 SID 不会相同。而系统在设置用户权限和资源访问能力时，是以 SID 为标识的，因此一旦用户账户被删除，这些信息也将随之消失，即使重新创建一个相同名称的用户账户，也不能获得原账户的权限。

如果要重命名用户账户，则只需在如图 8-9 所示窗口的中间窗格中，右击该用户账户，在弹出的快捷菜单中选择"重命名"命令，输入新的用户名即可，该用户已有的权限不变。

4. 重设用户账户密码

如果管理员用户要对系统的用户账户重新设置密码，只需在如图 8-8 所示窗口的中间窗格中，右击该用户账户，在弹出的快捷菜单中选择"设置密码"命令，输入新设定的密码即可。

如果其他本地用户要更改本账户的密码，可在登录后按"Ctrl+Alt+Delete"键，在出现的画面中单击"更改密码"链接，此时必须先输入正确的旧密码后才可以设置新密码。

▶ 实训 3　设置共享文件夹

1. 新建共享文件夹

在 Windows Server 2012 R2 系统中，隶属于 Administrators 组的用户具有将文件夹设置为共享文件夹的权限。新建共享文件夹的基本操作步骤为：

（1）在传统桌面模式中单击"文件资源管理器"图标，在"文件资源管理器"窗口中找到要共享的文件夹，右击鼠标，在弹出的菜单中选择"共享"→"特定用户"命令，打开"选择要与其共享的用户"对话框，如图 8-13 所示。

（2）在"选择要与其共享的用户"对话框中输入要与之共享的用户或组名（也可单击向下箭头来选择用户或组）后单击"添加"按钮。被添加的用户或组的默认共享权限为读取，若要更改的话，可在用户列表框中单击"权限级别"右边向下的箭头进行选择。

（3）设置完成后，单击"共享"按钮，若此计算机的网络位置为公用网络，则会提示用户选择是否要在所有的公用网络启用网络发现与文件共享。如果选择"否"，此计算机的网络位置会被更改为专用网。当出现"您的文件夹已共享"对话框时，单击"完成"按钮，完成共享文件夹的创建。

在第一次将文件夹共享后，系统会启动"文件共享权限设置"，可以在"网络与共享中心"窗口中单击"更改高级共享设置"链接来查看该设置。

2. 停止共享

如果要停止文件夹共享，可在"文件资源管理器"窗口中选中相应的共享文件夹，右击鼠标，在弹出的菜单中选择"共享"→"停止共享"命令，在打开的对话框中选择"停止共享"即可。

3. 更改共享权限

如果要更改共享文件夹的共享权限，操作方法为：

（1）在"文件资源管理器"窗口中选中相应的共享文件夹，右击鼠标，在弹出的快捷菜单中选择"属性"命令，在打开的"属性"对话框中单击"共享"选项卡，如图 8-14 所示。

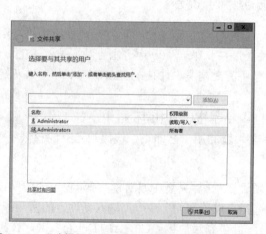

图 8-13　"选择要与其共享的网络上的用户"对话框

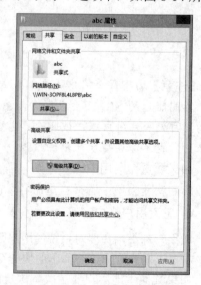

图 8-14　"共享"选项卡

（2）在"共享"选项卡中单击"高级共享"命令，打开"高级共享"对话框，如图8-15所示。

（3）在"高级共享"对话框中单击"权限"按钮，打开共享权限对话框，如图8-16所示。可以在该对话框中通过单击"添加"和"删除"按钮增加或减少用户或组，选中某用户后即可为其更改共享权限。

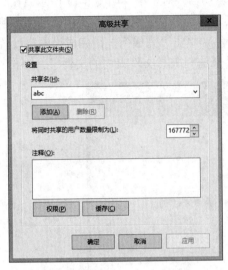

图 8-15 "高级共享"对话框

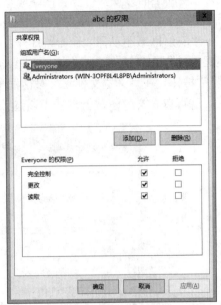

图 8-16 共享权限对话框

4. 更改共享名

每个共享文件夹都有一个共享名，共享名默认为文件夹名，网络上的用户通过共享名来访问共享文件夹内的文件。可在共享文件夹的"高级共享"对话框中更改共享名或添加多个共享名，不同的共享名可设置不同的共享权限。

▶ **实训 4 访问共享文件夹**

客户端用户可利用以下方式访问共享文件夹。

1. 利用网络发现来连接网络计算机

客户端用户依次选择"控制面板"→"网络和 Internet"→"查看网络计算机和设备"，在打开的"网络"窗口中可以看到网络上的计算机，选择相应的计算机（可能需要输入有效的用户名和密码）即可对其共享文件夹进行访问。

【注意】若出现"网络发现已关闭，看不到网络计算机和设备，单击以更改"的提示信息，单击该提示信息，在弹出的菜单中选择"启用网络发现和文件共享"命令。也可在"网络与共享中心"窗口中单击"更改高级共享设置"链接来启用网络发现。

2. 利用 UNC 直接访问

如果已知发布共享文件夹的计算机及其共享名，则可利用该共享文件夹的 UNC 直接访问。UNC（Universal Naming Convention，通用命名标准）的定义格式为"\\计算机名称\共享名"。具体操作方法为：在文件资源管理器或浏览器的地址栏中，输入要访问的共享文件夹的 UNC（"\\计算机名称\共享名"），即可完成相应资源的访问（可能需要输入有效的用户名和密码）。

3. 映射网络驱动器

为了使用上的方便，可以将网络驱动器盘符映射到共享文件夹上，具体方法为：在传统桌面模式中单击"文件资源管理器"图标，在"这台电脑"窗口的菜单栏中依次选择"计算机"→"映射网络驱动器"命令，打开"映射网络驱动器"对话框，如图 8-17 所示。在"映射网络驱动器"对话框中，指定驱动器的盘符及其对应的共享文件夹 UNC 路径（也可单击"浏览"按钮，在"浏览文件夹"对话框中进行选择），单击"完成"按钮完成设置。设置完成后，就可以在文件资源管理器中通过该驱动器号来访问共享文件夹内的文件了。

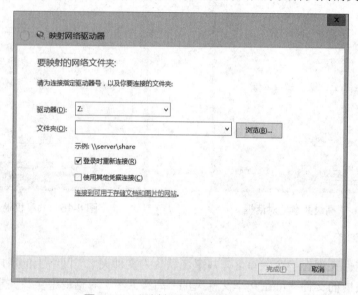

图 8-17 "映射网络驱动器"对话框

任务 8.2 设置共享打印机

任务目的

（1）了解打印服务系统的主要形式；
（2）熟悉共享打印机的设置方法。

工作环境与条件

（1）安装 Windows Server 2012 R2 操作系统的计算机；
（2）安装 Windows 8 或其他 Windows 操作系统的计算机；
（3）能够正常运行的网络环境（也可使用 VMware Workstation 等虚拟机软件）；

（4）打印机及相关配件。

相关 **知识**

自从计算机网络问世以来，打印机就作为基本的共享资源提供给网络的用户使用，因此打印服务系统是网络服务系统中的基本系统。目前打印服务与管理系统主要有共享打印机、专用打印机服务器和网络打印机 3 种主要形式。

8.2.1　共享打印机

共享打印机是将打印机用 LPT 并行口或 USB 等接口连接到计算机上，在该计算机上安装本地打印机的驱动程序、打印服务程序或打印共享程序，使之成为打印服务器；网络中的其他计算机通过添加"网络打印机"实现对共享打印机的访问。共享打印机的拓扑结构如图 8-18 所示。

共享打印机的优点是连接简单，操作方便，成本低廉；其缺点是对于充当打印服务器的计算机要求较高，无法满足高效打印的需求，因此一旦网络打印任务集中，就会造成打印服务器性能下降，打印的速度和质量也受到影响。

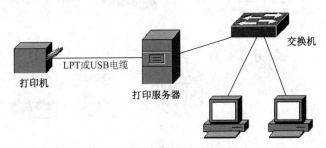

图 8-18　共享打印机方式的拓扑结构

8.2.2　专用打印服务器

专用打印服务器方式可以弥补共享打印机方式的不足，其与共享打印机不同之处在于使用了专用的打印服务器硬件装置，该装置固化了网络打印软件，并包括 RJ-45 以太网接口，以及 LPT 或 USB 打印机接口。

专用打印服务器方式的连接方法是将专用打印服务器接入网络，并将打印机通过 LPT或 USB 等接口连接到专用服务器上。在每台计算机上通过添加"网络打印机"实现对共享打印机的访问。专用打印服务器方式的拓扑结构如图 8-19 所示。

专用打印服务器方式的优点是连接和设置简单，容易实现多台打印机的并行操作和管理，不会影响计算机的性能，性价比较高；其缺点是需要购买专用设备，维护管理的费用高，另外与共享打印机相似，发往打印机的数据使用 LPT 或 USB 接口，与目前局域网的吞吐能力相比，传输速率是该种网络打印方式的瓶颈。专用打印服务器方式适用于具有多台打印机的中小型办公网络。

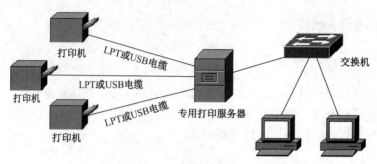

图 8-19　专用打印服务器方式的拓扑结构

8.2.3　网络打印机

就硬件角度而言，网络打印机是指具有网卡的打印机。网络打印机方式的连接方法是将网络打印机用双绞线直接接入网络，并通过网络打印服务器对网络中的各台网络打印机进行管理。在每台打印客户机上通过添加"网络打印机"实现对共享打印机的访问。网络打印机方式的拓扑结构如图 8-20 所示。

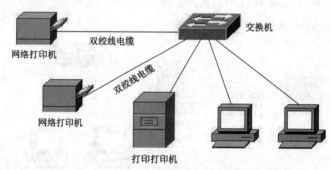

图 8-20　网络打印机方式的拓扑结构

网络打印机方式是真正意义上的网络打印，网络打印机直接连接网络，因此可以以网络本身的速度处理和传输打印任务，使得单台网络打印机的性能发挥到了极限。网络打印机方式的优点是连接和设置简单，容易实现多台打印机的并行操作和管理，不会影响计算机的性能，性价比较高，较好的解决了网络打印的瓶颈；其缺点是需要购置网络打印机，维护管理的费用高。网络打印机方式非常适合大中型公司的办公网络，可以较快的处理高密度的打印业务。

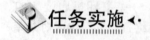任务实施◂·

▶ 实训 1　打印机的物理连接

在 Windows 工作组网络中共享打印机网络的连接请参考如图 8-19 所示的拓扑结构。在设置共享打印机之前，必须保证打印服务器与打印机之间以及整个网络的正确连接和互访，必须保证与共享打印机相关的网络组件和服务的安装和启动。

▶ 实训 2　安装和共享本地打印机

本地打印机就是直接与计算机连接的打印机。打印机除了与计算机进行硬件连接外，还需要进行软件安装，只有这样打印机才能使用。本地打印机安装也就是在本地计算机上安装打印机软件，实现本地计算机对本地打印的管理，这是实现网络打印的前提。安装和共享本地打印机的基本操作步骤为：

（1）依次选择"控制面板"→"硬件"→"设备和打印机"，打开"设备和打印机"窗口。

（2）在"设备和打印机"窗口中，单击"添加打印机"按钮，系统会自动搜索可用的打印机，也可直接单击"下一步"按钮，打开"按其他选项查找打印机"对话框，如图8-21所示。

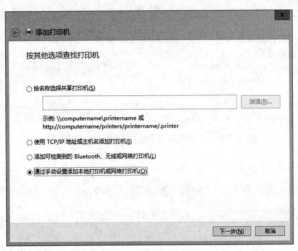

图8-21 "按其他选项查找打印机"对话框

（3）在"按其他选项查找打印机"对话框选择"手动添加本地打印机或网络打印机"，单击"下一步"按钮，打开"选择打印机端口"对话框，如图8-22所示。

（4）在"选择打印机端口"对话框中，选择打印机所连接的端口，如果要使用计算机原有的端口，可以选择"使用现有的端口"单选框，一般情况下，使用并行电缆的打印机都安装在计算机的LTP1打印机端口上。单击"下一步"按钮，打开"安装打印机驱动程序"对话框，如图8-23所示。

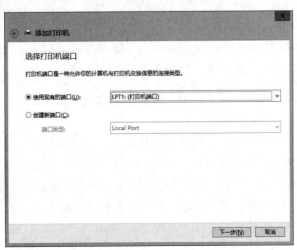

图8-22 "选择打印机端口"对话框

图 8-23　"安装打印机驱动程序"对话框

（5）在"安装打印机驱动程序"对话框中选择打印机的生产厂商和型号，也可选择"从磁盘安装"。单击"下一步"按钮，打开"键入打印机名称"对话框，如图 8-24 所示。

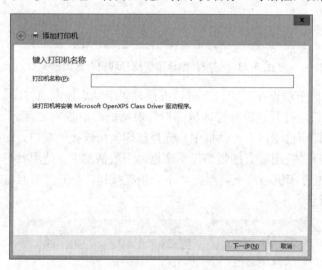

图 8-24　"键入打印机名称"对话框

（6）在"键入打印机名称"对话框中，为打印机输入名称。单击"下一步"按钮，打开"打印机共享"对话框，如图 8-25 所示。

（7）如果希望其他计算机用户使用该打印机，在"打印机共享"对话框中，选择"共享此打印机以便网络中的其他用户可以找到并使用它"单选框，输入共享时该打印机的名称、位置和注释，单击"下一步"按钮，打开"您已经成功添加"对话框。在"您已经成功添加"对话框中，可以单击"打印测试页"按钮，检测是否已经正确安装了打印机。若确认设置无误，单击"完成"按钮，安装完毕。

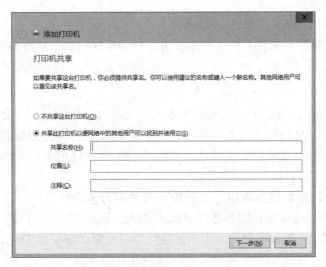

图 8-25 "打印机共享"对话框

▶ **实训 3 设置客户端**

在连有打印机的计算机上安装好本地打印机后，接下需要在没有连接打印机的计算机上安装网络打印机，以便没有连接打印机的计算机能够把要打印的文件传输给连有打印机的计算机，并由该计算机统一管理打印，实现网络打印。基本操作步骤为：

（1）依次选择"控制面板"→"硬件"→"设备和打印机"，打开"设备和打印机"窗口。

（2）在"设备和打印机"窗口中，单击"添加打印机"按钮，系统会自动搜索可用的打印机，也可直接单击"下一步"按钮，打开"按其他选项查找打印机"对话框。

（3）在"按其他选项查找打印机"对话框中选择"按名称选择共享打印机"，输入打印机名称"\\与打印机直接相连的计算机名或 IP 地址\打印机共享名"后，单击"下一步"按钮，打开"已成功添加"对话框。

（4）在"已成功添加"对话框中，单击"下一步"按钮，打开"您已经成功添加"对话框，可以单击"打印测试页"按钮，检测是否已经正确安装了打印机。若确认设置无误，单击"完成"按钮，安装完毕。

任务 8.3 配置 DHCP 服务器

任务 目的

（1）理解 DHCP 服务器的作用和基本工作过程；

（2）掌握 DHCP 服务器的安装和基本配置方法；

（3）掌握 DHCP 客户机的配置方法。

工作环境与 条件

（1）安装 Windows Server 2012 R2 操作系统的计算机；

（2）安装 Windows 8 或其他 Windows 操作系统的计算机;

（3）能够正常运行的网络环境（也可使用 VMware Workstation 等虚拟机软件）。

相关 知识

DHCP（Dynamic Host Configuration Protocol，动态主机配置协议）允许服务器从一个地址池中为客户机动态地分配 IP 地址。当 DHCP 客户机启动时，它会与 DHCP 服务器通信，以便获取 IP 地址、子网掩码等配置信息。与静态分配 IP 地址相比，使用 DHCP 自动分配 IP 地址主要有以下优点：

➢ 可以减轻网络管理的工作，避免 IP 地址冲突带来的麻烦。

➢ TCP/IP 的设置可以在服务器集中设置更改，不需要修改客户机。

➢ 客户机有较大的调整空间，用户更换网络时不需重新设置 TCP/IP。

DHCP 的通信方式视 DHCP 客户机是在向 DHCP 服务器获取一个新的 IP 地址，还是更新租约（要求继续使用原来的 IP 地址）有所不同。

1. 客户机从 DHCP 服务器获取 IP 地址

如果客户机是第一次向 DHCP 服务器获取 IP 地址，或者客户机原先租用的 IP 地址已被释放或被服务器收回并已租给其他计算机，客户机需要租用一个新的 IP 地址，此时 DHCP 客户机与 DHCP 服务器的基本通信过程为：

➢ DHCP 客户机设置为"自动获得 IP 地址"，开机启动后试图从 DHCP 服务器租借一个 IP 地址，向网络上发出一个源地址为"0.0.0.0"的 DHCP 探索消息。

➢ DHCP 服务器收到该消息后确定是否有权为该客户机分配 IP 地址。若有权，则向网络广播一个 DHCP 提供消息，该消息包含了未租借的 IP 地址及相关配置参数。

➢ DHCP 客户机收到 DHCP 提供消息后对其进行评价和选择，如果接受租约条件即向服务器发出请求信息。

➢ DHCP 服务器对客户机的请求信息进行确认，提供 IP 地址及相关配置信息。

➢ 客户机绑定 IP 地址，可以开始利用该地址与网络中其他计算机进行通信了。

2. 更新 IP 地址的租约

如果 DHCP 客户机想要延长其 IP 地址使用期限，则 DHCP 客户机必须更新其 IP 地址租约。更新租约时，DHCP 客户机会向 DHCP 服务器发出 DHCP 请求信息，如果 DHCP 客户机能够成功的更新租约，DHCP 服务器将会对客户机的请求信息进行确认，客户机就可以继续使用原来的 IP 地址，并重新得到一个新的租约。如果 DHCP 客户机已无法继续使用该 IP 地址，DHCP 服务器也会给客户机发出相应的信息。

DHCP 客户机会在下列情况下，自动向 DHCP 服务器更新租约：

➢ 在 IP 地址租约过一半时，DHCP 客户机会自动向出租此 IP 地址的 DHCP 服务器发出请求信息。

➢ 如果租约过一半时无法更新租约，客户机会在租约期过 7/8 时，向任何一台 DHCP 服务器请求更新租约。如果仍然无法更新，客户机会放弃正在使用的 IP 地址，然后重新向 DHCP 服务器申请一个新的 IP 地址。

➢ DHCP 客户机每一次重新启动，都会自动向原 DHCP 服务器发出请求信息，要求继续租用原来所使用的 IP 地址。若通信成功且租约并未到期，客户机将继续使用原来的 IP 地址。若租约无法更新，客户机会尝试与默认网关通信。若无法与默认网关通信，客户机会放弃原来的 IP 地址，改用 169.254.0.0～169.254.255.255 之间的 IP 地址，然后每隔 5 分钟再尝试更新租约。

【注意】由 DHCP 分配 IP 地址的基本工作过程可知，DHCP 客户机和服务器将通过广播包传送信息，因此通常 DHCP 客户机和服务器应在一个广播域内。若 DHCP 客户机和服务器不在同一广播域，则应设置 DHCP 中继代理。

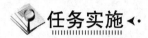

任务实施 ◂·

▶ 实训 1　安装 DHCP 服务器

DHCP 服务器的 IP 地址必须是静态设置的。由于在本实训中作为服务器的计算机只有一块内部网卡，所以其作为 DHCP 服务器时，服务器提供给客户机的 IP 地址必须和本机 IP 地址同网段。在 Windows Server 2012 R2 操作系统中安装 DHCP 服务器的基本操作步骤为：

（1）在传统桌面模式中单击"服务器管理器"图标，打开服务器管理器的"仪表板"窗口，在"仪表板"窗口中单击"添加角色和功能"链接，打开"添加角色和功能向导"对话框，如图 8-26 所示。

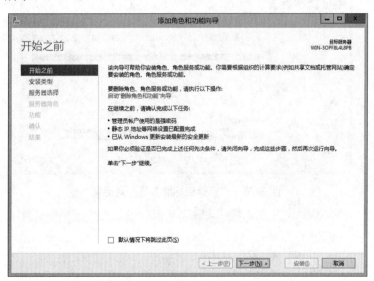

图 8-26　"添加角色和功能向导"对话框

（2）在"添加角色和功能向导"对话框中单击"下一步"按钮，打开"选择安装类型"对话框，如图 8-27 所示。

（3）在"选择安装类型"对话框中选择"基于角色或基于功能的安装"，单击"下一步"按钮，打开"选择目标服务器"对话框，如图 8-28 所示。

（4）在"选择目标服务器"对话框中选择目标服务器，单击"下一步"按钮，打开"选择服务器角色"对话框，如图 8-29 所示。

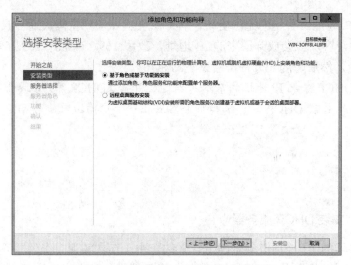

图 8-27　"选择安装类型"对话框

图 8-28　"选择目标服务器"对话框

图 8-29　"选择服务器角色"对话框

（5）在"选择服务器角色"对话框中选择"DHCP 服务器"复选框，在弹出的"添加 DHCP 服务器所需的功能？"对话框中单击"添加功能"按钮。单击"下一步"按钮，打开"选择功能"对话框，如图 8-30 所示。

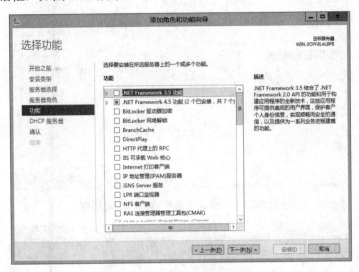

图 8-30　"选择功能"对话框

（6）在"选择功能"对话框中，单击"下一步"按钮，打开"DHCP 服务器"对话框，如图 8-31 所示。

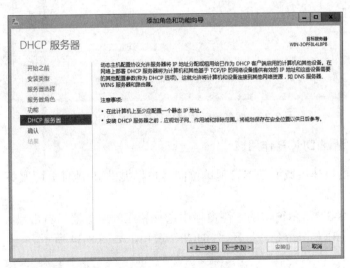

图 8-31　"DHCP 服务器"对话框

（7）在"DHCP 服务器"对话框中，单击"下一步"按钮，打开"确认安装所选内容"对话框，如图 8-32 所示。

（8）在"确认安装所选内容"对话框中单击"安装"按钮，系统将安装 DHCP 服务器，安装成功后将出现"安装结果"对话框。DHCP 服务器安装完成后，在服务器管理器中可以看到所添加的角色，如图 8-33 所示。

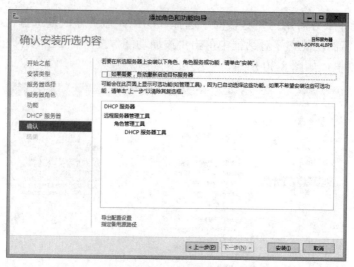

图 8-32　"确认安装所选内容"对话框

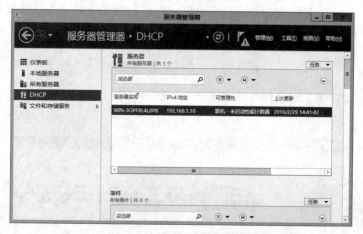

图 8-33　服务器管理器中所添加的 DHCP 角色

▶ 实训 2　新建 DHCP 作用域

DHCP 服务器以作用域为基本管理单位向客户机提供 IP 地址分配服务。新建 DHCP 作用域的基本操作步骤为：

（1）在如图 8-33 所示窗口的右侧窗格中选择相应的服务器，右击鼠标，在弹出的菜单中选择"DHCP 管理器"命令，打开"DHCP"窗口，如图 8-34 所示。

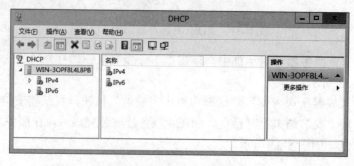

图 8-34　"DHCP"窗口

（2）在"DHCP"窗口的左侧窗格中选择要配置服务器中的"IPv4"，右击鼠标，在弹出的菜单中选择"新建作用域"命令，打开"欢迎使用新建作用域向导"窗口。

（3）在"欢迎使用新建作用域向导"窗口中，单击"下一步"按钮，打开"作用域名称"对话框，如图 8-35 所示。

（4）在"作用域名称"窗口中输入作用域的名称和描述，单击"下一步"按钮，打开"IP地址范围"对话框，如图 8-36 所示。

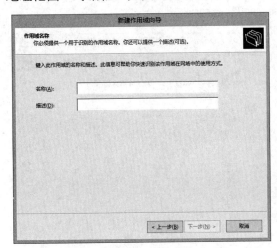

图 8-35　"作用域名称"对话框

图 8-36　"IP 地址范围"对话框

（5）在"IP 地址范围"对话框中设定要出租给客户机的起始 IP 地址和结束 IP 地址，以及客户机使用的子网掩码，单击"下一步"按钮，打开"添加排除与延迟"对话框，如图 8-37 所示。

（6）在"添加排除与延迟"对话框中设定要排除的 IP 地址范围（即"IP 地址范围"对话框中设定的起始 IP 地址和结束 IP 地址之间不希望出租给客户机的 IP 地址）和延迟时间，单击"下一步"按钮，打开"租用期限"对话框，如图 8-38 所示。

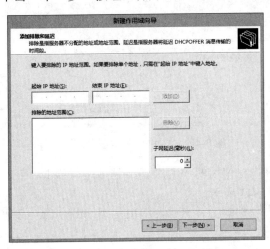

图 8-37　"添加排除与延迟"对话框

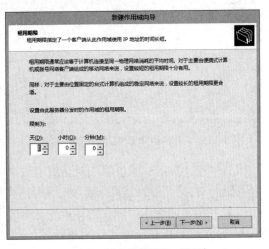

图 8-38　"租用期限"对话框

（7）在"租用期限"对话框中设定客户机从该作用域租用 IP 地址后可以使用的时间长

短，单击"下一步"按钮，打开"配置 DHCP 选项"对话框，如图 8-39 所示。

（8）在"配置 DHCP 选项"对话框中选择"是，我想现在配置这些选项"，单击"下一步"按钮，打开"路由器（默认网关）"对话框，如图 8-40 所示。

（9）在"路由器（默认网关）"对话框中设定客户机使用的默认网关地址，单击"下一步"按钮，打开"域名称和 DNS 服务器"对话框，如图 8-41 所示。

（10）在"域名称和 DNS 服务器"对话框中设定客户机使用的 DNS 服务器地址，单击"下一步"按钮，打开"WINS 服务器"对话框，如图 8-42 所示。

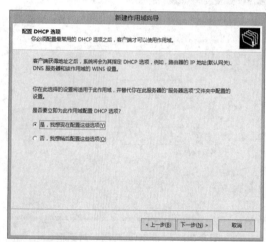

图 8-39　"配置 DHCP 选项"对话框

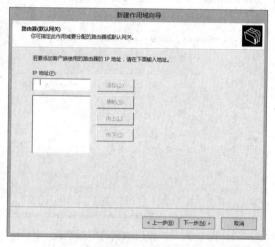

图 8-40　"路由器（默认网关）"对话框

图 8-41　"域名称和 DNS 服务器"对话框

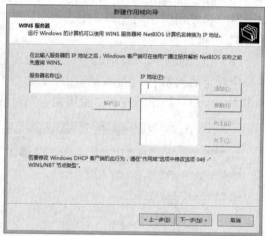

图 8-42　"WINS 服务器"对话框

（11）在"WINS 服务器"对话框中设定客户机使用的 WINS 服务器地址，单击"下一步"按钮，打开"激活作用域"对话框，如图 8-43 所示。

（12）在"激活作用域"对话框中选择"是，我想现在激活此作用域"，单击"下一步"按钮，打开"正在完成新建作用域向导"对话框，如图 8-44 所示。

（13）在"正在完成新建作用域向导"对话框中单击"完成"按钮完成设置。此时在"DHCP"窗口中可以看到已经添加的作用域。

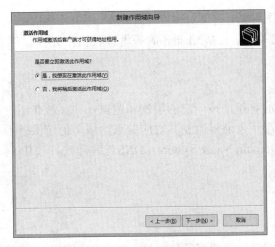

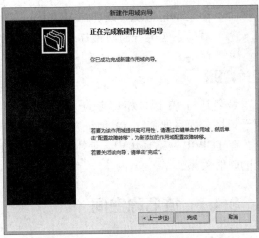

图 8-43　"激活作用域"对话框　　　　图 8-44　"正在完成新建作用域向导"对话框

【注意】WINS 服务器用于将 NetBIOS 计算机名转换为 IP 地址，如果网络上的应用程序不需要 WINS，可不设置该选项。

　▶ 实训 3　设置 DHCP 客户机

　　DHCP 客户机的配置非常简单，只需在其网络连接的"Internet 协议版本 4（TCP/IPv4）"属性中将 IP 地址信息的获取方式设置为"自动获得 IP 地址"和"自动获得 DNS 服务器地址"即可。如果要查看 DHCP 客户机从服务器自动获得的 IP 地址，可在"网络连接"窗口中选择相应的网络连接，右击鼠标，在弹出的快捷菜单中选择"状态"命令，在网络连接状态对话框中单击"详细信息"按钮，在打开的"网络连接详细信息"对话框中可以看到 DHCP 客户机获得的 IP 地址信息。

　　【注意】也可在 DHCP 客户机的"命令提示符"窗口运行"ipconfig"或"ipconfig /all"命令查看其获得的 IP 地址信息。如果在"命令提示符"窗口中输入"ipconfig /release"命令，可以释放当前的 IP 地址；如果输入"ipconfig /renew"命令，客户机将重新向 DHCP 服务器请求一个新的 IP 地址。

任务 8.4　配置 DNS 服务器

任务目的

　（1）理解 DNS 服务器的作用；
　（2）理解 DNS 查询过程；
　（3）掌握 DNS 服务器的基本配置方法；
　（4）掌握 DNS 客户机的基本配置方法。

工作环境与条件

　（1）安装 Windows Server 2012 R2 操作系统的计算机；

（2）安装 Windows 8 或其他 Windows 操作系统的计算机；

（3）能够正常运行的网络环境（也可使用 VMware Workstation 等虚拟机软件）。

相关知识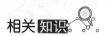

域名是与 IP 地址相对应的一串容易记忆的字符，按一定的层次和逻辑排列。域名不仅便于记忆，而且即使在 IP 地址发生变化的情况下，通过改变其对应关系，域名仍可保持不变。在 TCP/IP 网络环境中，使用域名系统（Domain Name System，DNS）解析域名与 IP 地址的映射关系。

8.4.1 域名称空间

整个 DNS 的结构是一个如图 8-45 所示的分层式树形结构，这个树状结构称为"DNS 域名空间"。图中位于树形结构顶层的是 DNS 域名空间的根（root），一般是用句点（.）来表示。root 内有多台 DNS 服务器。目前 root 由多个机构进行管理，其中最著名的是 Internet 网络信息中心，负责整个域名空间和域名登录的授权管理。

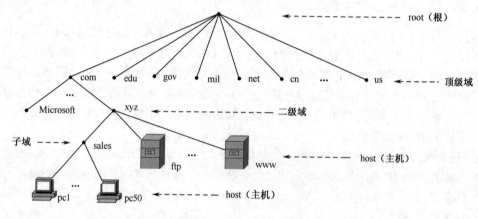

图 8-45　DNS 域名空间

root 之下为"顶级域"，每一个"顶级域"内都有数台 DNS 服务器。顶级域用来将组织分类，常见的顶级域名如表 8-4 所示。

表 8-4　Internet 顶级域名及说明

域　名	说　明
com	商业组织
edu	教育机构
gov	政府部门
mil	军事部门
net	主要网络支持中心
org	其他组织
ARPA	临时 ARPAnet（未用）
INT	国际组织
占 2 字符的地区及国家码	例如 cn 表示中国，us 表示美国

"顶级域"之下为"二级域",供公司和组织来申请、注册使用,例如"microsoft.com"是由 Microsoft 所注册的。如果某公司的网络要连接到 Internet,则其域名必须经过申请核准后才可使用。

公司、组织等可以在其"二级域"下,再细分多层的子域,例如图 8-45 中,可以在公司二级域 xyz.com 下为业务部建立一个子域,其域名为"sales.xyz.com",子域域名的最后必须附加其父域的域名(xyz.com),也就是说域名空间是有连续性的。

在图 8-46 中,主机 www 是位于公司二级域 xyz.com 的主机,www 是其"主机名称(host name)",其完整名称为"www.xyz.com",这个完整的名称也叫作 FQDN(Fully Qualified Domain Name,完全合格域名)。而 pc1、pc2、…、pc50 等主机位于子域"sales.xyz.com"内,其 FQDN 分别是"pc1.sales.xyz.com"、"pc2.sales.xyz.com"、…、"pc50.sales.xyz.com"。

8.4.2 域命名规则

在 DNS 域名空间中,为域或子域命名时应注意遵循以下规则:

➢ 限制域的级别数。通常 DNS 主机项应位于 DNS 层次结构中的 3 级或 4 级,不应多于 5 级。

➢ 使用唯一的名称。父域中的每个子域必须具有唯一的名称,以保证在 DNS 域名称空间中该名称是唯一的。

➢ 使用简单的名称。简单而准确的域名对于用户来说更容易记忆,并且使用户可以直观地搜索并访问。

➢ 避免很长的域名。域名最多为 63 个字符,包括结束点。一个 FQDN 的总长度不能超过 255 个字符。

➢ 使用标准的 DNS 字符。Windows 支持的 DNS 字符包括字母、数字以及连字符"-",DNS 名称不区分大小写。

8.4.3 DNS 服务器

DNS 服务器内存储着域名称空间内部分区域的信息,也就是说 DNS 服务器的管辖范围可以涵盖域名称空间内的一个或多个区域,此时就称此 DNS 服务器为这些区域的"授权服务器。授权服务器负责提供 DNS 客户机所要查找的记录。

区域(zone)是指域名空间树形结构的一部分,它能够将域名空间分割为较小的区段,以方便管理。一个区域内的主机信息,将存放在 DNS 服务器内的区域文件或是活动目录数据库内。一台 DNS 服务器内可以存储一个或多个区域的信息,同时一个区域的信息也可以被存储到多台 DNS 服务器内。区域文件内的每一项信息被称为是一项资源记录(resource record,RR)。

如果在一台 DNS 服务器上建立一个区域后,这个区域内的所有记录都建立在这台 DNS 服务器内,而且可以新建、删除、修改这个区域内的记录,那么这台 DNS 服务器就被称为该区域的主服务器。如果在一台 DNS 服务器内建立一个区域后,这个区域内的所有记录都是从另外一台 DNS 服务器复制过来的,也就是说这个区域内的记录只是一个副本,这些记录是无法修改的，那么这台 DNS 服务器就被称为该区域的辅助服务器。可以为一个区域设置多台辅助服务器，以提供容错能力，分担主服务器负担并加快查找的速度。

8.4.4 域名解析过程

DNS 服务器可以执行正向查找和反向查找。正向查找可将域名解析为 IP 地址，而反向查找则将 IP 地址解析为域名。例如某 Web 服务器使用的域名是 www.xyz.com，客户机在向该服务器发送信息之前，必须通过 DNS 服务器将域名 www.xyz.com 解析为它所关联的 IP 地址。利用 DNS 服务器进行域名解析的基本过程如图 8-46 所示。

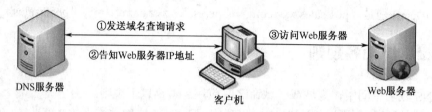

图 8-46　利用 DNS 服务器进行域名解析的基本过程

若 DNS 服务器内没有客户机所需的记录，则 DNS 服务器会代替客户机向其他 DNS 服务器进行查找。当第 1 台 DNS 服务器向第 2 台 DNS 服务器提出查找请求后，若第 2 台 DNS 服务器内也没有所需要的记录，则它会提供第 3 台 DNS 服务器的 IP 地址给第 1 台 DNS 服务器，让第 1 台 DNS 服务器自行向第 3 台 DNS 服务器进行查找。下面以如图 8-47 所示的客户机向 DNS 服务器 Server1 查询 www.xyz.com 的 IP 地址为例说明 DNS 查询的过程。

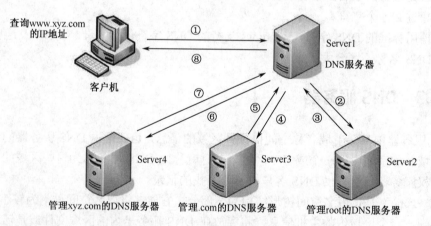

图 8-47　DNS 查询的过程

➢ DNS 客户端向指定的 DNS 服务器 Server1 查找 www.xyz.com 的 IP 地址。

➢ 若 Server1 内没有所要查找的记录，则 Server1 会将此查找请求转发到 root 的 DNS 服务器 Server2。

➢ Server2 根据要查找的主机名称（www, xyz.com）得知此主机位于顶级域.com 下，它会将负责管辖.com 的 DNS 服务器（Server3）的 IP 地址传送给 Server1。

➢ Server1 得到 Server3 的 IP 地址后，会直接向 Server3 查找 www.xyz.com 的 IP 地址。

> Server3 根据要查找的主机名称（www, xyz.com）得知此主机位于 xyz.com 域内，它会将负责管辖 xyz.com 的 DNS 服务器（Server4）的 IP 地址传送给 Server1。

> Server1 得到 Server4 的 IP 地址后，会直接向 Server4 查找 www.xyz.com 的 IP 地址。

> 管辖 xyz.com 的 DNS 服务器（Server4）将 www.xyz.com 的 IP 地址传送给 Server1。

> Server1 再将 www.xyz.com 的 IP 地址传送给 DNS 客户机。客户机得到 www.xyz.com 的 IP 地址后，就可以跟 www.xyz.com 通信了。

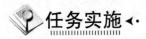

▶ 实训 1　安装 DNS 服务器

在 Windows Server 2012 R2 计算机上安装 DNS 服务器前，建议此计算机的 IP 地址最好是静态的，因为向 DHCP 服务器租到的 IP 地址可能会不相同，这将造成 DNS 客户机设置上的困扰。安装 DNS 服务器的基本操作步骤为：

（1）在传统桌面模式中单击"服务器管理器"图标，打开服务器管理器的"仪表板"窗口，在"仪表板"窗口中单击"添加角色和功能"链接，打开"添加角色和功能向导"对话框。

（2）在"添加角色和功能向导"对话框中单击"下一步"按钮，打开"选择安装类型"对话框。

（3）在"选择安装类型"对话框中选择"基于角色或基于功能的安装"，单击"下一步"按钮，打开"选择目标服务器"对话框。

（4）在"选择目标服务器"对话框中选择目标服务器，单击"下一步"按钮，打开"选择服务器角色"对话框。

（5）在"选择服务器角色"对话框中选择"DNS 服务器"复选框，在弹出的"添加 DNS 服务器所需的功能？"对话框中单击"添加功能"按钮。单击"下一步"按钮，打开"选择功能"对话框。

（6）在"选择功能"对话框中，单击"下一步"按钮，打开"DNS 服务器"对话框。

（7）在"DNS 服务器"对话框中，单击"下一步"按钮，打开"确认安装所选内容"对话框。

（8）在"确认安装所选内容"对话框中单击"安装"按钮，系统将安装 DNS 服务器，安装成功后将出现"安装结果"对话框。DNS 服务器安装完成后，在服务器管理器中可以看到所添加的角色。

▶ 实训 2　创建 DNS 区域

1. 创建正向查找区域

正向查找区域可以查找域名对应的 IP 地址。在 DNS 服务器中创建正向查找区域的操作步骤为：

（1）在"服务器管理器"窗口的左侧窗格中选择"DNS"，在右侧窗格中选择相应的服务器，右击鼠标，在弹出的菜单中选择"DNS 管理器"命令，打开"DNS 管理器"窗口，如图 8-48 所示。

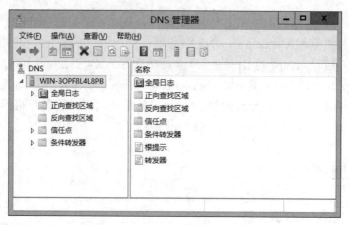

图 8-48 "DNS 管理器"窗口

（2）在"DNS 管理器"窗口的左侧窗格中，选中相应 DNS 服务器的"正向查找区域"选项，右击鼠标，在弹出的菜单中选择"新建区域"命令，打开"欢迎使用新建区域向导"对话框。

（3）在"欢迎使用新建区域向导"对话框中单击"下一步"按钮，打开"区域类型"对话框，如图 8-49 所示。

（4）在"区域类型"对话框中选择"主要区域"，单击"下一步"按钮，打开"区域名称"对话框，如图 8-50 所示。

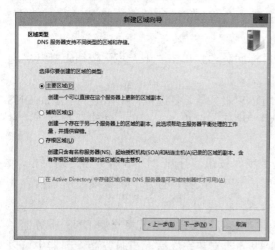

图 8-49 "区域类型"对话框

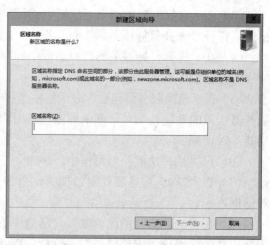

图 8-50 "区域名称"对话框

（5）在"区域名称"对话框中输入区域名称，单击"下一步"按钮，打开"区域文件"对话框，如图 8-51 所示。

（6）在"区域文件"对话框中，单击"下一步"按钮，打开"动态更新"对话框，如图 8-52 所示。

（7）在"动态更新"对话框中，单击"下一步"按钮，打开"正在完成新建区域向导"对话框。单击"完成"按钮，完成正向查找区域的创建，此时在"DNS 管理器"窗口中可以看到刚才所创建的区域。

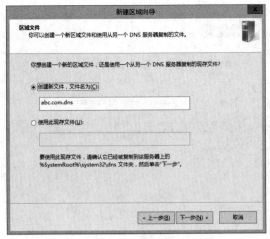
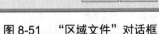

图 8-51　"区域文件"对话框

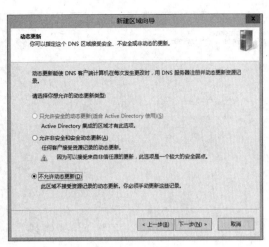

图 8-52　"动态更新"对话框

2. 创建子域

在正向查找区域中创建子域的操作步骤为：在"DNS 管理器"窗口的左侧窗格中，选中要创建子域的区域，右击鼠标，在弹出的菜单中选择"新建域"命令，在打开的"新建 DNS 域"对话框中输入子域的名称，如图 8-53 所示，单击"确定"按钮，完成创建。

3. 创建反向查找区域

反向查找区域可以查找 IP 地址对应的域名。在 DNS 服务器中创建反向查找区域的操作步骤为：

（1）在"DNS 管理器"窗口的左侧窗格中，选中相应 DNS 服务器的"反向查找区域"选项，右击鼠标，在弹出的菜单中选择"新建区域"命令，打开"欢迎使用新建区域向导"对话框。

图 8-53　"新建 DNS 域"对话框

（2）在"欢迎使用新建区域向导"对话框中，单击"下一步"按钮，打开"区域类型"对话框。

（3）在"区域类型"对话框中，选择"主要区域"，单击"下一步"按钮，打开"选择是否要为 IPv4 地址或 IPv6 地址创建反向查找区域"对话框，如图 8-54 所示。

（4）在"选择是否要为 IPv4 地址或 IPv6 地址创建反向查找区域"对话框中，选择"IPv4 反向查找区域"，单击"下一步"按钮，打开"反向查找区域名称"对话框，如图 8-55 所示。

（5）在"反向查找区域名称"对话框中输入本机 IP 地址中的网络标识，单击"下一步"按钮，打开"区域文件"对话框。

（6）在"区域文件"对话框中单击"下一步"按钮，打开"动态更新"对话框。

（7）在"动态更新"对话框中单击"下一步"按钮，打开"正在完成新建区域向导"对话框。单击"完成"按钮，完成反向查找区域的创建，此时在"DNS 管理器"窗口中可以看到刚才所创建的区域。

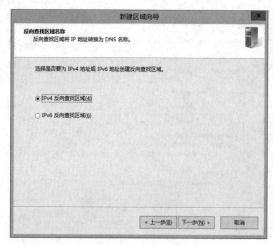
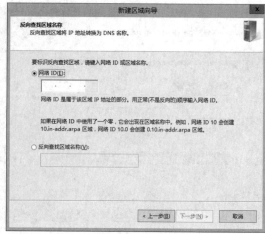

图 8-54　选择为 IPv4 或 IPv6 地址创建反向查找区域　　　图 8-55　"反向查找区域名称"对话框

▶ 实训 3　创建资源记录

DNS 服务器支持多种类型的资源记录，下面主要完成几种常用资源记录的创建。

1. 创建主机（A 或 AAAA）记录

主机记录用来在正向查找区域内建立主机名与 IP 地址的映射关系，从而使 DNS 服务器能够实现从主机域名、主机名到 IP 地址的查询。其创建步骤为：在"DNS 管理器"窗口的左侧窗格中，选中要添加资源记录的区域，右击鼠标，在弹出的快捷菜单中选择"新建主机"命令，在打开的"新建主机"对话框中输入主机名称和其对应的 IP 地址，如图 8-56 所示。单击"添加主机"按钮，在随后出现的提示框中，单击"确定"按钮，完成主机记录的创建。

【注意】IPv4 的主机记录为 A，IPv6 的主机记录为 AAAA。如果在"新建主机"对话框中，选择了"创建相关的指针（PTR）记录"复选框，则在反向查找区域刷新后，会自动生成相应的指针记录，供反向查找时使用。

图 8-56　"新建主机"对话框　　　　　　图 8-57　创建别名（CNAME）记录

2. 创建别名（CNAME）记录

别名记录用来为一台主机创建不同的域全名。通过建立主机的别名记录，可以将多个完整的域名映射到一台计算机上。其创建步骤为：在"DNS 管理器"窗口的左侧窗格中，选中要添加资源记录的区域，右击鼠标，在弹出的菜单中选择"新建别名"命令，在打开的"新建资源记录"对话框中输入别名，如图 8-57 所示。然后通过单击"浏览"按钮，选择别名所对应的主机记录。单击"确定"按钮，完成别名记录的创建。

3. 创建指针（PTR）记录

指针记录用来在反向查找区域内建立 IP 地址与主机名的映射关系，其创建步骤为：在"DNS 管理器"窗口的左侧窗格中，选中要添加资源记录的区域，右击鼠标，在弹出的菜单中选择"新建指针（PTR）"命令，在打开的"新建资源记录"对话框中，输入主机 IP 与其对应的主机名，如图 8-58 所示。单击"确定"按钮，完成指针记录的创建。

图 8-58　创建指针（PTR）记录

▶ 实训 4　设置 DNS 客户机

1. 指定 DNS 服务器的 IP 地址

DNS 客户机必须指定 DNS 服务器的 IP 地址，以便对这台 DNS 服务器提出域名解析请求。对于使用静态 IP 地址的 DNS 客户机，只需要在其相应网络连接的"Internet 协议版本 4（TCP/IPv4）"属性中将"首选 DNS 服务器"设置为要访问的 DNS 服务器的 IP 地址即可。

2. 域名解析的测试

要测试 DNS 客户机是否能够通过指定的 DNS 服务器进行域名解析，可以在其"命令提示符"窗口中，输入"nslookup FQDN"，该命令将显示当前计算机访问的 DNS 服务器及该服务器对相应域名的解析情况，如图 8-59 所示。

图 8-59　查看 DNS 客户机的域名解析情况

任务 8.5　配置 Web 服务器

任务目的。

（1）理解 WWW 的工作过程和 URL；
（2）掌握 Web 服务器的基本配置方法；
（3）了解虚拟目录的作用和基本配置方法。

工作环境与条件。

（1）安装 Windows Server 2012 R2 操作系统的计算机；
（2）安装 Windows 8 或其他 Windows 操作系统的计算机；
（3）能够正常运行的网络环境（也可使用 VMware Workstation 等虚拟机软件）。

相关知识。

WWW（World Wide Web，万维网）常被当成 Internet 的同义词。实际上 WWW 是在 Internet/Intranet 上发布的，并可以通过浏览器观看图形化页面的服务。WWW 服务采用客户机/服务器模式，客户机即浏览器，服务器即 Web 服务器，各种资源将以 Web 页面的形式存储在 Web 服务器上（也称为 Web 站点或网站），这些页面采用超文本方式对信息进行组织，页面之间通过超链接连接起来，超链接采用 URL 的形式。这些使用超链接连接在一起的页面信息可以放置在同一主机上，也可以放置在不同的主机上。

8.5.1　WWW 的工作过程

当用户要访问 WWW 上的网页或其他网络资源的时候，其基本工作过程为：

➢ 客户机启动浏览器；
➢ 在浏览器键入以 URL 形式表示的、待查询的 Web 页面地址。
➢ 在 URL 中将包含 Web 服务器的 IP 地址或域名，如果是域名的话，需要将该域名传送给 DNS 服务器解析其对应的 IP 地址。
➢ 客户机浏览器与该地址的 Web 服务器连通，发送一个 HTTP 请求，告知其需要浏览的 Web 页面。
➢ Web 服务器将对应的 HTML（HyperText Mark-up Language，超文本标记语言）文本、图片和构成该网页的一切其他文件逐一发送回用户。
➢ 浏览器把接收到的文件，加上图像、链接和其他必需的资源，显示给用户，这些就构成了用户所看到的网页。

8.5.2　URL

URL（Uniform Resource Locator，统一资源定位符）也称为网页地址，是用于完整描述

Internet 上 Web 页面和其他资源地址的一种标识方法。在实际应用中，URL 可以是本地磁盘，也可以是局域网的计算机，当然更多的是 Internet 中的 Web 站点。URL 的一般格式为（带方括号[]的为可选项）：

protocol :// hostname[:port] / path / [;parameters][?query]#fragment

对 URL 的格式说明如下：

（1）protocol（协议）：用于指定使用的传输协议，表 8-5 列出 protocol 属性的部分有效方案名称，其中最常用的是 HTTP 协议。

表 8-5　protocol 属性的部分有效方案名称

协　议	说　　　明	格　式
file	资源是本地计算机上的文件	file://
ftp	通过 FTP 协议访问资源	ftp://
http	通过 HTTP 协议访问资源	http://
https	通过安全的 HTTP 协议访问资源	https://
mms	通过支持 MMS（流媒体）协议的播放软件（如 Windows Media Player）播放资源。	mms://
ed2k	通过支持 ed2k（专用下载链接）协议的 P2P 软件（如 emule）访问资源。	ed2k://
thunder	通过支持 thunder（专用下载链接）协议的 P2P 软件（如迅雷）访问资源。	thunder://
news	通过 NNTP 协议访问资源	news://

（2）hostname（主机名）：用于指定存放资源的服务器的域名或 IP 地址。有时在主机名前也可以包含连接到服务器所需的用户名和密码（格式：username@password）。

（3）:port（端口号）：用于指定存放资源的服务器的端口号，省略时使用传输协议的默认端口。各种传输协议都有默认的端口号，如 HTTP 协议的默认端口为 80。若在服务器上采用非标准端口号，则在 URL 中就不能省略端口号这一项。

（4）path（路径）：由零或多个"/"符号隔开的字符串，一般用于表示主机上的一个目录或文件地址。

（5）;parameters（参数）：这是用于指定特殊参数的可选项。

（6）?query（查询）：用于为动态网页（如使用 CGI、ISAPI、PHP/JSP/ASP/ASP.NET 等技术制作的网页）传递参数，可有多个参数，用"&"符号隔开，每个参数的名和值用"="符号隔开。

（7）fragment（信息片断）：用于指定网络资源中的片断，例如一个网页中有多个名词解释，可使用 fragment 直接定位到某一名词解释。

【注意】Windows 主机不区分 URL 大小写，但 Unix/Linux 主机区分大小写。另外由于 HTTP 协议允许服务器将浏览器重定向到另一个 URL，因此许多服务器允许用户省略 URL 中的部分内容，如 www。但从技术上来说，省略后的 URL 实际上是一个不同的 URL，服务器必须完成重定向的任务。

8.5.3　IIS

常见的网络操作系统都提供了实现 Internet 信息服务的功能，在 Linux 操作系统中主要使用 Apache，而在 Windows 操作系统中，实现 Internet 信息服务的是 IIS（Internet Information

Services，Internet 信息服务）。IIS 是一个易于管理的平台，在该平台上可以方便可靠地开发和托管 Web 应用程序和服务，其主要功能包括常见 HTTP 功能、应用程序开发功能、运行状况和诊断功能、安全功能、性能功能、管理工具和文件传输协议（File Transfer Protocol，FTP）服务器功能等。

【注意】不同版本的 Windows 系统支持的 IIS 的版本不同，默认情况下 Windows Server 2012 R2 系统支持 IIS8.5。

8.5.4 主目录与虚拟目录

IIS 中的任何一个网站都是通过树形目录结构的方式来存储信息的，每个网站可以包括一个主目录和若干个物理子目录或虚拟目录。

1. 主目录

主目录是网站发布树的顶点，是网站访问的起点，因此它不仅包括网站的首页及其指向其他网页的链接，还应包括该网站的所有目录和文件。每个网站必须拥有一个主目录，对该网站的访问，实际上就是对网站主目录的访问。网站的主目录会被映射为 Web 服务器的 IP 地址或域名，因此访问者可以使用 Web 服务器的 IP 地址或域名直接访问。例如：若网站对应的 Web 服务器的域名是 www.xyz.com，主目录是 D:\Website\abc，则在客户机浏览器中使用 URL "http://www.xyz.com/" 即可访问 Web 服务器中 D:\Website\abc 中的文件。IIS 默认网站的主目录为 "X:\Inetpub\wwwroot"，其中 "X" 为 Windows 操作系统所在卷的驱动器号。用户可以将要发布的信息文件保存在 IIS 默认的主目录中，也可以更改默认主目录而不需要移动文件。

2. 虚拟目录

在网站的管理中，如果用户需要发布主目录以外目录中的信息文件，那就应当在网站的主目录下，创建虚拟目录。虚拟目录是网站管理员为本地计算机的真实目录或网络中其他计算机的共享目录创建的一个别名，在客户机浏览器中，虚拟目录可以像主目录的真实子目录一样被访问，但它的实际物理位置并不处于所在网站的主目录中。利用虚拟目录可以将网站发布的信息文件分散保存到不同的卷或不同的计算机上，这一方面便于分别开发与维护，另一方面当信息文件移动到其他物理位置时，也不会影响站点原有的逻辑结构。

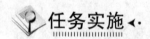
任务实施

⊙ **实训 1 安装 Web 服务器**

在 Windows Server 2012 R2 系统中安装 Web 服务器的基本操作步骤为：

（1）在传统桌面模式中单击 "服务器管理器" 图标，打开服务器管理器的 "仪表板" 窗口，在 "仪表板" 窗口中单击 "添加角色和功能" 链接，打开 "添加角色和功能向导" 对话框。

（2）在 "添加角色和功能向导" 对话框中单击 "下一步" 按钮，打开 "选择安装类型" 对话框。

（3）在"选择安装类型"对话框中选择"基于角色或基于功能的安装"，单击"下一步"按钮，打开"选择目标服务器"对话框。

（4）在"选择目标服务器"对话框中选择目标服务器，单击"下一步"按钮，打开"选择服务器角色"对话框。

（5）在"选择服务器角色"对话框中选择"Web 服务器（IIS）"复选框，在弹出的"添加 Web 服务器（IIS）所需的功能？"对话框中单击"添加功能"按钮。单击"下一步"按钮，打开"选择功能"对话框。

（6）在"选择功能"对话框中，单击"下一步"按钮，打开"Web 服务器角色（IIS）"对话框。

（7）在"Web 服务器角色（IIS）"对话框中，单击"下一步"按钮，打开"选择角色服务"对话框，如图 8-60 所示。

（8）在"选择角色服务"对话框中选择为 Web 服务器（IIS）安装的角色服务，单击"下一步"按钮，打开"确认安装所选内容"对话框。

（9）在"确认安装所选内容"对话框中单击"安装"按钮，系统将安装 Web 服务器，安装成功后将出现"安装结果"对话框。Web 服务器安装完成后，在服务器管理器中可以看到所添加的 IIS。

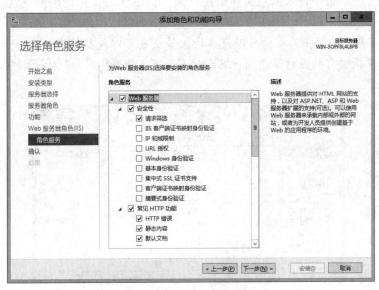

图 8-60　"选择角色服务"对话框

▶ 实训 2　利用默认网站发布信息文件

Web 服务器（IIS）安装完成后，IIS 已自动创建了一个默认网站，用户可以直接利用其发布信息文件。若网站的信息文件存放在服务器的"D:\test"目录中，其主页文件为"我的主页.html"，则利用默认网站发布该网站的操作步骤为：

（1）在"服务器管理器"窗口的左侧窗格中选择"IIS"，在右侧窗格中选择相应的服务器，右击鼠标，在弹出的菜单中选择"Internet Information Services（IIS）管理器"命令，打开"Internet Information Services（IIS）管理器"窗口，在该窗口的左侧窗格中展开相应服务器的"网站"，可以看到 IIS 自动创建的名为"Default Web Site"的默认网站。如图 8-61 所示。

图 8-61　IIS 自动创建的默认网站

（2）在"Internet Information Services（IIS）管理器"窗口的左侧窗格中选择"Default Web Site"，在右侧窗格中单击"基本设置"链接，打开"编辑网站"对话框，如图 8-62 所示。在"物理路径"文本框中输入信息文件所在目录"D:\test"，单击"确定"按钮完成主目录的设置。

【注意】信息文件所在的目录可以是本地文件夹也可以是共享文件夹。若为共享文件夹的话，网站必须提供有相应权限的用户名和密码，可在"编辑网站"对话框中单击"连接为"按钮进行设置。

图 8-62　"编辑网站"对话框

（3）在"Internet Information Services（IIS）管理器"窗口的左侧窗格中选择"Default Web Site"，在中间窗格中双击"默认文档"，此时可以看到该网站的默认文档列表，如图 8-63 所示。默认文档列表中是网站启用默认文档的顺序，网站会先读取最上面的文件，若主目录内没有该文件，则依序读取后面的文件，可以利用右侧窗格中的"上移"和"下移"链接调整列表的顺序。单击右侧窗格中的"添加"链接，打开"添加默认文档"对话框，输入要发布的网站的主页文件名"我的主页.html"，单击"确定"按钮完成默认文档的设置。

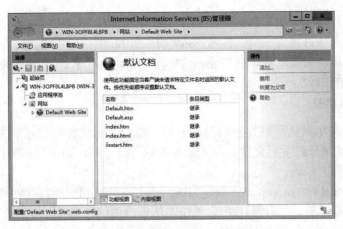

图 8-63　网站的默认文档列表

【注意】默认文档列表中的"条目类型"若为"继承"，则表示这些设置是从服务器设置继承来的，可以在"Internet 信息服务（IIS）管理器"窗口的左侧窗格中单击服务器名，在中间窗格中双击"默认文档"修改这些默认值。

此时在客户机浏览器的地址栏输入"http://IP 地址或域名"即可浏览所发布的主页文件。

▶ 实训 3　设置物理目录和虚拟目录

可以在网站主目录下新建多个物理目录，然后将信息文件存储在这些物理目录内，也可以利用虚拟目录发布主目录以外的信息文件。

1. **设置物理目录**

如在上例中利用默认网站发布的网站主目录下新建一个名为"soft"的文件夹，该文件夹信息文件的主页名称为"soft 的主页.html"，则使用物理目录将这一部分信息文件发布的操作方法为：

（1）在"Internet Information Services（IIS）管理器"窗口的左侧窗格中选择"Default Web Site"，可以看到该网站内多了一个物理目录"soft"。选中该目录，在中间窗格中单击"内容视图"查看该目录中的所有文件，如图 8-64 所示。

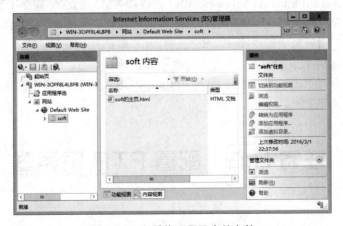

图 8-64　查看物理目录中的文件

（2）在图 8-65 所示画面的中间窗格单击"功能视图"，在功能视图中双击"默认文档"，此时可以看到该目录的默认文档列表。单击右侧窗格中的"添加"链接，打开"添加默认文档"对话框，输入该目录的主页文件名"soft 的主页.html"，单击"确定"按钮完成设置。

此时在客户机浏览器的地址栏中输入"http://IP 地址或域名/物理目录名"，即可浏览所发布的物理目录的主页。

2. 设置虚拟目录

如在上例中利用默认网站发布的网站的另一部分信息文件存放在服务器的另一个目录"E:\tools"中，该部分的主页文件名为"tools 的主页.html"，则使用虚拟目录将这一部分信息文件发布的操作方法为：

（1）在"Internet Information Services（IIS）管理器"窗口的左侧窗格中选择"Default Web Site"，在中间窗格中单击"内容视图"，单击右侧窗格中的"添加虚拟目录"链接，打开"添加虚拟目录"对话框，如图 8-65 所示。

图 8-65 "添加虚拟目录"对话框

（2）在"添加虚拟目录"对话框的"别名"文本框中输入虚拟目录的别名，在"物理路径"文本框中输入其所对应的实际物理位置（如"E:\tools"），单击"确定"按钮，此时可以看到"Default Web Site"内多了一个虚拟目录。

（3）在"Internet Information Services（IIS）管理器"窗口的左侧窗格中选择"Default Web Site"中所建的虚拟目录，在中间窗格中双击"默认文档"，此时可以看到该虚拟目录的默认文档列表。单击右侧窗格中的"添加"链接，打开"添加默认文档"对话框，输入该目录的主页文件名"tools 的主页.html"，单击"确定"按钮完成设置。

此时在客户机浏览器的地址栏中输入"http://IP 地址或域名/虚拟目录别名"，即可浏览所发布的虚拟目录的主页。

任务 8.6 配置 FTP 服务器

任务目的

（1）理解 FTP 的作用和访问过程；

（2）掌握利用 FTP 站点发布信息文件的方法；

（3）掌握 FTP 站点的基本设置方法；

（4）掌握在客户机访问 FTP 服务器的方法。

工作环境与条件

（1）安装 Windows Server 2012 R2 操作系统的计算机；

（2）安装 Windows 8 或其他 Windows 操作系统的计算机；

（3）能够正常运行的网络环境（也可使用 VMware Workstation 等虚拟机软件）。

相关知识

FTP（File Transfer Protocol，文件传输协议）是 Internet 上出现最早的一种服务，通过该服务可以在 FTP 服务器和 FTP 客户机之间建立连接，实现 FTP 服务器和 FTP 客户机之间的文件传输，文件传输包括从 FTP 服务器下载文件和向 FTP 服务器上传文件。目前 FTP 主要用于文件交换与共享、Web 网站维护等方面。

FTP 服务分为服务器端和客户机端，常用的构建 FTP 服务器的软件有 IIS 自带的 FTP 服务组件、Serv-U 以及 Linux 下的 vsFTP、wu-FTP 等。FTP 客户机访问 FTP 服务器的工作过程如图 8-66 所示。

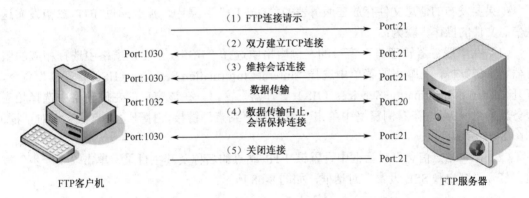

图 8-66　FTP 客户机访问 FTP 服务器的工作过程

FTP 协议使用的传输层协议为 TCP，客户机和服务器必须打开相应的 TCP 端口，以建立连接。FTP 服务器默认设置两个 TCP 端口 21 和 20。端口 21 用于监听 FTP 客户机的连接请求，在整个会话期间，该端口将始终打开。端口 20 用于传输文件，只在数据传输过程中打开，传输完毕后将关闭。FTP 客户机将随机使用 1024～65535 之间的动态端口，与 FTP 服务器建立会话连接及传输数据。

任务实施

▶ 实训 1　安装 FTP 服务器

在 Windows Server 2012 R2 系统中 FTP 服务器并不是 IIS 的默认安装组件，安装 FTP 服务器的基本操作方法为：

（1）在传统桌面模式中单击"服务器管理器"图标，打开服务器管理器的"仪表板"窗口，在"仪表板"窗口中单击"添加角色和功能"链接，打开"添加角色和功能向导"对话框。

（2）在"添加角色和功能向导"对话框中单击"下一步"按钮，打开"选择安装类型"对话框。

（3）在"选择安装类型"对话框中选择"基于角色或基于功能的安装"，单击"下一步"按钮，打开"选择目标服务器"对话框。

（4）在"选择目标服务器"对话框中选择目标服务器，单击"下一步"按钮，打开"选择服务器角色"对话框。

（5）在"选择服务器角色"对话框中展开"Web 服务器（IIS）"，选择"FTP 服务器"复选框，单击"下一步"按钮，打开"选择功能"对话框。

（6）在"选择功能"对话框中，单击"下一步"按钮，打开"确认安装所选内容"对话框。

（7）在"确认安装所选内容"对话框中单击"安装"按钮，系统将安装 FTP 服务器，安装成功后将出现"安装结果"对话框。

▶ 实训 2　新建 FTP 站点

如果要发布的信息文件存放在服务器的"D:\FTP"目录中，那么通过 FTP 站点发布这些信息文件的操作步骤为：

（1）在"服务器管理器"窗口的左侧窗格中选择"IIS"，在右侧窗格中选择相应的服务器，右击鼠标，在弹出的菜单中选择"Internet Information Services（IIS）管理器"命令，打开"Internet Information Services（IIS）管理器"窗口，在该窗口的左侧窗格中选择相应服务器的"网站"，在右侧窗格中单击"添加 FTP 站点"链接，打开"站点信息"对话框，如图 8-67 所示。

（2）在"站点信息"对话框中设置该 FTP 站点的名称及其主目录，单击"下一步"按钮，打开"绑定和 SSL 设置"对话框，如图 8-68 所示。

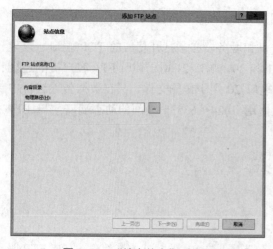

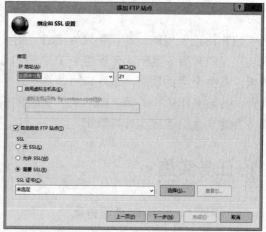

图 8-67　"站点信息"对话框　　　　　图 8-68　"绑定和 SSL 设置"对话框

（3）在"绑定和 SSL 设置"对话框中将该 FTP 站点与 IP 地址、端口和虚拟主机名进行绑定，若服务器中只有一个 FTP 站点可以使用默认设置。由于默认情况下 FTP 站点并没有 SSL 证书，所以在 SSL 设置中可选择"无"单选框。单击"下一步"按钮，打开"身份验证和授权信息"对话框，如图 8-69 所示。

（4）在"身份验证和授权信息"对话框中设定用户的身份验证方法和授权信息，如可在"身份验证"中同时选中"匿名"和"基本"复选框，在"允许访问"中选择"所有用户"，在"权限"中选中"读取"复选框，向所有用户开放 FTP 站点的读取权限。单击"完成"按钮，此时在"Internet 信息服务（IIS）管理器"窗口的左侧窗格中可以看到新建的 FTP 站点，选择该站点可以对其进行设置，如图 8-70 所示。

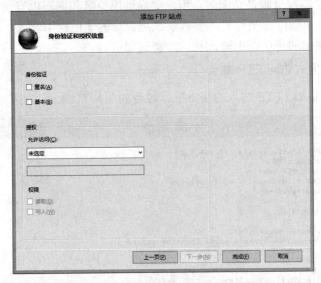

图 8-69　"身份验证和授权信息"对话框

图 8-70　新建的 FTP 站点

▶ 实训 3　访问 FTP 站点

FTP 站点创建完毕后，可在客户机对其进行访问以测试其是否正常工作。客户机在访问 FTP 站点时，可以使用文件资源管理器或浏览器，也可以使用专门的 FTP 客户端软件（如 Cute FTP、Flashfxp 等），在 Windows 系统中还支持使用命令行方式。

1. 使用文件资源管理器或浏览器访问 FTP 站点

由于新建的 FTP 站点允许客户端使用匿名身份验证和基本身份验证两种验证方式。在采用匿名身份验证时用户不需要输入用户名和密码，只需在文件资源管理器或浏览器的地址栏中输入"ftp://IP 地址或域名"即可自动使用用户名"anonymous"浏览该 FTP 站点主目录中的内容。在采用基本身份验证访问时，用户要提供用户名和密码以登录服务器，如使用用户"zhangsan"登录，则可在文件资源管理器或浏览器的地址栏中输入"ftp://zhangsan@ IP 地址或域名/"，在弹出的对话框中输入相应的密码即可。

2. 使用命令行方式访问 FTP 站点

使用命令行方式访问 FTP 站点的基本操作过程如图 8-71 所示。主要操作命令包括：

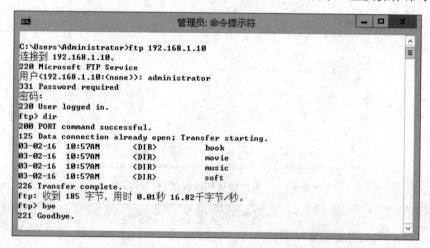

图 8-71　使用命令行方式访问 FTP 站点的基本操作过程

➢ 使用命令"FTP 域名（IP 地址）"连接 FTP 服务器，此时会出现 FTP 站点的横幅消息。

➢ 在 User 提示符下输入用户名（如"anonymous"）。

➢ 在 Password 提示符下输入密码后按"Enter"键，此时会出现 FTP 站点的欢迎消息。

➢ 成功登录后，在 ftp 提示符下输入"dir"命令可以显示 FTP 站点主目录所有的文件和目录名称。

➢ 在 ftp 提示符下输入"cd 目录名（如 cd data）"命令可以进入 FTP 站点主目录下的子目录。

➢ 在 ftp 提示符下输入"get 文件名（如 get readme.txt）"命令可以下载文件。

➢ 在 ftp 提示符下输入"bye"命令可退出登录，此时会出现 FTP 站点的退出消息。

【注意】除上述命令外，使用命令行方式访问 FTP 站点还可以使用其他的命令，具体使用方法请参阅 Windows 系统的帮助文件。

▶ 实训 4　FTP 站点基本设置

1. 修改主目录

当用户连接 FTP 站点时，将被导向 FTP 站点的主目录。修改 FTP 站点主目录的操作方法为：在"Internet Information Services（IIS）管理器"窗口的左侧窗格中选择相应的 FTP 站点，在右侧窗格中单击"基本设置"链接，打开"编辑网站"对话框，在"物理路径"文本框中设置相应路径即可。

2. 选择目录列表样式

用户查看 FTP 站点文件时，FTP 站点可以为用户提供 MS-DOS 和 UNIX 两种目录列表样式。选择目录列表样式的操作方法为：在"Internet Information Services（IIS）管理器"窗口的左侧窗格中选择相应的 FTP 站点，在中间窗格中双击"FTP 目录浏览"，在如图 8-72 所示窗口中选择相应的目录列表样式即可。

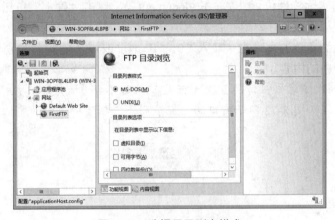

图 8-72　选择目录列表样式

3. 设置 FTP 站点消息

可以为 FTP 站点设置一些显示消息，用户在连接 FTP 站点时可以看到这些消息。设置 FTP 站点消息的操作方法为：在"Internet Information Services（IIS）管理器"窗口的左侧窗格中选择相应的 FTP 站点，在中间窗格中双击"FTP 消息"，在如图 8-73 所示窗口中输入相应消息后单击"应用"按钮即可。

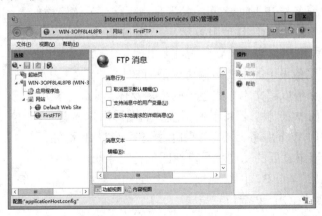

图 8-73　设置 FTP 站点消息

【注意】FTP 站点消息主要包括：（1）横幅：当用户连接 FTP 站点时，会首先看到设置在此处的文字。（2）欢迎使用：当用户登录到 FTP 站点后，会看到设置在此处的文字。（3）退出：当用户注销时，会看到设置在此处的文字。（4）最大连接数：如果 FTP 站点有连接数量限制，且目前连接的数目已达到上限，如果此时用户连接 FTP 站点，会看到设置在此处的文字。

4. 设置虚拟目录

利用虚拟目录可以发布主目录以外的信息文件。如上例中如果除了利用默认 FTP 站点发布"D:\FTP"目录的信息文件外，还想利用该站点发布"E:\document"中的信息文件，则操作步骤为：在"Internet Information Services（IIS）管理器"窗口的左侧窗格中选择相应的 FTP 站点，在中间窗格中单击"内容视图"，在右侧窗格中单击"添加虚拟目录"链接。在"添加虚拟目录"对话框的"别名"文本框中输入虚拟目录的别名，在"物理路径"文本框中输入其所对应的实际物理位置（如"E:\document"），单击"确定"按钮，可以看到 FTP 站点内多了一个虚拟目录。

此时在客户机浏览器的地址栏中输入"ftp://IP 地址或域名/虚拟目录别名"，即可浏览该 FTP 站点虚拟目录中的内容。

【注意】默认情况下客户机访问 FTP 站点主目录时不会看到虚拟目录，若要在主目录中显示虚拟目录，可在如图 8-72 所示窗口的"目录列表选项"中选中"虚拟目录"复选框。

习 题 日

1. 单项选择题

（1）在 WWW 服务器与客户机之间发送和接收 HTML 文档时，使用的协议是（　　）。

    A. FTP   B. Gopher   C. HTTP   D. NNTP

（2）若 Web 站点的 Internet 域名是 www.lwh.com，IP 为 192.168.1.21，现将 TCP 端口改成 8080，则用户在 IE 浏览器的地址栏中输入（　　）后就可访问该网站。

    A. http://192.168.1.21   B. http://www.lwh.com

    C. http://192.168.1.21:8080   D. http://www.lwh.com/8080

（3）Internet 中域名与 IP 地址之间的翻译是由（　　）来完成的。

    A. 域名服务器   B. 代理服务器   C. FTP 服务器   D. Web 服务器

（4）关于 WWW 服务，以下错误的说法是（　　）。

    A. WWW 服务采用的主要传输协议是 HTTP

    B. WWW 服务以超文本方式组织网络多媒体信息

    C. 用户访问 Web 服务器可以使用统一的图形用户界面

    D. 用户访问 Web 服务器不需要知道服务器的 URL 地址

（5）DNS 服务器最重要的功能就是查找匹配特定主机域名的（　　）。

    A. 物理地址   B. 网络地址   C. IP 地址   D. MAC 地址

（6）Web 站点默认的 TCP 端口号是（　　）。

    A. 21   B. 80   C. 2583   D. 8080

（7）FTP 站点默认的 TCP 端口号是（　　）。

    A．21   B．80   C．2583   D．8080

（8）Windows Server 2012 R2 提供的 FTP 服务功能位于（　　）组件中。

    A．DNS   B．IIS   C．DHCP   D．计算机管理

（9）下列四个文档，（　　）不是"默认 Web 站点"的默认文档，而需要手工添加。

    A．index.htm   B．iisstart.asp   C．default.htm   D．default.asp

（10）在 Windows Server 2012 R2 操作系统中，新建的本地用户账户在默认情况下应隶属于（　　）组。

    A．Administrators B．Power Users   C．Users   D．Guests

（11）某客户机被设置为自动获取 TCP/IP 配置，并且，当前正使用 169.254.0.0 作为 IP 地址，子网掩码为 255.255.0.0，默认网关的 IP 地址没有提供。客户机是在缺少 DHCP 服务器的情况下生成这个 IP 地址的。当网络上的 DHCP 服务器可用时，（　　）。

    A．该客户将会从 DHCP 服务器处取得 TCP/IP 配置

    B．该客户将会从 DHCP 服务器处取得默认网关的 IP

    C．当前地址将会被添加到该网段的 DHCP 作用域

    D．当前 IP 地址将被作为客户机保留添加到 DHCP 作用域

2. 多项选择题

（1）常用的网络服务有（　　）。

    A．WWW 服务   B．FTP 服务   C．GPS 服务   D．DHCP 服务

（2）FTP 是基于客户机/服务器模式的服务系统，它由（　　）三部分组成。

    A．TXT 文件   B．客户软件   C．服务器软件   D．FTP 通信协议

（3）下列属于 IIS 所包含组件的是（　　）。

    A．WWW 服务   B．FTP 服务   C．NNTP 服务   D．DNS 服务

（4）在 Windows Server 2012 R2 安装过程中自动创建的用户账户有（　　）。

    A．Administrator B．Power   C．User   D．Guest

（5）打印服务系统是网络服务系统中的基本系统。目前打印服务与管理系统主要有（　　）等形式。

    A．设置共享打印机   B．构建专用打印机服务器

    C．安装多台打印机   D．使用网络打印机

（6）下列设置中，DHCP 服务器可以自动分配给客户机的是（　　）。

    A．IP 地址   B．子网掩码   C．默认网关   D．DNS 的 IP 地址

3. 问答题

（1）简述 Windows 工作组网络的基本特点？

（2）简述在 Windows 系统中共享权限的类型与其所具备的访问能力。

（3）常用的网络打印服务与管理系统主要有哪些形式？各有什么特点？

（4）简述使用 DHCP 自动分配 IP 地址的优点。

（5）简述从客户机从 DHCP 服务器获取 IP 地址信息的基本运行过程。

（6）什么是 DNS？在 DNS 域名空间中，为域或子域命名时应注意遵循哪些规则？

（7）简述客户机利用 DNS 服务器进行域名解析的基本过程。

（8）什么是 URL？简述用户访问 WWW 上的网页的基本工作过程。

（9）什么是 FTP？简述客户机访问 FTP 服务器的基本工作过程。

4．技能题

（1）实现文件和打印机共享

【内容及操作要求】

把所有的计算机组建为一个名为"Students"的工作组网络，并完成以下配置：

➢ 在每台计算机的 D 盘上创建一个共享文件夹，使该计算机的管理员用户可以通过其他计算机对该文件夹进行完全控制，使该计算机的其他用户可以通过其他计算机读取该文件夹中的文件。

➢ 在网络中实现打印机共享，所有计算机都可以使用一台打印机直接打印文件。

【准备工作】

安装 Windows Server 2012 R2 或其他版本 Windows 操作系统的计算机 3 台；交换机；打印机及其附件（驱动程序、连接电缆等）；组建网络所需的其他设备。

【考核时限】

40min。

（2）配置 Web 服务器和 FTP 服务器

【内容及操作要求】

把所有的计算机组建为一个名为"Test"的工作组网络，并完成以下配置：

➢ 在安装 Windows Server 2012 R2 操作系统的计算机上安装 DHCP 服务器，网络中的其他计算机从该服务器自动获取 IP 地址信息。

➢ 在安装 Windows Server 2012 R2 操作系统的计算机上安装 Web 服务器并发布 1 个网站，要求网络中的所有计算机可以使用域名 www.qd.com 访问该网站。

➢ 在安装 Windows Server 2012 R2 操作系统的计算机上安装 FTP 服务器并发布 1 个 FTP 站点，使用户可以下载该计算机 D 盘上的文件，但不能更改 D 盘原有的内容。要求网络中的所有计算机可以使用域名 ftp.qd.com 访问该 FTP 站点。

【准备工作】

2 台安装 Windows 8 或其他 Windows 操作系统的计算机；1 台安装 Windows Server 2012 R2 操作系统的计算机；交换机；组建网络所需的其他设备。

【考核时限】

50min。

工作单元 9

网络安全与管理

　　随着网络应用的不断普及，网络资源和网络应用服务日益丰富，网络安全和管理问题已经成为网络建设和发展中的热门话题。在实际网络运行中，采取合理的安全措施和手段，提升网络管理水平，是确保网络稳定、可靠和安全运行的基本方法。本单元的主要目标是了解常用的网络安全技术；理解防火墙和防病毒软件的作用并熟悉其基本使用方法；能够利用 Windows 系统工具监视网络运行状况与性能；了解网络管理的基本组成和 SNMP 服务的安装和配置方法。

任务 9.1 了解常用网络安全技术

任务目的

（1）了解计算机网络面临的安全风险；

（2）了解常见的网络攻击手段；

（3）理解计算机网络采用的主要安全措施。

工作环境与条件

（1）安装 Windows 操作系统的计算机；

（2）能够正常运行的网络环境（也可使用 VMware Workstation 等虚拟机软件）；

（3）MBSA 工具软件；

（4）典型网络工程案例及相关文档。

相关知识

9.1.1 网络安全的基本要素

在计算机网络建设中，必须采取相应措施，保证网络系统连续可靠正常地运行，网络服务不中断；并且应保护系统中的硬件、软件及数据，使其不因偶然的或者恶意的原因而遭受到破坏、更改、泄露。计算机网络的安全性问题实际上包括两方面的内容：一是网络的系统安全，二是网络的信息安全。由于计算机网络最重要的资源是它向用户提供的服务及所拥有的信息，因而计算机网络的安全性可以定义为：保障网络服务的可用性和网络信息的完整性。前者要求网络向所有用户有选择地随时提供各自应得到的网络服务，后者则要求网络保证信息资源的保密性、完整性和可用性。可见建立安全的局域网要解决的根本问题是如何在保证网络的连通性、可用性的同时对网络服务的种类、范围等进行适当的控制以保障系统的可用性和信息的完整性不受影响。具体的说，网络安全应包含以下基本要素：

1. 可用性

由于计算机网络最基本的功能是为用户提供资源共享和数据通信服务，而用户对这些服务的需求是随机的、多方面（文字、语音、图像等）的，而且通常对服务的实时性有很高的要求。计算机网络必须能够保证所有用户的通信需要，也就是说一个授权用户无论何时提出访问要求，网络都必须是可用的，不能拒绝用户的要求。在网络环境下，拒绝服务、破坏网络和有关系统的正常运行等都属于对网络可用性的攻击。

2. 完整性

完整性是指网络信息在传输和存储的过程中应保证不被偶然或蓄意的篡改或伪造，保证授权用户得到的网络信息是真实的。如果网络信息被未经授权的实体修改或在传输过程中出现了错误，授权用户应该能够通过一定的手段迅速发现。

3. 可控性

可控性是指能够控制网络信息的内容和传播范围，保障系统依据授权提供服务，使系统在任何时候都不被非授权人使用。口令攻击、用户权限非法提升、IP 欺骗等都属于对网络可控性的攻击。

4. 保密性

保密性是指网络信息不被泄露给非授权用户、实体或过程，保证信息只为授权用户使用。网络的保密性主要通过防窃听、访问控制、数据加密等技术实现，是保证网络信息安全的重要手段。

5. 可审查性

可审查性是指在通信过程中，通信双方对自己发送或接收的消息的事实和内容不可否认。目前网络主要使用审计、监控、数字签名等安全技术和机制，使得攻击者、破坏者无法抵赖，并提供安全问题的分析依据。

9.1.2　网络面临的安全威胁

计算机网络是一个虚拟的世界，而其建设初衷是为了方便快捷的实现资源共享，因此网络安全的脆弱性是计算机网络与生俱来的致命弱点，可以说没有任何一个计算机网络是绝对安全的。计算机网络面临的安全威胁主要有以下方面：

1. 网络结构缺陷

在现实应用中，大多数网络的结构设计和实现都存在着安全问题，即使是看似完美的安全体系结构，也可能会因为一个小小的缺陷或技术的升级而遭到攻击。另外网络结构体系中的各个部件如果缺乏密切的合作，也容易导致整个系统被各个击破。

2. 网络软件和操作系统漏洞

网络软件不可能不存在缺陷和漏洞，这些缺陷和漏洞恰恰成为网络攻击的首选目标。另外，网络软件通常需要用户进行配置，用户配置的不完整和不正确都会造成安全隐患。

操作系统是网络软件的核心，其安全性直接影响到整个网络的安全。然而无论哪一种操作系统，除存在漏洞外，其体系结构本身就是一种不安全因素。例如，由于操作系统的程序都可以用打补丁的方法升级和进行动态连接，对于这种方法，产品厂商可以使用，网络攻击者也可以使用，而这种动态连接正是计算机病毒产生的温床。另外操作系统可以创建进程，被创建的进程具有可以继续创建进程的权力，加之操作系统支持在网络上传输文件、加载程序，这就为在远程服务器上安装间谍软件提供了条件。

3. 网络协议缺陷

网络通信是需要协议支持的，目前普遍使用的协议是 TCP/IP 协议，而该协议在最初设计时并没有考虑安全问题，不能保证通信的安全。例如 IP 协议是一个不可靠无连接的协议，其数据包不需要认证，也没有建立对 IP 数据包中源地址的真实性进行鉴别和保密的机制，因此网络攻击者就容易采用 IP 欺骗的方式进行攻击，网络上传输的数据的真实性也就无法得到保证。

4. 物理威胁

物理威胁是不可忽视的影响网络安全的因素，它可能来源于外界有意或无意的破坏，如地震、火灾、雷击等自然灾害，以及电磁干扰、停电、偷盗等事故。计算机和大多数网络设备都属于比较脆弱的设备，不能承受重压或强烈的震动，更不能承受强力冲击，因此自然灾害对计算机网络的影响非常大，甚至是毁灭性的。计算机网络中的设备设施也会成为偷窃者的目标，而偷窃行为可能会造成网络中断，其造成的损失可能远远超过被偷设备本身的价值，因此必须采取严格的防范措施。

5. 人为的疏忽

不管什么样的网络系统都离不开人的使用和管理。如果网络管理人员和用户的安全意识淡薄，缺少高素质的网络管理人员，网络安全配置不当，没有网络安全管理的技术规范，不进行安全监控和定期的安全检查，都会对网络安全构成威胁。

6. 人为的恶意攻击

这是计算机网络面临的最大安全威胁，主要包括非法使用或破坏某一网络系统中的资源，以及非授权使得网络系统丧失部分或全部服务功能的行为。人为的恶意攻击通常具有以下特性。

➤ 智能性。进行恶意攻击的人员大都具有较高的文化程度和专业技能，在攻击前都会经过精心策划，操作的技术难度大、隐蔽性强。

➤ 严重性。人为的恶意攻击很可能会构成计算机犯罪，这往往会造成巨大的损失，也会给社会带来动荡。

➤ 多样性。随着网络技术的迅速发展，恶意攻击行为的攻击目标和攻击手段也不断发生变化。由于经济利益的诱惑，恶意攻击行为主要集中在电子商务、电子金融、网络上的商业间谍活动等领域。

9.1.3　常见网络攻击手段

网络攻击是指某人非法使用或破坏某一网络系统中的资源，以及非授权使得网络系统丧失部分或全部服务功能的行为，通常可以把这类攻击活动分为远程攻击和本地攻击。远程攻击一般是指攻击者通过 Internet 对目标主机发动的攻击，其主要利用网络协议或网络服务的漏洞达到攻击的目的。本地攻击主要是指本单位的内部人员或通过某种手段已经入侵到本地网络的外部人员对本地网络发动的攻击。常见的网络攻击手段有：

1. 扫描攻击

扫描使网络攻击的第一步，主要是利用专门工具对目标系统进行扫描，以获得操作系统种类或版本、IP 地址、域名或主机名等有关信息，然后分析目标系统可能存在的漏洞，找到开放端口后进行入侵。扫描包括主机扫描和端口扫描，常用的扫描方法有手工扫描和工具扫描。

2. 安全漏洞攻击

主要利用操作系统或应用软件自身具有的 Bug 进行攻击。例如可以利用目标操作系统收到了超过它所能接收到的信息量时产生的缓冲区溢出进行攻击等。

3. 口令入侵

通常要攻击目标时，必须破译用户的口令，只要攻击者能猜测用户口令，就能获得机器访问权。要破解用户的口令通常可以采用以下方式：

➢ 通过网络监听，使用 Sniffer 工具捕获主机间的通信来获取口令。

➢ 暴力破解，利用 John the Ripper、L0pht Crack5 等工具破解用户口令。

➢ 利用管理员的失误。网络安全中人是薄弱的一环，因此应提高用户、特别是网络管理员的安全意识。

4. 木马程序

木马是一个通过端口进行通信的网络客户机/服务器程序，可以通过某种方式使木马程序的客户端驻留在目标计算机里，可以随计算机启动而启动，从而实现对目标计算机远程操作。BO（BackOriffice）、冰河、灰鸽子等都是比较著名的木马程序。

5. DoS 攻击

DoS（Denial of Service，拒绝服务攻击）的主要目标是使目标主机耗尽系统资源（带宽、内存、队列、CPU 等），从而阻止授权用户的正常访问（慢、不能连接、没有响应），最终导致目标主机死机。DoS 攻击包含了多种攻击手段，如表 9-1 所示。

表 9-1　常见的 DoS 攻击

DoS 攻击名称	说　　明
SYN Flood	TCP 连接需进行三次握手，攻击时只进行其中的前两次（SYN）（SYN/ACK），不进行第三次握手（ACK），连接队列处于等待状态，大量的这样的等待，占满全部队列空间，系统挂起。60 秒后系统将自动重新启动，但此时系统已崩溃。
Ping of Death	IP 应用的分段使大包不得不重装配，从而导致系统崩溃。偏移量+段长度>65535，系统崩溃，重新启动，内核转储等
Teardrop	分段攻击。利用了重装配错误，通过将各个分段重叠来使目标系统崩溃或挂起。
Smurf	攻击者向广播地址发送大量欺骗性的 ICMP ECHO 请求，这些包被放大，并发送到被欺骗的地址，大量的计算机向一台计算机回应 ECHO 包，目标系统将会崩溃。

9.1.4　常用网络安全措施

网络安全涉及各个方面，在技术方面包括计算机技术、通信技术和安全技术；在安全基础理论方面包括数学、密码学等多个学科；除了技术之外，还包括管理和法律等方面。解决网络安全问题必须进行全面的考虑，包括：采取安全的技术、加强安全检测与评估、构筑安全体系结构、加强安全管理、制定网络安全方面的法律和法规等。从技术上，目前网络主要采用的安全措施有：

（1）访问控制

对用户访问网络资源的权限进行严格的认证和控制。例如，进行用户身份认证，对密码进行加密、更新和鉴别，设置用户访问目录和文件的权限，控制网络设备配置的权限等。

（2）数据加密

加密是保护数据安全的重要手段。加密的作用是保障信息被人截获后不能读懂其含义。

（3）数字签名

简单地说，所谓数字签名就是附加在数据单元上的一些数据，或是对数据单元所做的密码变换。这种数据或变换可以使接收者确认数据单元的来源和完整性并保护数据，防止数据在传输过程中被伪造、篡改和否认。

（4）数据备份

数据备份是容灾的基础，是指为防止系统出现操作失误或系统故障导致数据丢失，而将全部或部分数据集合从应用主机的磁盘或磁盘阵列复制到其他存储介质的过程。

（5）病毒防御

网络中的计算机需要共享信息和文件，这为计算机病毒的传播带来了可乘之机，因此必须构建安全的病毒防御方案，有效控制病毒的传播和爆发。

（6）系统漏洞检测与安全评估

系统漏洞检测与安全评估系统可以探测网络上每台主机乃至网络设备的各种漏洞，从系统内部扫描安全隐患，对系统提供的网络应用和服务及相关协议进行分析和检测。

（7）部署防火墙

防火墙系统决定了哪些内部服务可以被外界访问，外界的哪些用户可以访问内部的哪些服务，哪些外部服务可以被内部用户访问等。要使一个防火墙有效，所有来自和去往 Internet 的信息都必须经过防火墙，接受防火墙的检查。防火墙只允许授权的数据通过，并且防火墙本身也必须能够免于渗透。

（8）部署 IDS

IDS（Intrusion Detection Systems，入侵检测系统）会依照一定的安全策略，对网络、系统的运行状况进行监视，尽可能发现各种攻击企图、攻击行为或者攻击结果，以保证网络系统资源的机密性、完整性和可用性。不同于防火墙，IDS 是一个监听设备，没有跨接在任何链路上，无须网络流量流经它便可以工作。

（9）部署 IPS

IPS（Intrusion Prevention System，入侵防御系统）突破了传统 IDS 只能检测不能防御入侵的局限性，提供了完整的入侵防护方案。实时检测与主动防御是 IPS 的核心设计理念，也是其区别于防火墙和 IDS 的立足之本。IPS 能够使用多种检测手段，并使用硬件加速技术进行深层数据包分析处理，能高效、准确地检测和防御已知、未知的攻击，并可实施丢弃数据包、终止会话、修改防火墙策略、实时生成警报和日志记录等多种响应方式。

（10）部署 VPN

VPN（Virtual Private Network，虚拟专用网络）是通过公用网络（如 Internet）建立的一个临时的、专用的、安全的连接，使用该连接可以对数据进行几倍加密达到安全传输信息的目的。VPN 是对企业内部网的扩展，可以帮助远程用户、分支机构、商业伙伴及供应商同企业内部网建立可靠的安全连接，保证数据的安全传输。

（11）部署 UTM

UTM（Unified Threat Management，统一威胁管理）是指由硬件、软件和网络技术组成的具有专门用途的设备，主要提供一项或多项安全功能，同时将多种安全特性集成于一个硬件设备里，形成标准的统一威胁管理平台。UTM 设备应具备的基本功能包括网络防火墙、网络入侵检测和防御以及网关防病毒等。

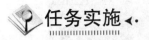 **任务实施** ◂·

▶ **实训 1　扫描 Windows 系统的安全风险**

目前有很多专用软件可以对系统中的安全风险进行检查，下面以 Microsoft 公司提供的系统基本安全分析工具 MBSA（Microsoft Baseline Security Analyzer）为例，完成系统安全风险的检测工作。MBSA 是一款简单易用的工具，可以帮助中小型企业根据 Microsoft 公司的安全建议确定其安全状态，并根据状态提供具体的修正指导。

MBSA 是一款免费的工具软件，可以到 Microsoft 公司的官方网站直接下载。MBSA 的安装步骤与 Microsoft 公司的其他应用软件产品基本相同，这里不再赘述。利用 MBSA 可以对一台计算机进行系统安全风险检测，也可以对一组计算机进行系统安全风险检测。对一台计算机进行系统安全风险检测的基本操作步骤为：

（1）双击桌面上的"Microsoft Baseline Security Analyzer"图标，打开 MBSA 主界面，如图 9-1 所示。

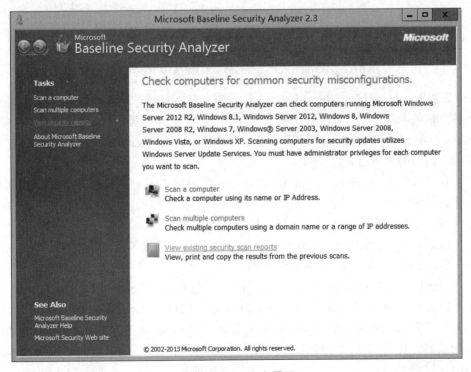

图 9-1　MBSA 主界面

（2）在 MBSA 主界面中，单击"Scan a computer"链接，打开"Which computer do you want to scan?"窗口，如图 9-2 所示。

（3）在"Which computer do you want to scan?"窗口中设定扫描对象，可在"Computer name"文本框中输入计算机的名称，格式为"工作组名\计算机名"（默认为当前计算机的名称）；也可以在"IP address"文本框中输入计算机的 IP 地址（只能输入与本机同一网段的 IP 地址）。

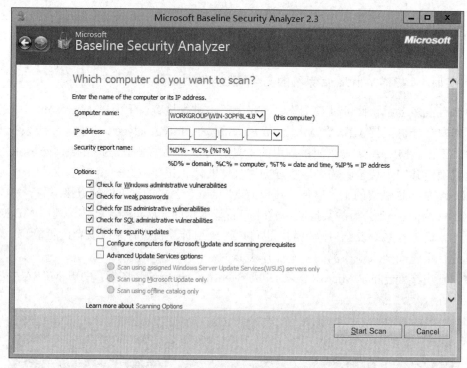

图 9-2　"Which computer do you want to scan?"窗口

（4）在"Which computer do you want to scan?"窗口中设定安全报告的名称格式。MBSA 提供两种默认的名称格式"%D% - %C% (%T%)"（域名-计算机名（日期时间））和"%D% - %IP% (%T%)"（域名-IP 地址（日期时间））。用户可以在"Security report name"文本框自行定义安全报告的名称格式。

（5）在"Which computer do you want to scan?"窗口中设定要检测的项目。MBSA 允许用户自主选择检测项目，只要用户选中"Options"中某项目的复选框，MBSA 就将对该项目进行检测。用户可以自主选择的项目包括：

➤　Check for Windows administrative vulnerabilities（检查 Windows 的漏洞）；

➤　Check for weak passwords（检查弱口令）；

➤　Check for IIS administrative vulnerabilities（检查 IIS 的漏洞）；

➤　Check for SQL administrative vulnerabilities（检查 SQL Server 的漏洞）；

（6）在"Which computer do you want to scan?"窗口中设定安全风险清单的下载途径。MBSA 的基本工作方式是以一份包含了所有已发现安全风险详细信息的清单为蓝本，与对计算机的扫描结果进行对比，以发现安全风险并生成安全报告。可以在"Check for security updates"中对下载途径进行设定，默认情况下 MBSA 将通过 Internet 下载最新的安全风险清单。

（7）设定完毕后，在"Which computer do you want to scan?"窗口单击"Start Scan"按

钮，对计算机进行扫描，扫描结束后将得到安全报告，如图 9-3 所示。可以根据该报告对系统安全风险进行修复。

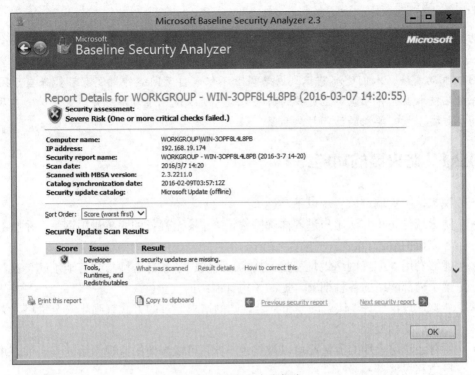

图 9-3　MBSA 安全报告

▶ 实训 2　分析网络采用的安全措施

请根据实际条件，考察典型网络工程案例，查阅该网络的相关技术文档，根据所学的知识，分析该网络可能出现的安全隐患，了解该网络所采用的主要安全措施，了解该网络所采用的主要网络安全防御系统的基本功能、特点以及部署和使用情况。

任务 9.2　认识和设置防火墙

任务目的

（1）了解防火墙的功能和类型；

（2）理解防火墙组网的常见形式；

（3）熟悉 Windows 系统内置防火墙的启动和设置方法。

工作环境与条件

（1）安装 Windows 操作系统的计算机；

（2）能够正常运行的网络环境（也可使用 VMware 等虚拟机软件）；

（3）典型网络工程案例及相关文档。

相关 知识

防火墙作为一种网络安全技术，最初被定义为一个实施某些安全策略保护一个安全区域（局域网），用以防止来自一个风险区域（Internet 或有一定风险的网络）的攻击的装置。随着网络技术的发展，人们逐渐意识到网络风险不仅来自于网络外部还有可能来自于网络内部，并且在技术上也有可能实施更多的解决方案，所以现在通常将防火墙定义为"在两个网络之间实施安全策略要求的访问控制系统"。

9.2.1　防火墙的功能

一般说来，防火墙可以实现以下功能：

➤ 防火墙能防止非法用户进入内部网络，禁止安全性低的服务进出网络，并抗击来自各方面的攻击。

➤ 能够利用 NAT（网络地址变换）技术，既实现了私有地址与共有地址的转换，又隐藏了内部网络的各种细节，提高了内部网络的安全性。

➤ 能够通过仅允许"认可的"和符合规则的请求通过的方式来强化安全策略，实现计划的确认和授权。

➤ 所有经过防火墙的流量都可以被记录下来，可以方便的监视网络的安全性，并产生日志和报警。

➤ 由于内部和外部网络的所有通信都必须通过防火墙，所以防火墙是审计和记录 Internet 使用费用的一个最佳地点，也是网络中的安全检查点。

➤ 防火墙可以允许用户通过 Internet 访问 WWW 和 FTP 等提供公共服务的服务器，而禁止外部对内部网络上的其他系统或服务的访问。

9.2.2　防火墙的实现技术

目前大多数防火墙都采用几种技术相结合的形式来保护网络不受恶意的攻击，其基本技术通常分为包过滤和应用层代理两大类。

1. 包过滤型防火墙

数据包过滤技术是在网络层对数据包进行分析、选择，选择的依据是系统内设置的过滤逻辑，称为访问控制表。通过检查数据流中每一个数据包的源地址、目的地址、所用端口号、协议状态等因素，或它们的组合来确定是否允许该数据包通过。如果检查数据包所有的条件都符合规则，则允许进行路由；如果检查到数据包的条件不符合规则，则阻止通过并将其丢弃。数据包检查是对 IP 层的首部和传输层的首部进行过滤，一般要检查下面几项：

➤ 源 IP 地址；

➤ 目的 IP 地址；

➤ TCP/UDP 源端口；

➤ TCP/UDP 目的端口；

> ➤ 协议类型（TCP 包、UDP 包、ICMP 包）；
> ➤ TCP 报头中的 ACK 位；
> ➤ ICMP 消息类型。

如图 9-4 给出了一种包过滤型防火墙的工作机制。

例如：FTP 使用 TCP 的 20 和 21 端口。如果包过滤型防火墙要禁止所有的数据包只允许特殊的数据包通过，则可设置防火墙规则如表 9-2 所示。

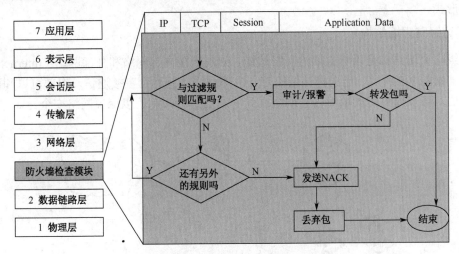

图 9-4　包过滤型防火墙的工作机制

表 9-2　包过滤型防火墙规则示例

规则号	功能	源 IP 地址	目标 IP 地址	源端口	目标端口	协议
1	Allow	192.168.1.0	*	*	*	TCP
2	Allow	*	192.168.1.0	20	*	TCP

第一条规则是允许地址在 192.168.1.0 网段内，而其源端口和目的端口为任意的主机进行 TCP 的会话。

第二条规则是允许端口为 20 的任何远程 IP 地址都可以连接到 192.168.10.0 的任意端口上。本条规则不能限制目标端口是因为主动的 FTP 客户端是不使用 20 端口的。当一个主动的 FTP 客户端发起一个 FTP 会话时，客户端是使用动态分配的端口号。而远程的 FTP 服务器只检查 192.168.1.0 这个网络内端口为 20 的设备。有经验的黑客可以利用这些规则非法访问内部网络中的任何资源。

2. 应用层代理防火墙

应用层代理防火墙技术是在网络的应用层实现协议过滤和转发功能。它针对特定的网络应用服务协议使用指定的数据过滤逻辑，并在过滤的同时，对数据包进行必要的分析、记录和统计，形成报告。这种防火墙能很容易运用适当的策略区分一些应用程序命令，像 HTTP 中的"put"和"get"等。应用层代理防火墙打破了传统的客户机/服务器模式，每个客户机/服务器的通信需要两个连接：一个是从客户机到防火墙，另一个是从防火墙到服务器。这样就将内部和外部系统隔离开来，从系统外部对防火墙内部系统进行探测将变得非常困难。

应用层代理防火墙能够理解应用层上的协议，进行复杂一些的访问控制，但其最大的缺点是每一种协议需要相应的代理软件，使用时工作量大，当用户对内外网络网关的吞吐量要求比较高时，应用层代理防火墙就会成为内外网络之间的瓶颈。

9.2.3 防火墙的组网方式

根据网络规模和安全程度要求不同，防火墙组网有多种形式，下面给出常见的几种防火墙组网形式。

1. 边缘防火墙结构

边缘防火墙结构是以防火墙为网络边缘，分别连接内部网络和外部网络（Internet）的网络结构，如图 9-5 所示。当选择该结构时，内外网络之间不可直接通信，但都可以和防火墙进行通信，可以通过防火墙对内外网络之间的通信进行限制，以保证网络安全。

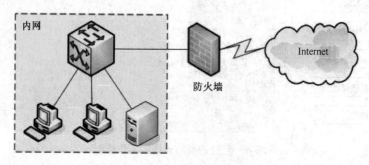

图 9-5　边缘防火墙结构

2. 三向外围网络结构

在三向外围网络结构中，防火墙有三个网络接口，分别连接到内部网络、外部网络和外围网络（也称 DMZ 区、网络隔离区或被筛选的子网），如图 9-6 所示。

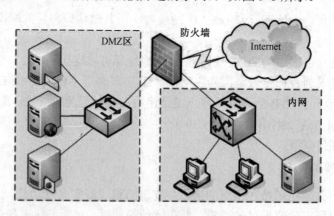

图 9-6　三向外围网络结构

外围网络是为了解决安装防火墙后外部网络不能访问内部网络服务器的问题，而设立的一个非安全系统与安全系统之间的缓冲区，这个缓冲区位于企业内部网络和外部网络之间的小网络区域内，在这个小网络区域内可以放置一些必须公开的服务器设施，如 Web 服务器、FTP 服务器和论坛等。通过外围网络，可以更加有效地保护内部网络。

3. 前端防火墙和后端防火墙结构

在这种结构中，前端防火墙负责连接外围网络和外部网络，后端防火墙负责连接外围网络和内部网络，如图 9-7 所示。当选择该结构时，如果攻击者试图攻击内部网络，必须破坏两个防火墙，必须重新配置连接三个网的路由，难度很大。因此这种结构具有很好的安全性，但成本较高。

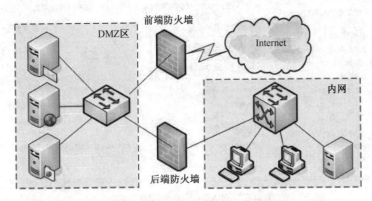

图 9-7　前端防火墙和后端防火墙结构

9.2.4　Windows 防火墙

Windows 系统内置了 Windows 防火墙，它可以为计算机提供保护，以避免其遭受外部恶意软件的攻击。在 Windows 系统中，不同的网络位置可以有不同的 Windows 防火墙设置，因此为了增加计算机在网络内的安全，管理员应将计算机设置在适当的网络位置。可以选择的网络位置主要包括：

1. 专用网

专用网包含家庭网络和工作网络。在该网络位置中，系统会启用网络搜索功能使用户在本地计算机上可以找到该网络上的其他计算机；同时也会通过设置 Windows 防火墙（开放传入的网络搜索流量）使网络内其他用户能够浏览到本地计算机。

2. 公用网络

公用网络主要指外部的不安全的网络（如机场、咖啡店的网络）。在该网络位置中，系统会通过 Windows 防火墙的保护，使其他用户无法在网络上浏览到本地计算机，并可以阻止来自 Internet 的攻击行为；同时也会禁用网络搜索功能，使用户在本地计算机上也无法找到网络上其他计算机。

任务实施 ◂··

▶ 实训 1　设置 Windows 防火墙

1. 启用或关闭 Windows 防火墙

在 Windows Server 2012 R2 系统中打开与关闭 Windows 防火墙的操作方法为：

（1）依次选择"控制面板"→"系统与安全"→"Windows 防火墙"，打开"Windows 防火墙"窗口，如图 9-8 所示。

图 9-8　"Windows 防火墙"窗口

（2）在"Windows 防火墙"窗口中单击"启用或关闭 Windows 防火墙"链接，打开"自定义设置"窗口，如图 9-9 所示。

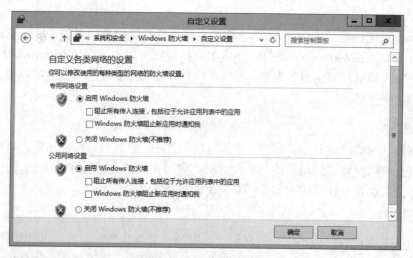

图 9-9　"自定义设置"窗口

（3）在"自定义设置"窗口中，用户可以分别针对专用网络位置与公用网络位置进行设置，默认情况下这两种网络位置都应经打开了 Windows 防火墙。要关闭某网络位置的防火墙，只需在该网络位置设置中选中"关闭 Windows 防火墙"单选框即可。

2. 解除对某些应用的封锁

Windows 防火墙会阻止所有的传入连接，若要解除对某些应用的封锁，可在"Windows 防火墙"窗口中单击"允许应用或功能通过 Windows 防火墙"链接，打开"允许的应用"对话框，如图 9-10 所示。在"允许的应用和功能"列表框中选择相应的应用和功能，单击"确定"按钮即可完成设置。

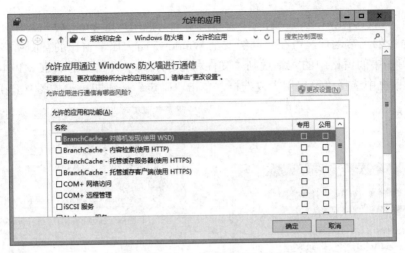

图 9-10　"允许的应用"对话框

3. Windows 防火墙的高级安全设置

若要进一步设置 Windows 防火墙的安全规则,可依次选择"控制面板"→"系统与安全"→"管理工具"→"高级安全 Windows 防火墙",打开"高级安全 Windows 防火墙"窗口,如图 9-11 所示。在该窗口中不但可以针对传入连接来设置访问规则,还可针对传出连接来设置规则。

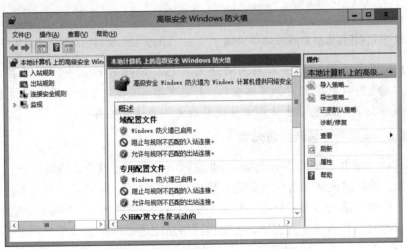

图 9-11　"高级安全 Windows 防火墙"窗口

（1）设置不同网络位置的 Windows 防火墙

在"高级安全 Windows 防火墙"窗口中,若要设置不同网络位置的 Windows 防火墙,可在左侧窗格中选择"本地计算机上的高级安全 Windows 防火墙",右击鼠标,在弹出的菜单中选择"属性"命令,打开"本地计算机上的高级安全 Windows 防火墙属性"对话框,如图 9-12 所示。利用该对话框的"域配置文件"、"专用配置文件"和"公用配置文件"选项卡可分别针对域、专用和公用网络位置进行设置。

（2）针对特定程序或流量进行设置

在"高级安全 Windows 防火墙"窗口中,可以针对特定程序或流量进行设置。例如

Windows 防火墙默认是启用的，系统不会对网络上其他用户的 ping 命令进行响应。如果要允许 ping 命令的正常运行，可在"高级安全 Windows 防火墙"窗口的左侧窗格中选择"入站规则"，单击中间窗格中的入站规则"文件和打印机共享（回显请求-ICMPv4-In）"，在打开的属性对话框中选择"已启用"复选框，单击"确定"按钮即可，如图 9-13 所示。

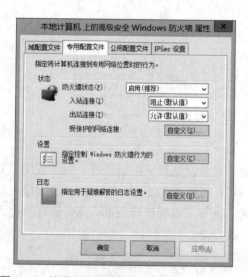

图 9-12　设置不同网络位置的 Windows 防火墙

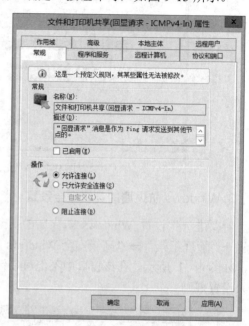

图 9-13　针对特定程序或流量进行设置

【注意】如果要开放的服务或应用程序未在已有的规则列表中，则可在"高级安全 Windows 防火墙"窗口中单击右侧窗格中的"新建规则"链接，通过新建规则的方式来开放。Windows 防火墙的其他设置方法请参考系统帮助文件，这里不再赘述。

▶ 实训 2　认识企业级网络防火墙

Windows 防火墙并不是网络防火墙。企业级网络防火墙可以分为硬件防火墙和软件防火墙。一般说来，软件防火墙具有比硬件防火墙更灵活的性能，但是需要相应硬件平台和操作系统的支持；而硬件防火墙经过厂商的预先包装，启动及运作要比软件防火墙快得多。请根据实际条件，考察典型网络工程案例，了解该网络所使用的网络防火墙产品，了解该网络防火墙的特点以及在实际网络中的部署情况，体会网络防火墙的功能和组网方法。

任务 9.3　安装和使用防病毒软件

任务目的

（1）了解计算机病毒的传播方式和防御方法；
（2）理解局域网中常用的防病毒方案；

（3）熟悉典型防病毒软件的安装和使用方法。

工作环境与条件。

（1）安装 Windows 操作系统的计算机；
（2）能够正常运行的网络环境（也可使用 VMware 等虚拟机软件）；
（3）典型网络工程案例及相关文档。

相关知识。

一般认为，计算机病毒是指编制或者在计算机程序中插入的破坏计算机功能或者破坏数据，影响计算机使用并且能够自我复制的一组计算机指令或者程序代码。由此可知，计算机病毒与生物病毒一样具有传染性和破坏性；但是计算机病毒不是天然存在的，而是一段比较精巧严谨的代码，按照严格的秩序组织起来，与所在的系统或网络环境相适应并与之配合，是人为特制的具有一定长度的程序。

9.3.1 计算机病毒的传播方式

计算机病毒的传播主要有以下几种方式：
➢ 通过不可移动的计算机硬件设备进行传播，即利用专用的 ASIC 芯片和硬盘进行传播。这种病毒虽然很少，但破坏力极强，没有很好的检测手段。
➢ 通过移动存储设备进行传播，即利用 U 盘、移动硬盘等进行传播。
➢ 通过计算机网络进行传播。随着 Internet 的发展，计算机病毒也走上了高速传播之路，通过网络传播已经成为计算机病毒传播的第一途径。计算机病毒通过网络传播的方式主要有通过共享资源传播、通过网页恶意脚本传播、通过电子邮件传播等。
➢ 通过点对点通信系统和无线通道传播。

9.3.2 计算机病毒的防御

1. 防御计算机病毒的原则

为了使用户计算机不受病毒侵害，或是最大程度地降低损失，通常在使用计算机时应遵循以下原则，做到防患于未然。
➢ 建立正确的防毒观念，学习有关病毒与防病毒知识。
➢ 不要随便下载网络上的软件，尤其是不要下载那些来自无名网站的免费软件，因为这些软件无法保证没有被病毒感染。
➢ 使用防病毒软件，及时升级防病毒软件的病毒库，开启病毒实时监控。
➢ 不使用盗版软件。
➢ 不随便使用他人的 U 盘或光盘，尽量做到专机专盘专用。
➢ 不随便访问不安全的网络站点。
➢ 使用新设备和新软件之前要检查病毒，未经检查的外来文件不能复制到硬盘，更不能使用。

➢ 养成备份重要文件的习惯，有计划的备份重要数据和系统文件，用户数据不应存储到系统盘上。

➢ 按照防病毒软件的要求制作应急盘/急救盘/恢复盘，以便恢复系统急用。在应急盘/急救盘/恢复盘上存储有关系统的重要信息数据，如硬盘主引导区信息、引导区信息、CMOS 的设备信息等。

➢ 随时注意计算机的各种异常现象，一旦发现应立即使用防病毒软件进行检查。

2. 计算机病毒的解决方法

不同类型的计算机病毒有不同的解决方法。对于普通用户来说，一旦发现计算机中毒，应主要依靠防病毒软件对病毒进行查杀。查杀时应注意以下问题：

➢ 在查杀病毒之前，应备份重要的数据文件。

➢ 启动防病毒软件后，应对系统内存及磁盘系统等进行扫描。

➢ 发现病毒后，一般应使用防病毒软件清除文件中的病毒，如果可执行文件中的病毒不能被清除，一般应将该文件删除，然后重新安装相应的应用程序。

➢ 某些病毒在 Windows 系统正常模式下可能无法完全清除，此时可能需要通过重新启动计算机、进入安全模式或使用急救盘等方式运行防病毒软件进行清除。

9.3.3 局域网防病毒方案

通过计算机网络传播是目前计算机病毒传播的主要途径，目前在局域网中主要可以采用以下两种防病毒方案。

1. 分布式防病毒方案

分布式防病毒方案如图 9-14 所示。在这种方案中，局域网的服务器和客户机分别安装单机版的防病毒软件，这些防病毒软件之间没有任何联系，可以是不同厂商的产品。

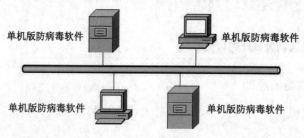

单机版防病毒软件　　　　　单机版防病毒软件

单机版防病毒软件　　　　　单机版防病毒软件

图 9-14　分布式防病毒方案

分布式防病毒方案的优点是用户可以对客户机进行分布式管理，客户机之间互不影响，而且单机版的防病毒软件价格比较便宜。其主要缺点是没有充分利用网络，客户机和服务器在病毒防护上各自为战，防病毒软件之间无法共享病毒库。每当病毒库升级时，每个服务器和客户机都需要不停的下载新的病毒库，对于有上百台或更多计算机的局域网来说，这一方面会增加局域网对 Internet 的数据流量，另一方面也会增加网络管理的难度。

2. 集中式防病毒方案

集中式防病毒方案如图 9-15 所示。集中式防病毒方案通常由防病毒软件的服务器端和工作站端组成，通常可以利用网络中的任意一台主机构建防病毒服务器，其他计算机安装防病毒软件的工作站端并接受防病毒服务器的管理。

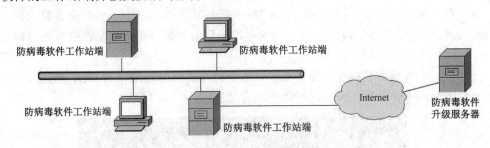

图 9-15　集中式防病毒方案

在集中式防病毒方案中，防病毒服务器自动连接 Internet 的防病毒软件升级服务器下载最新的病毒库升级文件，防病毒工作站自动从局域网的防病毒服务器上下载并更新自己的病毒库文件，因此不需要对每台客户机进行维护和升级，就能够保证网络内所有计算机的病毒库的一致和自动更新。

一般情况下对于大中型局域网应该采用集中式防病毒方案；而对于采用对等模式组建的小型局域网，考虑到成本等因素，一般应采用分布式防病毒方案。

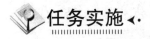

任务实施

▶ **实训 1　安装和使用防病毒软件**

在对等网中主要采用分布式防病毒方案，也就是在网络中的计算机上分别安装单机版的防病毒软件。目前常用的防病毒软件很多，下面以 Norton AntiVirus 软件为例，完成单机版的防病毒软件的安装和使用。

1. 安装防病毒软件

安装 Norton AntiVirus 软件的基本操作步骤为：

（1）安装之前，应关闭计算机上所有打开的程序。如果计算机上安装了其他防病毒程序，应首先进行删除，否则在安装开始时会出现一个面板，提示用户将其删除。

（2）购买或下载 Norton AntiVirus 软件，双击该软件的安装图标，打开"感谢您选择 Norton AntiVirus"对话框，如图 9-16 所示。

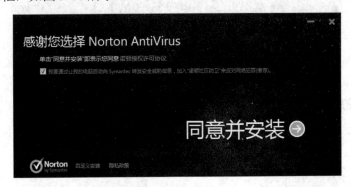

图 9-16　"感谢您选择 Norton AntiVirus Online"对话框

（3）在"感谢您选择 Norton AntiVirus"对话框中，单击"自定义安装"链接，打开"此处是将要存储 Norton AntiVirus 的位置"对话框，如图9-17所示。

（4）在"此处是将要存储 Norton AntiVirus 的位置"对话框中，选择安装目录后，单击"确定"按钮，返回"感谢您选择 Norton AntiVirus"对话框。单击"诺顿授权许可协议"链接，可以阅读用户授权许可协议。

（5）设置好安装路径，并接受许可协议后，可在"感谢您选择 Norton AntiVirus"对话框中，单击"同意并安装"按钮，开始产品安装过程。

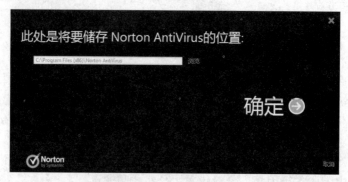

图9-17　"此处是将要存储 Norton AntiVirus 的位置"对话框

（6）安装完成后，会出现"安装已完成"对话框，提示用户安装完成。安装完成后，Norton AntiVirus 将自动运行，其主界面如图9-18所示。

图9-18　Norton AntiVirus 主界面

Norton AntiVirus 运行后，将连接 Internet，并提示用户激活服务。如果在首次出现提示时未激活服务，可以直接单击主窗口的"帐户"完成激活。

2. 设置和使用防病毒软件

不同厂商生产的防病毒软件，使用方法有所不同，下面以 Norton AntiVirus 为例完成其设置和基本操作。

（1）更新防病毒数据库

保持防病毒数据库的更新是确保计算机得到可靠保护的前提条件。因为每天都会出现新的病毒，木马和恶意软件，有规律的更新对持续保护计算机的信息是很重要的。可以在任意时间启动 Norton AntiVirus 的更新运行，具体操作方法是在 Norton AntiVirus 主界面单击"LiveUpdate"按钮，在打开的"LiveUpdate"窗口中单击"运行 LiveUpdate 更新"按钮，此时系统自动通过 Internet 或用户设置的更新源进行更新，如图 9-19 所示。

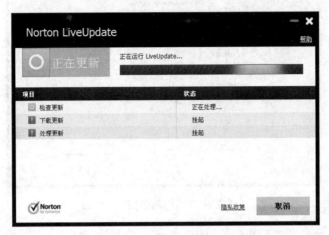

图 9-19   "Norton LiveUpdate"窗口

（2）在计算机上扫描病毒

扫描病毒是防病毒软件最重要的功能之一，可以防止由于一些原因而没有检测到的恶意代码蔓延。Norton AntiVirus 提供以下几种病毒扫描方式：

➢   快速扫描。通常是对病毒及其他安全风险主要攻击的计算机区域进行扫描。

➢   全面系统扫描。对系统进行彻底扫描以删除病毒和其他安全威胁。它会检查所有引导记录、文件和用户可访问的正在运行的进程。

➢   自定义扫描。根据需要扫描特定的文件、可移动驱动器、计算机的任何驱动器或者计算机上的任何文件夹或文件。

如果要进行全面系统扫描，则操作步骤为：

➢   在 Norton AntiVirus 主界面中，单击"立即扫描"按钮，打开"电脑扫描"窗格，如图 9-20 所示。

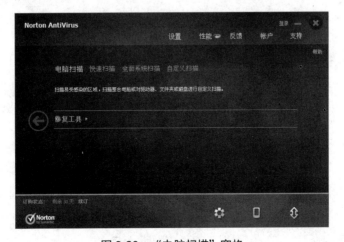

图 9-20   "电脑扫描"窗格

➢ 在"电脑扫描"窗格中，单击"全面系统扫描"按钮，打开"全面系统扫描"窗口，如图 9-21 所示。此时 Norton AntiVirus 将对计算机进行全面系统扫描。

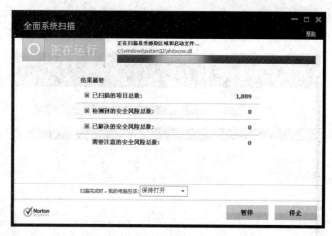

图 9-21　"全面系统扫描"窗口

➢ 可以在"全面系统扫描"窗口中，单击"暂停"按钮，暂时挂起全面系统扫描；也可单击"停止"按钮，终止全面系统扫描。

➢ 扫描完成后，在"结果摘要"选项卡中如果没有需要注意的项目，可单击"完成"按钮结束扫描；如果有需要注意的项目，可在"需要注意"选项卡上查看风险。

（3）访问"性能"窗口

Norton AntiVirus 的系统智能分析功能可用于查看和监视系统活动。系统智能分析会在"性能"窗口中显示相关信息。用户可以访问"性能"窗口，查看重要的系统活动、CPU 使用情况、内存使用情况和诺顿特定后台作业的详细信息。

用户可以在"性能"窗口中查看过去三个月内所执行的或发生的系统活动的详细信息。这些活动包括应用程序安装、应用程序下载、磁盘优化、威胁检测、性能警报及快速扫描等。操作步骤为：

➢ 在 Norton AntiVirus 主窗口中，单击"性能"链接，打开"性能"窗口，如图 9-22 所示。

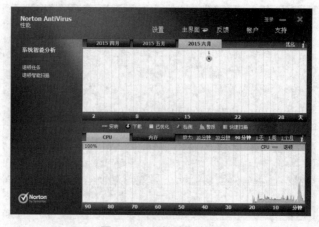

图 9-22　"性能"窗口

> 　在"性能"窗口事件图的顶部，单击某个月份的相应选项卡以查看详细信息。

> 　在事件图中，将鼠标指针移动到某个活动的图标或条带上，在出现的弹出式窗口中，查看该活动的详细信息。

> 　如果弹出式窗口中出现"查看详细信息"选项，可单击该选项查看其详细信息。

Norton AntiVirus 可监视整体系统 CPU 和内存的使用情况以及诺顿特定的 CPU 和内存使用情况。如果要查看 CPU 的使用情况，可在"性能"窗口中单击"CPU"选项卡；如果要查看内存的使用情况，可在"性能"窗口中单击"内存"选项卡。如果要获得放大视图，可单击"放大"选项旁边的"10 分钟"或"30 分钟"；如果要获得默认性能时间，可单击"放大"选项旁边的"90 分钟"。

【注意】以上只完成了 Norton AntiVirus 最基本的设置和操作，更具体的内容请参考其自带的帮助文件。有条件的话，可安装并设置其他厂商的防病毒软件，思考不同防病毒软件在设置和操作上的异同点。

▶ 实训2　分析网络防病毒方案

请根据实际条件，考察典型网络工程案例，了解该网络所使用的防病毒方案和相关产品，了解其在实际网络中的部署情况。

任务 9.4　监视系统运行状况与性能

任务目的

（1）熟悉 Windows 事件查看器的使用方法；
（2）熟悉 Windows 性能监视器的使用方法；
（3）熟悉远程桌面的使用方法；
（4）能够使用 Windows 系统常用命令监视系统运行状况。

工作环境与条件

（1）安装 Windows 操作系统的计算机；
（2）能够正常运行的网络环境（也可使用 VMware Workstation 等虚拟机软件）。

相关知识

9.4.1　Windows 事件日志文件

当 Windows 操作系统出现运行错误、用户登录/注销的行为或者应用程序发出错误信息等情况时，会将这些事件记录到"事件日志文件"中。管理员可以利用"事件查看器"检查这些日志，查看到底发生了什么情况，以便做进一步的处理。

在 Windows 操作系统中主要包括以下事件日志文件：

> 系统日志。Windows 操作系统会主动将系统所产生的错误（例如网卡故障）、警告（例如硬盘快没有可用空间了）与系统信息（例如某个系统服务已启动）等信息记录到系统日志内。

> 安全日志。该日志会记录利用"审核策略"所设置的事件，例如，某个用户是否曾经读取过某个文件等。

> 应用程序日志。应用程序会将其所产生的错误、警告或信息等事件记录到该日志内。例如，如果某数据库程序有误时，它可以将该错误记录到应用程序日志内。

> 目录服务日志。该日志仅存在于域控制器内，会记录由活动目录所发出的诊断或错误信息。

除此之外，某些服务（例如 DNS 服务）会有自己的独立的事件日志文件。

9.4.2 Windows 性能监视器

Windows 性能监视器是在 Windows 系统中提供的系统性能监视工具。该工具可以用来收集并查看来自本地或远程计算机有关内存、磁盘、CPU、网络以及其他活动的实时数据，也可以配置日志以记录性能数据、设置系统警告并在特定计数器的数值超过或低于所限定阀值时发出通知。

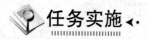
任务实施

Windows 系统提供了很多系统工具帮助用户监视系统运行状况与性能。Windows 系统也提供了对命令行的支持，可以通过相关命令诊断网络故障和进行系统维护。

▶ 实训 1   使用事件查看器

1. 查看事件日志

在 Windows Server 2012 R2 系统中查看事件日志的基本操作方法为：依次选择"控制面板"→"系统与安全"→"管理工具"→"事件查看器"，打开"事件查看器"窗口，如图 9-23 所示。在左侧窗格中选择"Windows 日志"中的任意选项，在中间窗格中可以看到计算机的相关日志，中间窗格中的每一行代表了一个事件。它提供了以下信息：

> 级别。此事件的类型，例如错误、警告、信息等。

> 日期与时间。此事件被记录的日期与时间。

> 来源。记录此事件的程序名称。

> 事件 ID。每个事件都会被赋予唯一的号码。

> 任务类别。产生此事件的程序可能会将其信息分类，并显示在此处。

在每个事件之前都有一个代表事件类型的图标，现将这些图标说明如下：

> 信息。描述应用程序、驱动程序或服务的成功操作。

> 警告。表示目前不严重，但是未来可能会造成系统无法正常工作的问题，例如，硬盘容量所剩不多时，就会被记录为"警告"类型的事件。

> 错误。表示比较严重，已经造成数据丢失或功能故障的事件。例如网卡故障、计算

机名与其他计算机相同、IP 地址与其他计算机相同、某系统服务无法正常启动等。

➢ 成功审核。表示所审核的事件为成功的安全访问事件。

➢ 失败审核。表示所审核的事件为失败的安全访问事件。

图 9-23 "事件查看器"窗口

如果要查看事件的详细内容，可直接双击该事件，打开"事件属性"对话框，如图 9-24 所示。

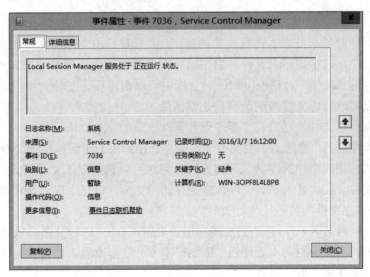

图 9-24 "事件属性"对话框

2. 查找事件

当首次启动事件查看器时，它自动显示所选日志中的所有事件，若要限制所显示的日志事件，可在"事件查看器"窗口的右侧窗格中单击"筛选当前日志"链接，打开"筛选当前日志"对话框，如图 9-25 所示。在该对话框中，可指定需要显示的事件类型和其他事件标准，从而将事件列表缩小到易于管理的大小。

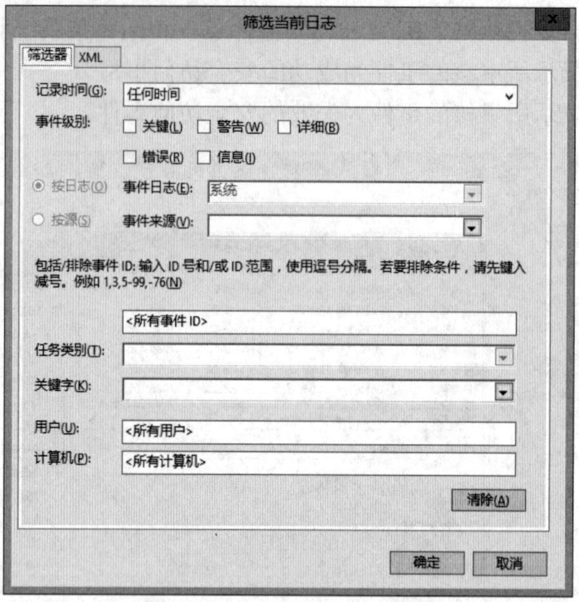

图 9-25   "筛选当前日志"对话框

另外也可在"事件查看器"窗口的右侧窗格中单击"查找"链接，打开"查找"对话框。在该对话框中，可设定相应的条件，查找特定事件。

3. 日志文件的设置

管理员可以针对每个日志文件更改其设置。如要设置日志文件的文件大小，可以在"事件查看器"窗口中，选中该日志文件，右击鼠标，在弹出的快捷菜单中选择"属性"命令，打开该日志文件的"属性"对话框，在该对话框中可以指定日志文件大小上限，单击"清除日志"按钮可以将该日志文件内的所有日志都清除。

如果要保存日志文件，则可在"事件查看器"窗口中，选中该日志文件，右击鼠标，在弹出的快捷菜单中选择"将所有事件另存为"命令，在弹出的对话框中选择存储日志文件的路径和文件格式，完成文件的存储。存储日志文件时可以选择以下文件格式：

➤ 事件文件。扩展名为.evtx。以该格式存储的文件，可在"事件查看器"内通过执行"打开日志文件"的途径进行查看。

➤ 文本。扩展名为.txt，各数据之间利用制表符（Tab）进行分隔。以该格式存储的文件，可利用一般的文本处理器（例如记事本）进行查看，也可供电子表格、数据库等应用程序来读取、导入。

➤ CSV 格式。扩展名为.csv，各数据之间利用逗号进行分隔。以该格式存储的文件，可利用一般的文本处理器（例如记事本）进行查看，也可供电子表格、数据库等应用程序来读取、导入。

▶ 实训 2   使用性能监视器

在 Windows Server 2012 R2 系统中使用性能监视器的基本操作方法为：依次选择"控制面板"→"系统与安全"→"管理工具"→"性能监视器"，打开"性能监视器"窗口。性能监视器包含"监视工具"、"数据收集器集"和报告等选项，在左侧窗格依次"监视工具"

→"性能监视器",打开"性能监视器"管理单元,如图 9-26 所示。由图可见,性能监视器右边窗格显示并出现一个曲线图视窗和一个工具栏,界面有 3 个主要区域:曲线图区、图例和数值栏。

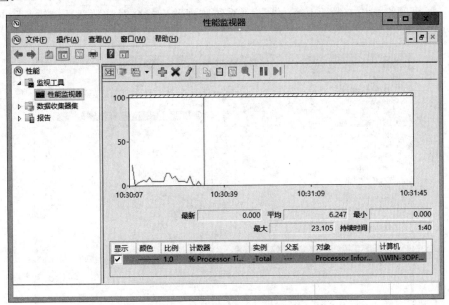

图 9-26 "性能监视器"窗口

时间栏(贯穿整个曲线图的竖向线条)的移动表示已过了一个更新间隔。无论更新间隔是多少,视窗都显示 100 个数据样本,必要时系统监视器会压缩日志数据以全部显示。要使用性能监视器对系统的某项性能指标进行监视,必须添加该性能指标对应的计数器,添加计数器后,性能监视器开始在该曲线图区域将计数器数值转换成曲线图。添加计数器的基本操作步骤为:

(1)在性能监视器右边窗格的工具栏上单击"添加"按钮,打开"添加计数器"对话框。

(2)在"添加计数器"对话框中选择所要添加的计数器,如果要监视本地计算机网络接口每秒钟发送和接收的总字节数,可在"从计算机选择计数器"选项中选择"本地计算机";在计数器列表中依次选择"Network Interface"→"Bytes Total/sec";在"选定对象的范例"中选择需要监视的网络接口。单击"添加"按钮,完成计数器的添加,如图 9-27 所示。

(3)如果不再添加其他计数器,即可单击"确定"按钮,关闭"添加计数器"对话框。此时在"性能监视器"的底部可以看到新添加的计数器。

(4)为了更清楚地反映监视结果,可以对"性能监视器"的属性进行修改。右击"性能监视器"右侧窗格,选择"属性"命令,打开"性能监视器属性"对话框,如图 9-28 所示。

(5)在"数据"选项卡上,可指定要使用的选项,其中:

➢ "添加"按钮将打开"添加计数器"对话框,可以在此选择要添加的其他计数器。

➢ "删除"按钮将删除在计数器列表中选定的计数器。

➢ "颜色"选项可更改所选计数器的颜色。

➢ "比例"选项可在图形或直方图视图中更改所选计数器的显示比例。计数器数值的幂指数比例在.0000001 到 1000000.0 之间。可以调整计数器比例设置以提高图形中计数器数据的可视性。更改比例不影响数值条中显示的统计数据。

➤ "宽度"选项可更改所选计数器的线宽。注意定义线宽能够确定可用的线条样式。

➤ "样式"选项可更改所选计数器的线条样式。只有使用默认线宽才能选择样式。

（6）如果网络接口有数据传输的话，"系统监视器"就会对计数器数值进行记录，并将其转换为图形显示。

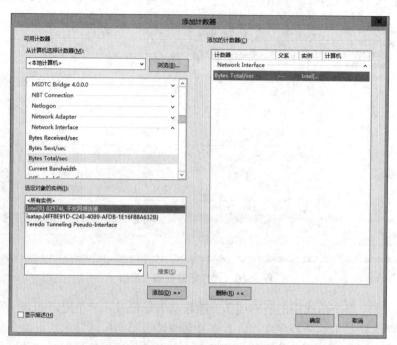

图 9-27 "添加计数器"对话框

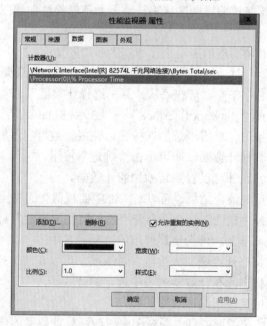

图 9-28 "性能监视器属性"对话框

▶ **实训 3　使用远程桌面**

Windows 系统支持远程桌面连接，通过远程桌面协议（Remote Desktop Protocol，RDP），可以实现使用本地计算机的键盘和鼠标控制远程计算机的功能。要实现远程桌面连接，必须分别完成远程计算机和本地计算机的设置。

1. 设置远程计算机

远程桌面连接中远程计算机（即被控制端机器）的设置，主要是让该计算机启用远程桌面连接，并赋予用户使用远程桌面连接的权限。在 Windows Server 2012 R2 系统中设置的基本操作步骤为：依次选择"控制面板"→"系统和安全"→"系统"→"允许远程访问"命令，打开"系统属性"对话框的"远程"选项卡，如图 9-29 所示。在"远程桌面"中选择"允许远程连接到此计算机"单项框，此时会弹出"远程桌面防火墙例外将被启用"警告框，单击"确定"按钮，系统将在 Windows 防火墙内启用远程桌面连接。

图 9-29　"远程"选项卡

默认情况下只有该计算机的管理员用户可以对其进行远程桌面连接，如果要使其他非管理员用户也具有远程连接该计算机的权限，可以在图 9-29 所示的对话框中，单击"选择用户"按钮，添加相应的用户即可。

【注意】允许远程连接后，系统会自动选择"仅允许运行使用网络级身份验证的远程桌面的计算机连接"，网络级身份验证是一种比较安全的验证方法，可以避免黑客及恶意软件的攻击。

2. 在本地计算机使用"远程桌面连接"连接远程计算机

Windows XP、Windows Server 2003 以上的 Windows 操作系统都内置了远程桌面连接功能。在 Windows Server 2012 R2 系统中使用"远程桌面连接"连接远程计算机的基本操作步骤为：

（1）依次选择"开始"→"应用"→"Windows 附件"→"远程桌面连接"命令，打开"远程桌面连接"对话框，如图 9-30 所示。

（2）在"远程桌面连接"对话框中输入远程计算机的计算机名或 IP 地址，单击"连接"按钮，打开"输入您的凭据"对话框。

（3）在"输入您的凭据"对话框中输入在远程计算机内拥有远程桌面连接权限的用户名与密码，单击"确定"按钮，完成远程桌面连接。完成连接后的窗口将显示远程计算机的桌面，此时即可在本地计算机上实现对远程计算机的各种操作。

【注意】在登录前，可以利用"远程桌面连接"对话框中的"选项"按钮对远程登录窗口进行属性设置。

图 9-30　"远程桌面连接"对话框

▶ 实训 4　使用 Windows 系统常用命令监视系统运行状况

相对于图形化方式而言，采用命令行方式进行系统管理简单易用、灵活方便。在 Windows Server 2012 R2 系统的传统桌面模式中右击左下角的"开始"图标，在弹出的菜单中单击"命令提示符"，即可进入"命令提示符"环境。

1．"命令提示符"环境的使用技巧

（1）在"命令提示符"环境查看帮助

Windows 系统对相应命令提供了比较完备的帮助信息，要获得某命令的帮助信息，可以在"命令提示符"环境下，输入"命令名 /?"，如图 9-31 所示。

图 9-31　在"命令提示符"环境查看帮助

（2）自动记忆功能

在"命令提示符"环境下，已经输入的多条命令会被系统自动记录下来，如果要调用前面或后面的曾经输入过的命令，只需要按键盘上的"↑"和"↓"两个方向键即可。

（3）快捷键的使用

在"命令提示符"环境中，可以使用以下快捷键以提高操作速度。

➢ "Esc"键。清除当前光标所在的那行命令。

➢ "F7"键。以图形列表框形式显示曾经输入的命令，可以通过"↑"和"↓"进行选择。每个曾经输入的命令前面都会有一个编号。

➢ "F9"键。提示输入曾经命令的编号，输入后就可以直接运行该命令。

➢ "Ctrl+C"键。终止命令运行。

➢ "Alt+F7"键。删除保存命令的历史记录。

2. 检查网络链路是否工作正常

网络运行维护中最多的一项工作就是检查网络链路是否正常，通常应使用 ping 命令完成这项工作。正常情况下，当使用 ping 命令来检验网络运行情况时，需要设置一些关键点作为 ping 的对象，如果所有结果都正常，则可以相信网络基本的连通性和配置参数没有问题；如果某些 ping 命令出现运行故障，则可以根据关键点的位置去查找问题。下面给出一个典型的检测次序及对应的可能故障：

（1）ping 127.0.0.1

这个命令被送到本地计算机的 TCP/IP 组件，该命令永不退出本地计算机。如果出现异常，则表示本地计算机 TCP/IP 协议的安装或运行存在问题。

（2）ping 本机 IP

这个命令被送到本地计算机所配置的 IP 地址，本地计算机始终都应该对该命令做出应答。如果没有出现问题，可断开网络电缆，然后重新发送该命令。如果断开后本命令正确，则表示另一台计算机可能配置了相同的 IP 地址。

（3）ping 局域网内其他 IP

这个命令会经过网卡及网络电缆到达局域网中的其他计算机，如果收到回送应答表明本地网络运行正确。如果收到 0 个回送应答，那么表示 IP 地址、子网掩码设置不正确或网络连接有问题。

（4）ping 网关 IP

这个命令如果应答正确，表示局域网中的网关路由器正在运行并能够做出应答。

（5）ping 远程 IP

如果收到应答，表示成功的使用了默认网关。对于接入 Internet 的用户则表示能够成功的访问 Internet。

（6）ping 域名

检验本地主机与 DNS 服务器的连通性，如果这里出现故障，则表示 DNS 服务器的 IP 地址配置不正确或 DNS 服务器有故障，也可以利用该命令实现域名对 IP 地址的转换功能。

【注意】当计算机通过域名访问时首先会通过 DNS 服务器得到域名对应的 IP 地址，然后才能进行访问。在执行"ping 域名"时应重点查看是否得到了域名对应的 IP 地址。

如果上面所列出的所有 ping 命令都能正常运行，表明当前计算机的本地和远程通信都基本没有问题了。但是，这些命令的成功并不表示所有的网络配置都没有问题，例如，某些子网掩码错误有可能无法检测到。另外有时候 ping 命令不成功的原因并不是网络基本配置的问题，而可能是由于网络中安装了防火墙，屏蔽了 ping 命令的运行。

3. 实现 IP 地址和 MAC 地址绑定

使用 arp 命令可以实现 IP 地址和 MAC 地址的绑定，从而避免 IP 地址冲突，具体操作步骤为：在"命令提示符"环境中输入命令"arp –s IP 地址网卡物理地址"，将主机的 IP 地址和对应的物理地址作为一个静态条目加入 ARP 高速缓存。输入命令"arp -a"可以看到相应 IP 地址的项目类型为静态的，如图 9-32 所示。

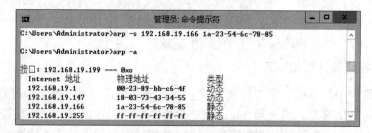

图 9-32　实现 IP 地址和 MAC 地址的绑定

4. 查看端口的使用情况

在 Windows 系统中，可以使用 netstat 命令查看端口的使用情况。基本操作方法为：在"命令提示符"环境中输入"netstat –n –a"命令，可以看到系统正在开放的端口及其状态，如图 9-33 所示。在"命令提示符"环境中输入"netstat –n –a –b"命令，可以看到系统端口的状态，以及每个连接是由哪些程序创建的。

```
管理员: 命令提示符
C:\Users\Administrator>netstat -a -n

活动连接

  协议  本地地址              外部地址             状态
  TCP   0.0.0.0:135          0.0.0.0:0            LISTENING
  TCP   0.0.0.0:445          0.0.0.0:0            LISTENING
  TCP   0.0.0.0:3389         0.0.0.0:0            LISTENING
  TCP   0.0.0.0:5985         0.0.0.0:0            LISTENING
  TCP   0.0.0.0:47001        0.0.0.0:0            LISTENING
  TCP   0.0.0.0:49152        0.0.0.0:0            LISTENING
  TCP   0.0.0.0:49153        0.0.0.0:0            LISTENING
  TCP   0.0.0.0:49154        0.0.0.0:0            LISTENING
  TCP   0.0.0.0:49155        0.0.0.0:0            LISTENING
  TCP   0.0.0.0:49156        0.0.0.0:0            LISTENING
  TCP   0.0.0.0:49157        0.0.0.0:0            LISTENING
  TCP   0.0.0.0:49158        0.0.0.0:0            LISTENING
  TCP   192.168.19.199:139   0.0.0.0:0            LISTENING
  TCP   192.168.19.199:49160 204.79.197.200:443  ESTABLISHED
  TCP   192.168.19.199:49161 61.213.168.27:80    ESTABLISHED
  TCP   192.168.19.199:49162 159.106.121.75:80   SYN_SENT
  TCP   192.168.19.199:49180 68.232.44.251:80    ESTABLISHED
  TCP   192.168.19.199:49181 184.27.168.154:80   ESTABLISHED
```

图 9-33　查看端口的使用情况

5. 监控当前系统服务

如果要查看计算机当前启动的服务，可在"命令提示符"环境中输入"net start"命令，该命令的运行结果如图 9-34 所示。

如果要停止某项服务，可以输入命令"net stop 服务名"；如果要启动某项服务，可以输入命令"net start 服务名"，如图 9-35 所示。

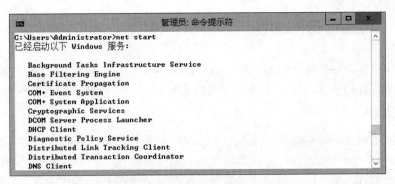

图 9-34　查看计算机当前启动的服务

图 9-35　启动或停止系统服务

任务 9.5　安装与测试 SNMP 服务

任务目的

（1）了解网络管理的基本功能。
（2）了解网络管理的基本模型和组成。
（3）了解 SNMP 服务的安装和测试方法。

工作环境与条件

（1）安装 Windows 操作系统的计算机；
（2）能够正常运行的网络环境（也可使用 VMware Workstation 等虚拟机软件）；
（3）MIB 查询工具（本部分以 MIB Browser 为例，也可选择其他相关工具软件）。

相关知识

目前的网络管理打破了网络的地域限制，不再局限于保证文件的传输，而是保障网络的正常运转，维护各类网络应用和数据的有效和安全地使用、存储以及传递，同时监测网络的运行性能，优化网络的拓扑结构。在网络管理技术的研究、发展和标准化方面，国际标准化组织（ISO）和 Internet 体系结构委员会（IAB）都做出了很大的贡献。IAB 于 1988 年推出的简单网络管理协议（Simple Network Management Protocol，SNMP）是 TCP/IP 协议的一部分，已经成为事实上的计算机网络管理工业标准。

9.5.1 网络管理的功能

在实际网络管理过程中，网络管理应具有的功能非常广泛。ISO 在 ISO/IEC 7498-4 文档中定义了网络管理的 5 大功能：配置管理、性能管理、故障管理、安全管理和计费管理。

1. 配置管理

计算机网络由各种物理结构和逻辑结构组成，这些结构中有许多参数、状态等信息需要设置并协调。另外，网络运行在多变的环境中，系统本身也经常要随着用户的增、减或设备的维修而调整配置。网络管理系统必须具有足够的手段支持这些调整的变化，使网络更有效地工作。这些手段构成了网络管理的配置管理功能。配置管理功能至少应包括识别被管理网络的拓扑结构、标识网络中的各种现象、自动修改指定设备的配置、动态维护网络配置数据库等内容。

2. 性能管理

性能管理的目的是在使用最少的网络资源和具有最小延迟的前提下，确保网络能提供可靠的通信能力，并使网络资源的使用达到最优化的程度。网络的性能管理有监测和控制两大功能，监测功能主要是对网络中的活动进行跟踪，控制功能主要是通过实施相应调整来提高网络性能。性能管理的具体内容一般包括：从被管对象中收集与网络性能有关的数据；分析和统计历史数据；建立性能分析的模型；预测网络性能的长期趋势；根据分析和预测的结果，对网络拓扑结构、某些对象的配置和参数做出调整，逐步达到最佳运行状态。

3. 故障管理

故障管理指在系统出现异常情况时的管理操作。网络管理系统应具备快速和可靠的故障检测、诊断和恢复功能，具体内容一般包括：当网络发生故障时，必须尽可能快地找出故障发生的确切位置；将网络其他部分与故障部分隔离，以确保网络其他部分能不受干扰继续运行；重新配置或重组网络，尽可能降低由于隔离故障对网络带来的影响；修复或替换故障部分，将网络恢复为初始状态。

4. 安全管理

安全管理的目的是确保网络资源不被非法使用，防止网络资源由于入侵者攻击而遭受破坏。完善的网络管理系统必须制定网络管理的安全策略，以保证网络不被侵害，并保证重要信息不被未授权的用户访问。其具体内容一般包括：与安全措施有关的信息分发（如密钥的分发和访问权设置等）；与安全有关的通知（如网络有非法侵入、无权用户对特定信息的访问企图等）；安全服务措施的创建、控制和删除；与安全有关的网络操作事件的记录、管理、维护和查询等。

5. 计费管理

计费管理不但将统计哪些用户、使用何信道、传输多少数据、访问什么资源等信息，还可以统计不同线路和各类资源的利用情况。由此可见，在有偿使用的网络上，计费管理功能可以依据其统计的信息，制定一种用户能够接受的计费方法。商业性网络中的计费系统还要包含诸如每次通信的开始和结束时间、通信中使用的服务等级以及通信中的另一方等更详细的计费信息，并使用户能够随时查询这些信息。

9.5.2　网络管理的基本模型

在网络管理中,网络管理人员通过网络管理系统对整个网络中的设备和设施(如交换机、路由器、服务器等)进行管理,包括查阅网络中设备或设施的当前工作状态和工作参数,对设备或设施的工作状态进行控制,对工作参数进行修改等。网络管理系统通过特定的传输线路和控制协议对远程的网络设备或设施进行具体操作。为了实现上述目标,目前网络管理系统普遍采用的是管理者(Management)-代理者(Agent)的网络管理模型,如图9-36所示。

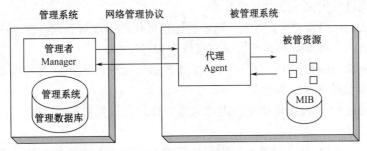

图 9-36　网络管理基本模型示意图

由图可见,网络管理模型主要由网络管理者、管理代理、网络管理协议和管理信息库(Management Information Base,MIB)4 个要素组成。

1. 网络管理者

网络管理者是实施网络管理的实体,驻留在管理工作站上,实际上就是运行于管理工作站的网络管理程序(进程)。网络管理者负责对网络中的设备和设施进行全面的管理和控制,根据网络上各个管理对象的变化来决定对不同的管理对象所采取的操作。管理工作站是一台安装了网络管理软件的 PC 或小型机,一般位于网络系统的主干或接近于主干的位置。

2. 管理代理

管理代理是一个软件模块,驻留在被管设备上。被管设备的种类繁多,包括交换机、路由器、防火墙、服务器、网络打印机等。管理代理的功能是把来自网络管理者的命令或信息转换为被管设备特有的指令,完成网络管理者的指示或把所在设备的信息返回给网络管理者。管理代理通过控制本设备管理信息库中的信息实现对被管设备的管理。

3. 网络管理协议

网络管理协议给出了网络管理者和管理代理之间通信的规则,为它们定义了交换所需管理信息的方法,负责在管理进程和代理进程之间传递操作命令,并解释管理操作命令或提供解释管理操作命令的依据。在网络管理中主要使用的网络管理协议是 SNMP,ISO 开发的CMIP(Common Management Information Protocol,公共管理信息协议)主要用于 TMN(电信管理网)。

4. 管理信息库

管理信息库是一个概念上的数据库,可以将其所存放的信息理解为网络管理中的被管资源。管理信息库中存放了被管设备的所有信息,包括被管设备的名称、运行时间、接口速度、接口接收/发出的报文等。在 SNMP 网络管理中,这些信息是用对象来表示的,每一个管理对象表示被管资源某一方面的属性,这些对象的集合就形成了管理信息库。每个管理代理管理管理信息库中属于本地的管理对象，各管理代理的管理对象共同构成全网的管理信息库。

9.5.3 SNMP 网络管理定义的报文操作

网络管理者与管理代理间的操作可以分成两种情况：

➢ 网络管理者可向管理代理请求状态信息；

➢ 当重要事件发生时，管理代理可向网络管理者主动发送状态信息。

SNMP 网络管理定义了 5 种报文操作：

➢ GetRequest 操作。用于网络管理者通过管理代理提取被管设备的一个或者多个 MIB 参数值，这些参数都是在管理信息库中被定义的。

➢ GetNextRequest 操作。用于网络管理者通过管理代理提取被管设备的一个或多个 MIB 参数的下一个参数值。

➢ SetRequest 操作。用于网络管理者通过管理代理设置被管设备的一个或多个 MIB 参数值。

➢ GetResponse 操作。管理代理向网络管理者返回一个或多个 MIB 参数值，它是前面三种操作中的响应操作。

➢ Trap 操作。这是管理代理主动向网络管理者发出的报文，它标记出一个可能需要特殊注意的事件的发生，例如被管设备的重新启动就可能会触发一个 Trap 操作。

在上述操作中，前面三个操作是网络管理者向管理代理发出的，后面两个操作则是管理代理发给网络管理者的，其中除了 Trap 操作使用 UDP162 端口外，其他操作均使用 UDP161 端口。通过这些报文操作，网络管理者和管理代理之间就能够相互通信了。

9.5.4 SNMP 社区

社区（Community）也叫作团体、共同体，利用 SNMP 团体可以将管理进程和管理代理分组，同一团体内的管理进程和管理代理才能互相通信，管理代理不接受团体之外的管理进程的请求。在 Windows 操作系统中，一般默认团体名为 "public"，一个 SNMP 管理代理可以是多个团体的成员。

9.5.5 管理信息库的结构

管理信息库是一个概念上的数据库，存放的是网络管理可以访问的信息，SNMP 环境中的所有被管理对象都按层次性的结构或树形结构来排列，树形结构端结点对象就是实际的被管理对象，如图 9-37 所示。树形结构本身定义了如何把对象组合成逻辑相关的集合。层次树结构有三个作用：

➢ 表示管理和控制关系；

➢ 提供了结构化的信息组织技术；

➢ 提供了对象命名机制。

MIB 树的根节点 root 并没有名字或编号，但是它有下面 3 个子树：

➢ iso（1）。由 ISO 管理，是最常用的子树；

> ➤ itu（0）。由 ITU 管理；
> ➤ iso/itu（3）。由 ISO 和 ITU 共同管理。

在 iso（1）子树下面有 org（3）、dod（6）、internet（1）、mgmt（2）和 mib-2（1）五级子树，可以用 1.3.6.1.2.1 来表示对 mib-2 的访问。mib-2 内部又包含多棵子树，同理，也可以用 1.3.6.1.2.1.1 来表示对 mib-2 下面的 system（1）进行访问。这里的 1.3.6.1.2.1 和 1.3.6.1.2.1.1 被称为 OID，也叫对象 ID。

mib-2 定义的是基本故障分析和配置分析用对象，其中使用最为频繁的将是 system 组、interface 组、at 组和 ip 组。如图 9-38 所示为 mib-2 节点处 MIB 树结构示意图。

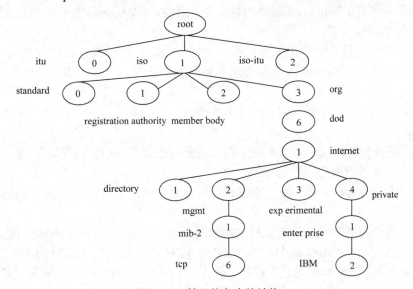

图 9-37 管理信息库的结构

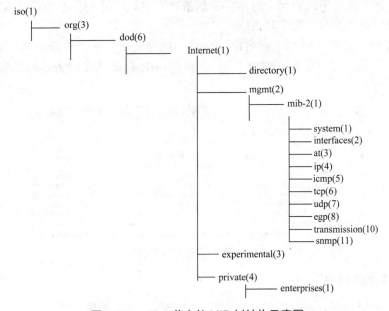

图 9-38 mib-2 节点处 MIB 树结构示意图

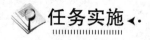

任务实施

▶ 实训 1　安装和设置 SNMP 服务

如果要对安装 Windows 操作系统的计算机进行 SNMP 网络管理，则在该计算机上必须安装和设置 SNMP 服务。Windows 系统的 SNMP 服务可以处理来自 SNMP 管理系统的状态信息请求，并且在发生陷阱时，可将陷阱报告给一个或者多个管理工作站。

1. 安装 SNMP 服务

SNMP 服务并不是 Windows 系统的默认安装组件，在 Windows Server 2012 R2 系统中安装 SNMP 服务的步骤如下：

（1）在传统桌面模式中单击"服务器管理器"图标，打开服务器管理器的"仪表板"窗口，在"仪表板"窗口中单击"添加角色和功能"链接，打开"添加角色和功能向导"对话框。

（2）在"添加角色和功能向导"对话框中单击"下一步"按钮，打开"选择安装类型"对话框。

（3）在"选择安装类型"对话框中选择"基于角色或基于功能的安装"，单击"下一步"按钮，打开"选择目标服务器"对话框。

（4）在"选择目标服务器"对话框中选择目标服务器，单击"下一步"按钮，打开"选择服务器角色"对话框。

（5）在"选择服务器角色"对话框中单击"下一步"按钮，打开"选择功能"对话框。

（6）在"选择功能"对话框中选择"SNMP 服务"，在弹出的"添加 SNMP 服务所需的功能？"对话框中单击"添加功能"按钮。单击"下一步"按钮，打开"确认安装所选内容"对话框。

（7）在"确认安装所选内容"对话框中单击"安装"按钮，系统将安装 SNMP 服务，安装成功后将出现"安装结果"对话框。

安装完成后，依次选择"控制面板"→"系统与安全"→"管理工具"→"服务"，打开"服务"窗口，可以看到 SNMP Service 和 SNMP Trap 两个服务都已经安装并启动，如图 9-39 所示。

图 9-39　"服务"窗口

2. 设置 SNMP 服务

安装 SNMP 服务后，还需要对其进行相应的设置，具体操作步骤为：

（1）在"服务"窗口中，右击 SNMP Service，在弹出的菜单中选择"属性"命令，打开"SNMP Service 的属性"对话框。

（2）单击"代理"选项卡，在"代理选项卡"中配置"联系人"和"位置"中的内容，并选择代理提供的服务，如图 9-40 所示。

（3）单击"陷阱"选项卡，如图 9-41 所示，在社区名称文本框中输入社区名称如"public"，单击"添加到列表"按钮，此时陷阱目标中"添加"按钮显亮。

图 9-40 "代理"选项卡

图 9-41 "陷阱"选项卡

（4）单击"添加"按钮，打开"SNMP 服务配置"对话框，如图 9-42 所示，输入陷阱目标 IP 地址，即管理工作站的 IP 地址。

（5）单击"安全"选项卡，如图 9-43 所示，选中"发送身份验证陷阱"复选框，实现当接到非法的状态信息请求，主动发送信息给管理工作站。可以添加或删除其所在的社区，并可以设置该社区管理工作站对 MIB 的权利。同时可以设置能接收哪些主机传来的 SNMP 数据包。

（6）单击"应用"按钮，完成设置。

图 9-42 "SNMP 服务配置"对话框

图 9-43 "安全"选项卡

▶ 实训 2　测试 SNMP 服务

在构建了 SNMP 网络管理环境后，就可以创建网络管理工作站，实现 SNMP 网络管理了。基于 SNMP 的网络管理软件很多，要测试 SNMP 服务是否实现并查看 MIB 对象的值，最简单的方法是使用 MIB Browser。该软件可以执行 SNMP GetRequest 以及 GetNextRequest 操作，允许以树形结构浏览 MIB 的层次并且可以浏览关于每个节点的额外信息。使用 MIB Browser 测试 SNMP 的操作步骤为：

（1）从 Internet 下载 MIB Browser 工具包。

（2）运行 MIB Browser，其主界面如图 9-44 所示。如果要查看某 MIB 对象值，可以在 MIB 树形结构中选中相应对象，右击鼠标，在弹出的菜单中选择要进行的操作，如"Get Value"，打开"SNMP GET"对话框，如图 9-45 所示。

（3）在"SNMP GET"对话框的"Agent(addr)"文本框中输入要查看的管理代理所在设备的 IP 地址，在"Community"文本框中输入管理代理所在的社区名，单击"Get"按钮，可以在"Value"文本框中看到相应 MIB 对象的值。

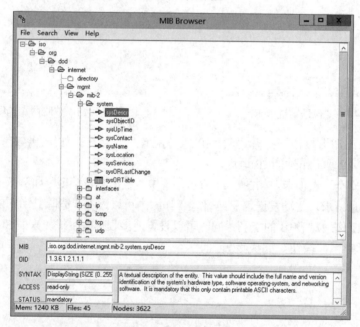

图 9-44　MIB Browser

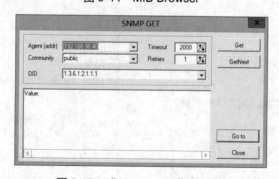

图 9-45　"SNMP GET"对话框

习 题 9

1. 单项选择题

（1）如果使用大量的连接请求攻击计算机，使用所有可用的系统资源都被消耗殆尽，最终计算机无法再处理合法用户的请求，这种手段属于（　　）攻击。

　　A．拒绝服务　　　　B．口令入侵　　　　C．网络监听　　　　D．IP 欺骗

（2）病毒是一种（　　）。

　　A．程序　　　　　　　　　　　　B．计算机自动产生的恶性程序

　　C．操作系统的必备程序　　　　　D．环境不良引起的恶性程序

（3）从软、硬件形式来分的话，防火墙分为（　　）。

　　A．软件防火墙和硬件防火墙　　　B．网关防火墙和硬件防火墙

　　C．路由防火墙和软件防火墙　　　D．个人防火墙和路由防火墙

（4）网络防火墙是外部网络与内部网络之间服务访问的（　　）。

　　A．管理技术　　　B．控制系统　　　C．数据加密技术　　D．验证技术

（5）（　　）主要是向目标主机的各服务端口发送探测数据包，通过对目标主机响应的分析来判断相应服务端口的状态，从而得知目标主机当前提供的服务或其他信息。

　　A．端口扫描　　　　　　　　B．漏洞扫描

　　C．操作系统探测　　　　　　D．访问控制规则探测

（6）"ping teacher -t"命令的作用是（　　）。

　　A．让用户所在的主机不断向 teacher 机发送数据

　　B．指定发送到 teacher 机的数据包的大小为最小

　　C．显示 teacher 机的配置

　　D．显示 teacher 机的 IP 地址

（7）（　　）命令可以用来显示活动的 TCP 连接、计算机侦听的端口、以太网统计信息、IP 路由表、IPv4 统计信息以及 IPv6 统计信息。

　　A．ping　　　　　B．arp　　　　　C．netstat　　　　D．telnet

（8）如果要查看计算机当前启动的服务，可在"命令提示符"环境中输入（　　）命令。

　　A．net use　　　B．net start　　　C．netstat -r　　　D．net stop

（9）Windows 提供的（　　）工具可以用来收集并查看来自本地或远程计算机有关内存、磁盘、CPU、网络以及其他活动的实时数据，也可以配置日志以记录性能数据、设置系统警告并在特定计数器的数值超过或低于所限定阀值时发出通知。

　　A．事件查看器　　B．性能监视器　　C．远程桌面　　　D．计算机管理

（10）（　　）用于网络管理者通过管理代理提取被管设备的一个或者多个 MIB 参数值。

　　A．GetRequest 操作　　　　　　B．SetRequest 操作

　　C．GetResponse 操作　　　　　　D．Trap 操作

2. 多项选择题

（1）下列属于防病毒软件的有（　　）。

  A．瑞星   B．Microsoft Word C．Norton   D．金山毒霸

（2）防病毒软件查找病毒的基本方法有（ ）。

  A．特征扫描   B．实时防护   C．文件备份   D．文件校验

（3）有效防止病毒入侵计算机的方法有（ ）。

  A．不要轻易打开来路不明的电子邮件

  B．不浏览一些不正规或非法的网站

  C．安装病毒实时监控软件或网络防火墙

  D．定期使用杀毒软件对计算机进行全面清查

（4）防火墙可以实现的功能主要有（ ）。

  A．防止非法用户进入内部网络

  B．是审计和记录 Internet 使用费用的最佳地点

  C．经过防火墙的流量都可以被记录下来，可以方便的监视网络的安全性

  D．能非常有效的防止感染了病毒的软件和文件的传输

（5）按照检测数据的来源可将入侵检测系统（IDS）分为（ ）。

  A．基于主机的 IDS   B．基于浏览器的 IDS

  C．基于域控制器的 IDS   D．基于网络的 IDS

（6）在使用 ping 命令测试时，如果测试失败，出现提示词"请求超时"，则可能的原因有（ ）。

  A．DNS 服务器出现故障

  B．目标主机没有正常工作

  C．连接本机和目标主机的网络出现了问题

  D．目标主机安装了防火墙系统

（7）下列命令中可以用来查看计算机路由表的是（ ）。

  A．netstat-r   B．netstat-n   C．arp-a   D．route print

（8）在 Windows 操作系统中主要包括以下事件日志文件（ ）。

  A．系统日志   B．安全日志

  C．应用程序日志   D．目录服务日志

（9）以下属于在网络管理中使用的网络管理协议的是（ ）。

  A．CMIP   B．ICMP   C．SNMP   D．SMTP

3．问答题

（1）网络安全应包含哪些基本要素？

（2）计算机网络面临的安全威胁主要有哪些方面？

（3）什么是网络木马？

（4）什么是防火墙？简述防火墙的功能。

（5）根据网络规模和安全程度要求不同，常见防火墙组网形式有哪几种？

（6）什么是计算机病毒？计算机病毒的传播主要有哪几种方式？

（7）目前局域网防病毒方案可以有哪两种选择？各有什么特点？

（8）在 Windows 操作系统中主要包括了哪些事件日志文件？

（9）简述在 OSI 网络管理标准中定义的网络管理的基本功能。

（10）目前的网络管理系统普遍采用的管理者-代理者网络管理模型由哪些要素组成？这些要素各有什么作用？

4. 技能题

（1）阅读说明后回答问题

【说明】一般情况下，可以使用 ping 命令来检验网络的运行情况，检测时通常需要设置一些关键点作为批 ping 的对象，如果所有都运行正确，可以相信基本的连通性和配置参数没有问题；如果某些 ping 命令出现运行故障，它也可以指明到何处去查找问题。

【问题 1】ping 命令主要依据的协议是什么？

【问题 2】如果用 ping 命令测试本地主机与目标主机（192.168.16.16）的连通性，要求发送 8 个回送请求且发送的数据长度为 128 个字节，请写出在本地主机应输入的命令。

【问题 3】通常采用 ping 命令测试计算机与网络的连通性时，应采用什么样的检测次序？

【问题 4】当使用 ping 命令测试本地计算机与某 Web 服务器之间的连通性时，系统显示"请求超时"，但使用浏览器可以访问该服务器上发布的 Web 站点，请解释为什么会出现这种情况。

（2）系统防火墙和防病毒软件的使用

【内容及操作要求】

在一台安装 Windows 操作系统的计算机上完成以下操作：

➢ 在该计算机上启用 Windows 防火墙，使专用网络允许 ping 命令和 QQ 程序的正常运行；使公用网络允许 QQ 程序的正常运行。

➢ 安装单机版的防病毒软件，对病毒库进行更新并对系统的 C 盘和所插入的 U 盘进行病毒扫描。

【准备工作】

安装 Windows 操作系统的计算机；能够接入 Internet 的网络环境。

【考核时限】

35min。

（3）监视系统的运行状况和性能

【内容及操作要求】

在安装 Windows Server 2012 R2 操作系统的计算机上构建 FTP 服务器，并完成以下操作：

➢ 通过性能监视器对该 FTP 站点的数据流量进行监视，监视内容分别为服务器每秒钟发送的字节数和服务器发送的文件数。

➢ 利用 Windows 命令测试本地计算机的网络连通性，并查看本地计算机端口的使用情况及开启的服务。

【准备工作】

2 台安装 Windows 8 或其他 Windows 操作系统的计算机；1 台安装 Windows Server 2012 R2 操作系统的计算机；交换机；组建网络所需的其他设备。

【考核时限】

45min。

参 考 答 案

工作单元 1　认识计算机网络

习题 1

1．单项选择题

(1) B (2) A (3) A (4) B (5) D (6) A (7) A (8) D (9) C

2．多项选择题

(1) AB (2) BD (3) BD (4) BCD (5) ABCD

(6) ABCD (7) ABCD (8) ABC (9) AC

3．问答题

(略)

工作单元 2　组建双机互联网络

习题 2

1．单项选择题

(1) C (2) C (3) B (4) D (5) A (6) A (7) D (8) B (9) C (10) A

(11) A (12) B (13) C

2．多项选择题

(1) ABCD (2) ABCD (3) AC (4) ABC (5) ABCD

3．问答题

(略)

4．技能题

(略)

工作单元 3　组建小型办公网络

习题 3

1．单项选择题

(1) B (2) C (3) D (4) C (5) C (6) D (7) B (8) C

2．多项选择题

(1) ABCD (2) ABCD (3) ABCD (4) ABC (5) BCD (6) BC (7) AD

3．问答题

(略)

4．技能题

(略)

工作单元 4　规划与分配 IP 地址

习题 4

1．单项选择题
（1）A （2）D （3）A （4）D （5）D （6）D （7）A （8）B
2．多项选择题
（1）ABC （2）AB （3）ABC （4）AC （5）ABCD
3．问答题
（略）
4．技能题
（略）

工作单元 5　实现网际互联

习题 5

1．单项选择题
（1）D （2）A （3）B （4）C （5）B （6）C
2．多项选择题
（1）AC （2）ABCD （3）ABD （4）ABC （5）BC （6）CD （7）ABC
3．问答题
（略）
4．技能题
（略）

工作单元 6　接入 Internet

习题 6

1．单项选择题
（1）C （2）B （3）C （4）B （5）D
2．多项选择题
（1）ABCD （2）ACD （3）BD （4）ABC （5）ABCD
3．问答题
（略）
4．技能题
（略）

工作单元7　组建小型无线网络

习题7

1．单项选择题

（1）B（2）D（3）B（4）D

2．多项选择题

（1）ABCD（2）ABCD（3）BD（4）ABC（5）ABD

3．问答题

（略）

4．技能题

（略）

工作单元8　配置常用网络服务

习题8

1．单项选择题

（1）C（2）C（3）A（4）A（5）C（6）B（7）A（8）B（9）A（10）C（11）A

2．多项选择题

（1）ABD（2）BCD（3）ABC（4）AD（5）ABD（6）ABCD

3．问答题

（略）

4．技能题

（略）

工作单元9　网络安全与管理

习题9

1．单项选择题

（1）A（2）A（3）A（4）B（5）A（6）A（7）C（8）B（9）B（10）A

2．多项选择题

（1）ACD（2）ABCD（3）ABCD（4）ABC（5）AD

（6）BCD（7）AD（8）ABCD（9）AC

3．问答题

（略）

4．技能题

（略）

参 考 文 献

[1] 于鹏，丁喜纲. 计算机网络技术基础（第 4 版）[M]. 北京：电子工业出版社，2014

[2] 于鹏，丁喜纲. 计算机网络技术项目教程（计算机网络管理员级）[M]. 北京：清华大学出版社，2014

[3] 于鹏，丁喜纲. 计算机网络技术项目教程（高级网络管理员级）[M]. 北京：清华大学出版社，2014

[4] Mark A.Dye，Rick McDonald，Antoon W.Rufi 著，思科系统公司译. 思科网络技术学院教程 CCNA Exploration：网络基础知识[M]. 北京：人民邮电出版社，2009

[5] Wayne Lewis 著,思科系统公司译. 思科网络技术学院教程 CCNA Exploration：LAN 交换和无线[M]. 北京：人民邮电出版社，2009

[6] Todd Lammle 著，袁国忠，徐宏译. CCNA 学习指南（第 7 版）[M]. 北京：人民邮电出版社，2012

[7] 戴有炜. Windows Server 2012 系统配置指南[M]. 北京：清华大学出版社，2015

[8] 戴有炜. Windows Server 2012 网络管理与架站[M]. 北京：清华大学出版社，2014

[9] 张晖，杨云. 计算机网络项目实训教程[M]. 北京：清华大学出版社，2014

[10] 杭州华三通信技术有限公司. 路由交换技术第 1 卷（上册）[M]. 北京：清华大学出版社，2011

[11] 杭州华三通信技术有限公司. IPv6 技术[M]. 北京：清华大学出版社，2010

反侵权盗版声明

电子工业出版社依法对本作品享有专有出版权。任何未经权利人书面许可，复制、销售或通过信息网络传播本作品的行为；歪曲、篡改、剽窃本作品的行为，均违反《中华人民共和国著作权法》，其行为人应承担相应的民事责任和行政责任，构成犯罪的，将被依法追究刑事责任。

为了维护市场秩序，保护权利人的合法权益，我社将依法查处和打击侵权盗版的单位和个人。欢迎社会各界人士积极举报侵权盗版行为，本社将奖励举报有功人员，并保证举报人的信息不被泄露。

举报电话：（010）88254396；（010）88258888

传　　真：（010）88254397

E-mail：　dbqq@phei.com.cn

通信地址：北京市万寿路 173 信箱

　　　　　电子工业出版社总编办公室

邮　　编：100036